名古屋鉄道車両史

上巻（創業から終戦まで）

清水武、田中義人 著

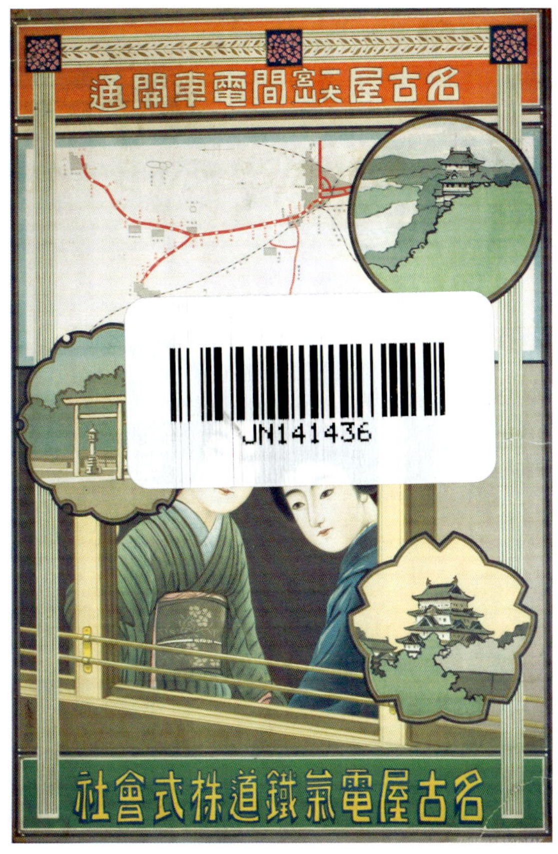

愛知電気鉄道開通のポスター（左）と、名古屋電気鉄道一宮・犬山線開通のポスター（右）　（所蔵：名鉄資料館）
愛電最初の路線として、神宮前～常滑間を計画。両端区間が用地買収で手間取ったため、1912（明治45）年2月に、熱田伝馬町～大野町間で開業、翌年に神宮前～常滑間が全通した。名古屋の市内電車を運営していた名電は、最初の郡部線（郊外線）として、一宮・犬山・津島線を計画、愛電開業から半年遅れて1912（大正元）年8月に一宮・犬山線が開通した。

名古屋鉄道車両史……Contents

上巻（創業から終戦まで）

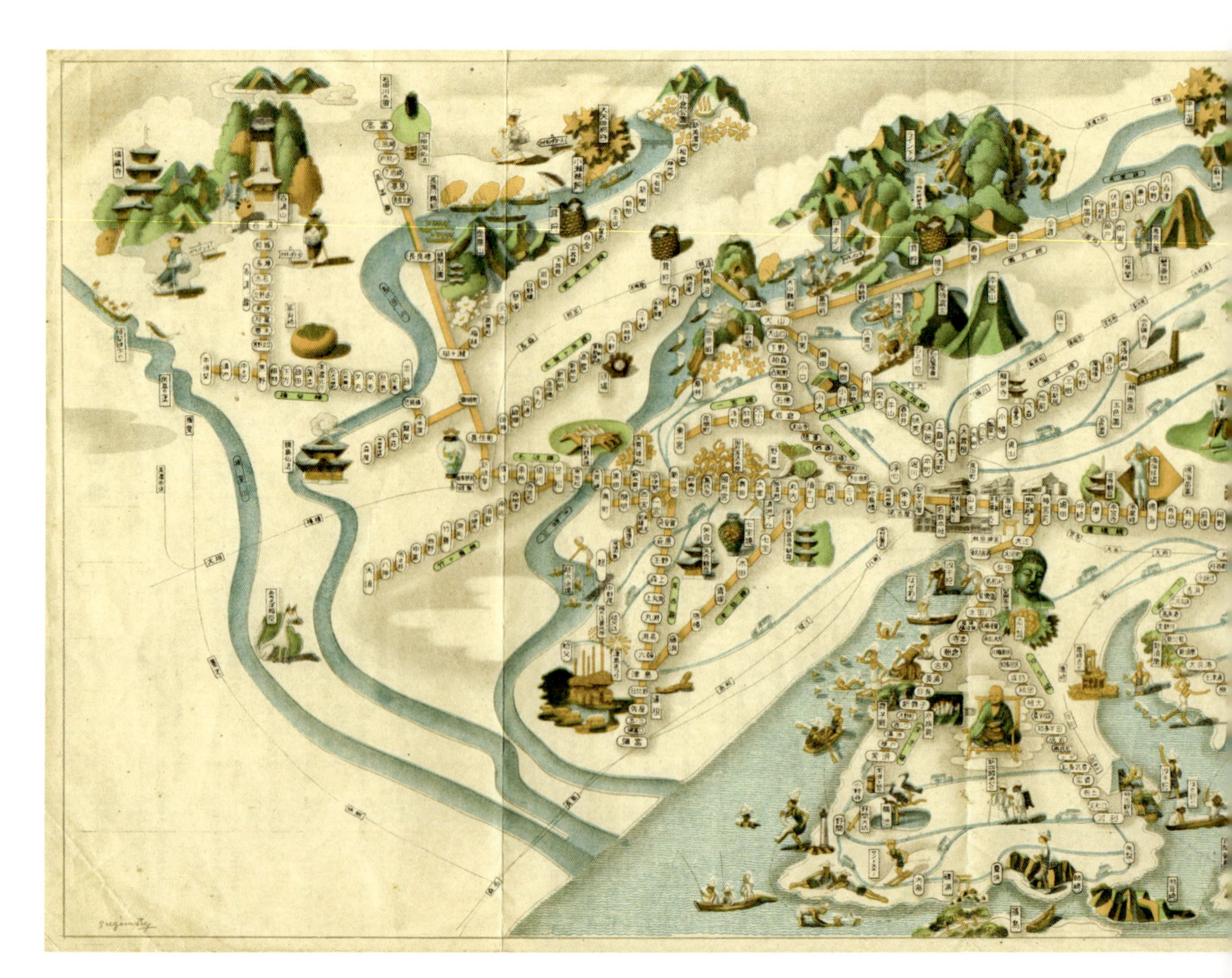

1945(昭和20)年頃の名鉄路線図(所蔵:名鉄資料館)
戦後間もない頃の路線図。単線・複線の区分が描かれている。

1947(昭和22)年の名鉄沿線案内図(所蔵:名鉄資料館)
戦後初の名鉄沿線案内図で、観光案内用に地元の画家・杉本健吉画伯が描いた。杉本画伯は、名鉄の広報宣伝ポスターなども手掛けており、沿線の名所や祭りのイラストをちりばめた作品。現在は知多新線の「美浜緑苑」駅前に杉本美術館が開設されている。

巻頭言

柚原 誠
（元名古屋鉄道取締役副社長 鉄道事業本部長）

「これほどバラエティーに富んだ車両を保有する会社はほかにない」と、いつも多くの方々に言われてきた。実際に多種多様な車両が在籍していた。

その第1の理由は、様々な地域で、様々な動機と目的で建設された多くの会社を合併して名古屋鉄道が形成されたことにある。名岐鉄道と愛知電気鉄道は昭和10年（1935）年に合併し名古屋鉄道（２代目）が誕生したが、それぞれの会社は自社路線の拡大のほかに地域鉄道を合併して路線網を築いていた。幹線鉄道線から閑散線区、併用軌道線、そして、電化区間にも架線電圧が600Vと1500Vがあり、非電化線区もあるなど種々多様な線区で使用されていた車両を引き継いだ。

この新生名古屋鉄道が誕生した頃、幹線には半鋼製でクロスシートを装備した最新鋭の高速電車デボ800形（名岐鉄道が製作。名古屋～岐阜間）、デハ3300形（愛知電気鉄道が製作。豊橋～名古屋間）が疾走する一方で、非電化単線の大曾根線には小型ガソリンカーのキボ50形が単行で、岐阜の市内線には木造の２軸路面電車が走っていた。最新鋭の高速電車も旧所属会社の流儀に則っていたため、制御器の方式が異なっていた。

さらに、国家総動員法・陸上交通事業調整法（いわゆる戦時統制）によっていくつかの地域鉄道を第２次大戦中に合併した。合併した鉄軌道会社は全部で20数社にのぼる。名古屋都市圏の鉄道網を統合し広域ネットワークを形成したことについては、地域交通サービス向上の面での意義は大きかった。

バラエティーに富む第２の理由は、車両新造による旧型車の淘汰と車種の統一にはなかなか手が回らない財政事情があったことである。統合した路線の中には不採算な路線が多く、その後のマイカー時代に入るとますます収支不均衡が拡大したが、それらの路線は企業内の内部補助によって維持する必要があった。

戦後は、大戦中に疲弊した施設と車両の修繕、旧名岐鉄道線区の1500V昇圧と豊橋～名古屋～岐阜の直通運転を実施し、さらに、昭和43（1968）年には私鉄で最初に鉄道線全線にATS（自動列車停止装置）の設置を完了するなど、安全輸送の確保と輸送ネットワーク構築を第一にした予算配分とした結果、車両新造による旧型車の淘汰と車種の統一には長い時間がかかることになった。さらに、新たにモノレール車両、国鉄線乗り入れ列車用気動車、閑散線区用のレールバス（軽気動車。キボ50の再来）などが加わることになった。

1500V線区に在籍した雑多な木造車と旧式半鋼製車の更新（車体新造、台車と機器流用）を昭和32（1957）年から開始し、138両の3700系グループと66両の7300、3300、6650系の合計204両を製作した。大手私鉄の中で最後の旧式制御器、ブレーキ装置、主電動機、台車を装備した車両とはなったが、厳しい財政事情の中での安全対策と車両アコモデーションの近代化、そして、車種統一には大いに貢献した。こうした車両更新のほかに、昭和30（1955）年に新造した5000系以降の高性能車両については、新造から20年経過を目途に車体関係を中心にした更新工事を自社施工し、蓄積された車両改造技術を生かして車両改造工事を多数施工している。

平成13（2001）年から17年にかけて実施した鉄軌道閑散線区約100kmの廃止・バス代替、およびJR線乗り入れ列車とモノレール線の廃止によって、路面電車·気動車·モノレール車両が淘汰され、旧型電車の整理と車種統一は急速に進むことになった。

その結果、今日では、保有する旅客用車両合計1,070両は、本線系線区用の特急形車両と通勤形車両、地下鉄線相直運転用車両、瀬戸線用の通勤形車両の４種類に大まかに整理されており、このうち606両57％がVVVFインバータ制御の車両であり、まさに隔世の感がある。

名古屋鉄道の車両史で見落とすことができないのは、瀬戸電気鉄道のレ５、６と初代名古屋鉄道のSCⅢである。本文に詳しく解説されているが、一般車両のレ５、６は特別に整備されて明治43（1910）年に、当時の皇太子殿下（後の大正天皇）がご乗用になり、また、貴賓車として製作されたSCⅢは、昭和天皇が昭和２（1927）年に名古屋とその周辺で行われた陸軍特別大演習のご統監のために名古屋に行幸された際、ご統監後の犬山地区の民情ご視察のために押切町～犬山橋間往復をお召列車として運転した。お召列車、ご乗用列車を運転するという栄誉を担った会社が名古屋鉄道を形成していることを誇りに思う。

本書は、名古屋鉄道で鉄道事業全般とくに運転業務に深く携わった清水武氏と車両業務全般を担当した田中義人氏が、長い歴史と複雑多岐にわたる名古屋鉄道の車両の歴史を纏めた労作である。名古屋鉄道の車両の発達史としてだけではなく郷土、名古屋都市圏の発達史としても貴重で意義深い資料であると思う。

はじめに

名古屋鉄道は、多くの会社の合併を重ねて今日の路線網を形成し、開業から120年が経過した。合併会社から引き継いだ数多くの車両があり、改番や改造が繰り返されたので、過去の車両の全貌を把握することは非常に難しい。名鉄資料館などに保管されている写真や資料を基に、合併会社毎の車両の歴史をたどることにより、名鉄の歴代車両の全貌に迫ろうと試みた。自分たちが、今後名鉄の車両の歴史を調べるとき、わかりやすく、参考資料として役に立つことを目標にした。戦前の車両に関しては、資料不足と力不足は否めず、どこまで調べることができたのか解らないが、これが名鉄車両研究の手助けになれば幸いである。

鉄道開業一覧（「写真が語る名鉄80年」より転載）

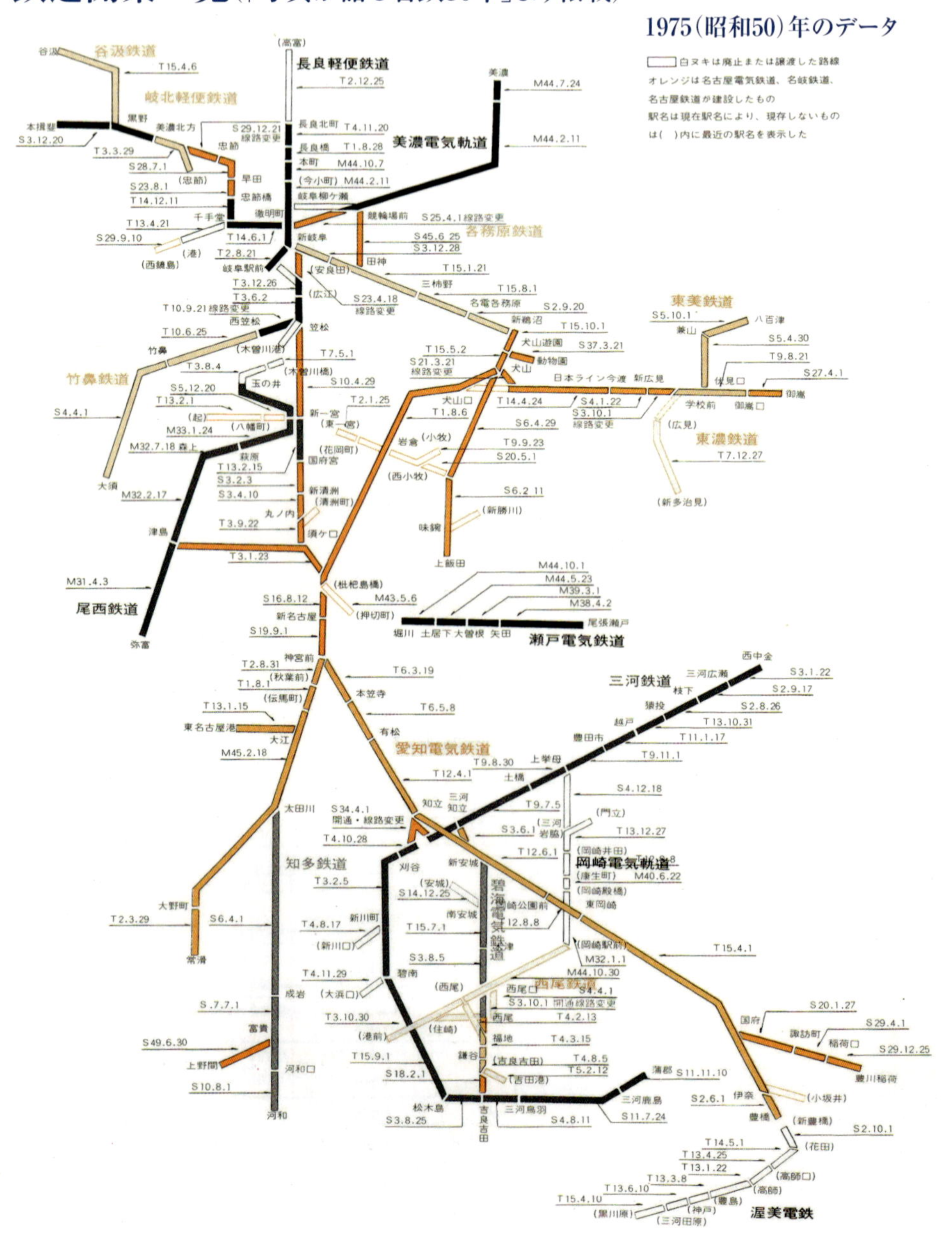

名鉄の合併の歴史

会社の創業（1894/明治27年）から合併の終了（1944/昭和19年）まで

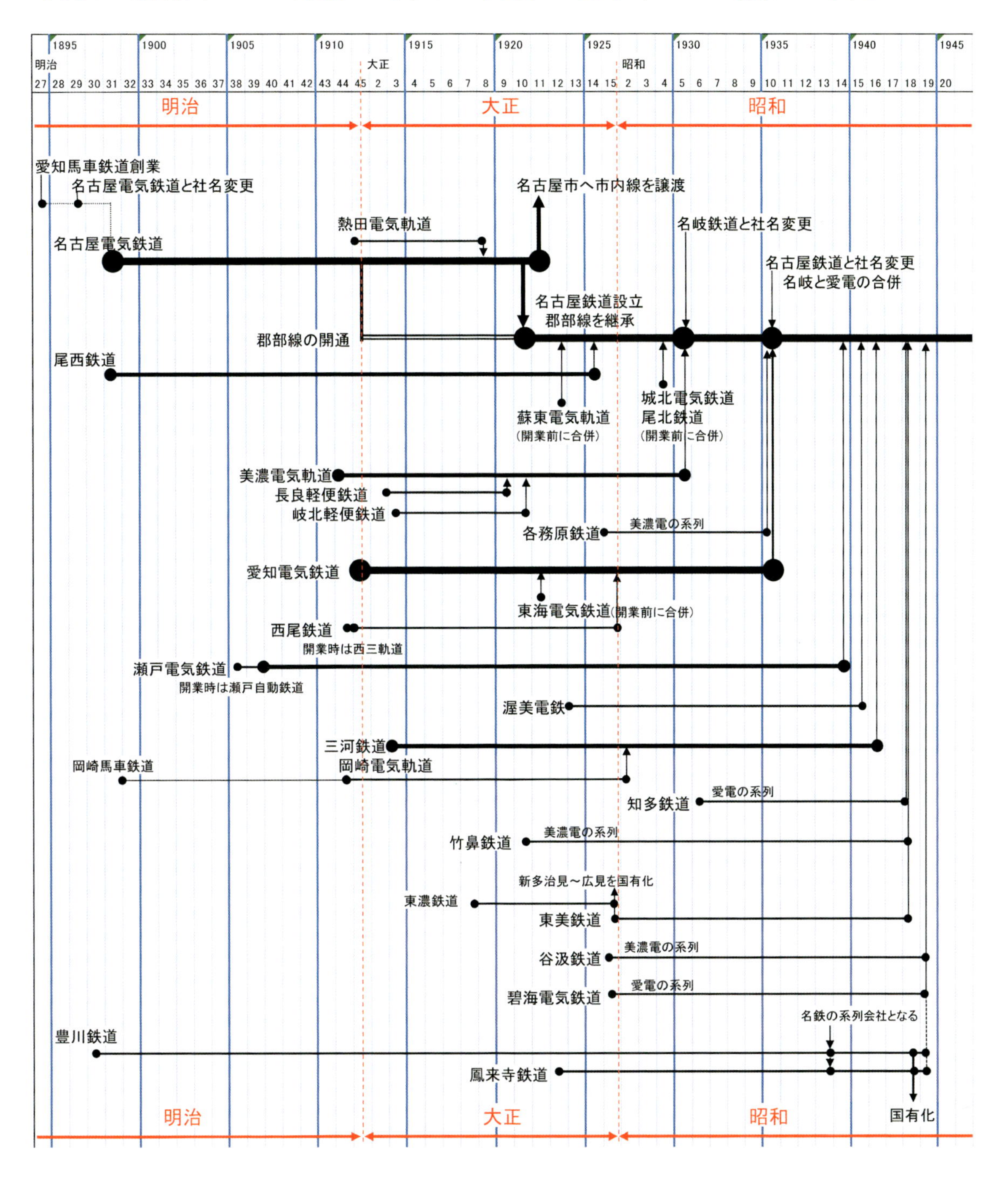

1941（昭和16）年 名鉄沿線案内図

所蔵：名鉄資料館　以下特記なきものは名鉄資料館

主要驛間運賃並ニ所要時分（含通行税）

東部線

區間		運賃（銭）	所要時分（分）
神宮前	鳴海	一七	急 一〇
同	新知立	四七	特急 二〇
同	今村	五七	急 二九
同	東岡崎	六五	特急 三三
同	本宿	九四	特急 四四
同	豊橋	一、〇五	特急 六五
同	豊川	一、一二	急 七一
同	太田川	三〇	急 一六
同	新舞子	五四	普 三九
同	大野町	六八	普 四三
同	常滑	七〇	普 五〇
同	知多武豊	五五	急 四一
同	河和	七九	急 五六
同	鳳来寺	一、八〇	急 二時二六
同	天龍峡	三、一五	急 四時五〇
同	南知多一周	二、六四	約三時間半
知立	西中金	七五	普 五四
同	挙母	三八	普 二六
同	大濱港	四八	普 五七
同	蒲郡	一、一五	普 一時二三
今村	西尾	三八	普 五〇
同	吉良吉田	六三	普 四八
岡崎	挙母	四八	普 三五
同	西尾	三八	普 五七
豊橋	黒川原	五三	普 六四
同	豊川	一六	普 一四

西部線

區間		運賃（銭）	所要時分（分）
新名古屋	新岐阜	五〇	特急 三四
同	新一宮	三〇	特急 二〇
同	笠松	四四	急 三五
同	國府宮	二八	急 一七
同	新鵜沼	六四	急 四一
同	犬山橋	六三	急 三九
同	岩倉	二六	急 一七
同	八百津	一、〇八	二時〇〇
同	下呂	一、七七	直通二時三五
同	高山	二、五四	直通三時五〇
同	東一宮	三〇	急 三九
同	津島	五七	急 二六
同	小牧	三九	急 三三
同	ライン遊園	七三	普 六〇
同	新廣見	七五	普 六九
上飯田	羽黒	四一	普 三九
長住町	新鵜沼	四〇	普 四〇
同	三柿野	二五	普 一八
忠節	谷汲	六三	急 五七
同	本揖斐	四八	普 四〇
柳ヶ瀬	新・關	三三	普 四八
同	新美濃町	四五	普 六三
堀川	森下	六	普 一五
同	小幡	一八	急 二五
同	尾張瀬戸	四八	急 四七

昭和16年沿線案内図（上図）の裏面には、沿線名所案内、主要行事などが記載されているが、その中の主要駅間運賃並びに所要時分を抜粋して掲載。

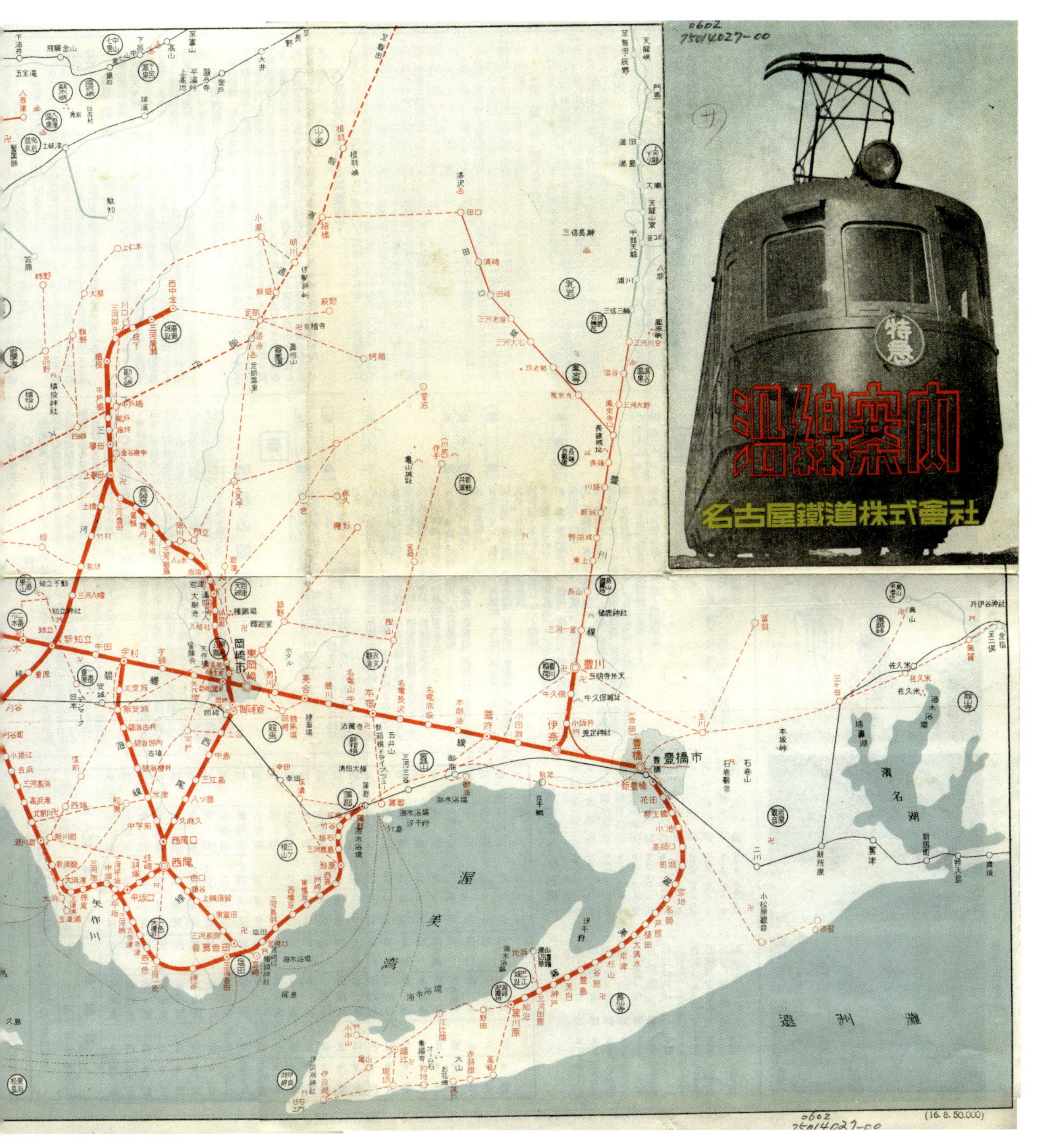

1935(昭和10)年8月に名岐鉄道(名岐)と愛知電気鉄道(愛電)が合併して現在に続く名古屋鉄道が誕生したが、両社の線路はつながっておらず、旧名岐の路線を西部線、旧愛電の路線を東部線と呼んだ。
1941(昭和16)年8月に新名古屋(名鉄名古屋)駅が開業し、新名古屋が西部線のターミナルになった。その直後に作成された沿線案内図。新名古屋〜神宮前がつながるのは、その3年後の昭和19年9月で、この図には計画線(点線)で記載されている。
竹鼻・東美鉄道は昭和18年合併のため、傍系会社線表記になっている。碧海・知多・谷汲鉄道も昭和18・19年の合併であるが、合併前から名鉄が運営していたので名鉄線と同じ表記である。

なごやでんきてつどう

名古屋電気鉄道

1898〜1922(明治31〜大正11)年

町外れにできた名古屋駅と名古屋の町の中心部を結ぶため、1894(明治27)年に愛知馬車鉄道㈱を設立、翌年、京都に日本最初の電車が走り始めたので、馬車鉄道の計画を電気鉄道に変更、1896(明治29)年に名古屋電気鉄道と社名変更、1898(明治31)年5月に笹島(名駅)〜県庁前(栄付近)間に路面電車を開業。日本では京都に次いで2番目に電車を走らせた。市内線の路線網を拡充しながら、1912(大正元)年に郡部線(一宮・犬山線)を開業し郊外路線も運営。名古屋市内線を名古屋市へ譲渡することになり、1921(大正10)年に名古屋鉄道を設立し郡部線(郊外路線)を引き継ぎ、その翌年(大正11年)に、名古屋電気鉄道(名電)は市内線を名古屋市に譲渡し解散した。

名古屋市内線用の車両
(1) 1〜37　(37両)(形式名がないので、便宜上1形と呼ぶ)

1898(明治31)年の開業用に12両の電車を製造。その後、路線の延伸などにより25両を増備。車号を1〜37まで、製造順に付番した。全長6.5m、26人(座席12人)乗りの小さなもので、当時の市内電車の典型で、制御器・モーター(25HP)1個・台車は米国ペックハム製、車体は12まで東京の井上工場製、13以降は日本車輌と自社工場製であった。運転台は庇だけで客室窓は7個だった。

名電1形電車。1898(明治31)年に製造された全長6.5メートル、定員26人の名古屋電気鉄道最初の電車である。背景は、那古野町にあった名古屋電気鉄道本社。◎本社前(→那古野町)　1908(明治41)年

札幌市内を走る元名電1形の22号(復元保存車)。札幌へ譲渡された24両のうち、1両が保存され、更に整備の上動態化され、イベントで復元運行された。◎札幌市電　1977(昭和52)年8月

里帰りした22号(名電1形)。名鉄創業120周年・明治村開村50周年記念で、札幌市から借用し、塗装変更をして平成26年から5年間明治村で展示。◎明治村　2014(平成26)年7月

小型だったので早くも1915(大正４)年には休車となり、1917(大正６)年に一部が同業の築地電軌に譲渡され、翌年には24両が札幌市電の創業時に譲渡され、名電から姿を消した。札幌へ発送する前に名古屋電車製作所にてベスチビュール(前面窓)取付、腰板のフラット化(縦羽目化)改造を実施し、塗装を茶色化(窓周りニス塗り)した。札幌市で復元保存されていた１両が、2014(平成26)年、名鉄創業120周年記念事業で札幌市から里帰りし、５年間明治村で展示。

(2) 38〜167　(130両)(38形)→名古屋市電SSA型(小型単車(Small Single A型))

このタイプは1908(明治41)年に30両、翌年に20両、1910年に50両、1912年に30両と大量に増備された。87までは名古屋電車製作所、88以降は日本車輌と自社工場製である。全長が6.5mから7.9mに延長され側窓も７個→８個となった。定員も26→34人に増加した。

最初の50両は台車、機器とも前形式を踏襲したが、残り80両は台車をブリル21Ｅに変更し、モーターも25HP２個とした。さらに最後の30両は電機品を米国(GE)製からドイツ(シーメンス)製とし、サーキットブレーカーをデッキの屋根上に付けたのが特徴とされる。その後1913年の運賃値上げ反対運動の「電車焼き討ち事件」での被害は大きく、復旧と改造工事が行われ、腰板を真っ直ぐにする変更やベスチビュール(前面窓)の新設が実施された。

この後、1920(大正９)年の那古野車庫の火災による被害は甚大で66両が焼失した。残った64両は名古屋市へ譲渡。市営化後はSSA型とされ、11両が1931(昭和６)に大型単車140 〜 150に、10両が1935(昭和10)年に改造大型単車151 〜 160に改造され、戦後まで残った。

名古屋駅(初代)前の38形。1908(明治41)年から登場し、それ以前の1形に比べて車両を長くしたことで定員が増加したために主力となった。旧名古屋駅は現在の笹島交差点の北西角付近にあった。
◎笹島　1910(明治43)年頃

(3)168～232(65両)→名古屋市電LSA形(大型単車(Large Single A型))

1914(大正3)年9月に運賃値下げを求める集会参加者の一部が暴徒化し、電車焼き討ち事件が発生、そのあと、1915(大正4)年から1919(大正8)年かけて名古屋電車製作所と日本車輌で製造された。車体は大型化され名古屋市電形単車といわれた。台車はブリル21Eを履いた。この車両も1920年の車庫火災で19両が被災し、残り46両が名古屋市へ譲渡された。市営化後はLSA形となり、1936(昭和11)年から1939(昭和14)年までに164～204に改造された車両もあった。

なお、168～205の番号は1912(大正元)年8月の郡部線開業にあたり、全長10.7mの郊外線用大型4輪単車が登場しており、郊外線車両と番号がダブルことになった。

38形59号。1形と形状は似ているが、側窓が7→8個に増えたので区別が出来る。全長は6.5→7.9mと延長され、定員も増加し、主力となった。◎那古野車庫　1914(大正3)年頃

168形181号。1915(大正4)年以降に製造され、正面ベスチビュール(前面窓)が付き、屋根モニターの形が変わった。側面の腰板も直線となった。市営化後LSA形となる。◎笹島　大正時代

(4) 233～282　(50両)→名古屋市電LSB型(大型単車(Large Single B型))

このタイプは、168～とほとんど同じタイプの車両で233～262は車庫火災前に発注し1920(大正9)年7月に竣工した名古屋電車製作所製。後の20両は火災後急遽日本車輌に発注し急造した物で、台車はブリル21Eの復旧品を流用した。最初の30両は三菱製のモーターを使用した。市営化後はLSB型となった。

(5) 283～312　(30両)→名古屋市電SSB型(小型単車)

車庫火災による車両不足解消のため製造された車両で1920(大正9)年11月製造である。車体幅が狭くなり定員も42人から34人と減少した。台車はブリル21Eの火災復旧品を再利用したものもある。市営化後はSSB型となる。

(6) 313～337　(25両)→名古屋市電LSB形(大型単車)

1922(大正11)年、名電時代最後の製造で、233～282と機器が異なる以外は同一で名古屋電車製作所製。台車はブリル21Eの新品であり、最後の10両はボギー車と同じ40HPモーターを装備した。市営化後はLSB型となり、1951(昭和26)年まで活躍した車もある。

1922(大正11)年、名電が市内線用に製造した最後の車両(313～337)の326号。ボギー車登場後だが単車で製造。◎名古屋市電・高辻車庫　1943(昭和18)年　撮影:荒井友光

1920(大正9)年に製造した1000形1006号。市内線用最初のボギー車だったが、全長10.7メートルと小さかった。◎名古屋市電・西町工場　1942(昭和17)年　撮影:荒井友光

(7)1001～1015　(15両)→名古屋市電SB型　(小型ボギー車(Small Bogie))

1920（大正９）年製造の市内線用最初のボギー車である。これは鉄道部の1500形の新造と同時期であり、単車からボギー車への切り替えが始まった。メーカーは名古屋電車製作所と日本車輌である。ボギー車ではあったが車体長10.7ｍと小さく、定員65人、自重12ｔで台車はブリル76Eだった。市営化後SB型と称した。

郡部線用の車両

軌道部分の市営化を覚悟した名古屋電気鉄道は、市内線の拡張をしながら、郡部線と称する郊外鉄道へ進出を将来計画の柱とし1906（明治39）年11月に津島線（枇杷島～津島）、翌年５月に一宮線（枇杷島～岩倉～一宮）、犬山線（岩倉～犬山）の免許を出願し、1907（明治40）年12月に敷設特許を得た。この後600V電化路線の建設工事を進め、1912（大正元）年８月から一宮線・枇杷島～西印田間16.5㎞（複線）と犬山線・岩倉～犬山間15.2㎞（単線・ただし犬山口～犬山間複線）を開通。翌年１月に一宮線を東一宮まで延伸し全通。1914（大正３）年１月には枇杷島橋～新津島間（複線）が開通し、当初計画の郡部線が全通した。郡部線の起点は押切町駅だったが、開通翌年の1913（大正２）年から郡部線電車は市内線に乗り入れ、柳橋駅まで直通運転をするようになった。柳橋駅は交差点の北西角に駅舎と専用ホームがあり、そこから郡部線の電車は発着し、柳橋～押切町間の市内線停留所は通過した。1941（昭和16）年の新名古屋駅開業により市内線乗り入れは廃止されたが、昭和初期までの郡部線の電車は、市内線乗り入れを前提に製造された。

(1) 168～205 (38両)　デシ500形　1912～1960 (大正元～昭和35) 年　600V車

→ (大正7年) デシ500形501～538　(大正9) 504・506・521・527　4両焼失
511・526・529→ (昭和6－10年) デキ50形51～53／ (52・53) → (昭和17・19年) デキ30形31・32
535・536→ (昭和3年) デユ11・12
537・538・510→ (昭和3・5年) 東美デ1形1～3→ (昭和18年) モ45形45・46

最初の郊外電車デシ500形514号。全長10.7メートルの大型単車だった。通常は単行運転だが、時には貨車牽引した。ラジアル台車で、連結部にバッファー装備。◎津島線藤浪　1918(大正7)年　津島市立図書館所蔵

1912（大正元）年８月開通の郡部線用に製造した車両は、それまでの市内線（軌道線）車両に比べ、一回り大きな鉄道線用の車両であった。最初は市内線の連続番号の168 ～ 205として誕生したが、後に市内線用に168 ～ 232が増備され、番号の重複を避けるため、1918（大正７）年にデシ500形と改番した。この車両の特徴は４輪単車ながら全長10.7ｍの大型車体となり、イギリスのマウンテンギブソン社製のラジアル台車を採用したことである。この台車は、曲線でのレール損傷を軽減するための工夫がなされ、最終的には40両に採用された。電機品はウエスチングハウスの50HPモーター２個を装備し、制御器も同社のT-1-C型直接制御器、ブレーキは空気ではなく、縦型手ブレーキだった。

1914（大正３）年９月の電車焼き打ち事件により187号が焼失、丸屋根、乗降扉付きに設計変更し、車内仕切り付きの車両で復旧した。（187は後に→デシ520）

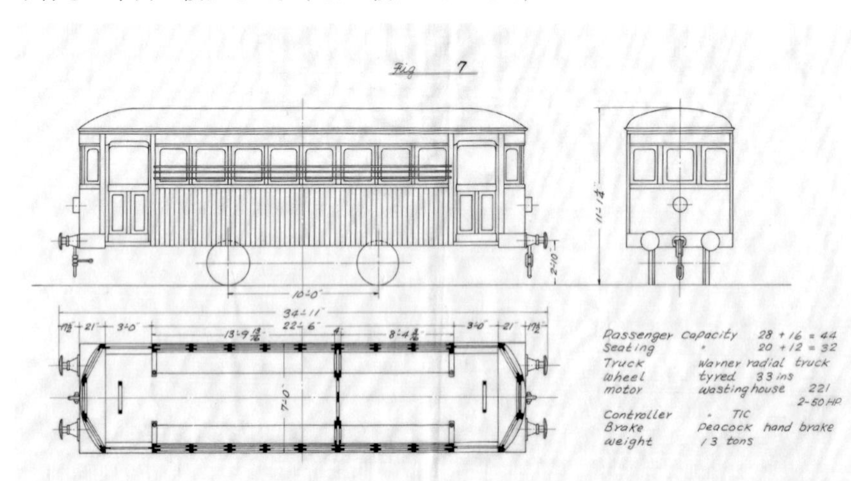

デシ520号図面。1914（大正3）年の電車焼き討ち事件で187号が焼失。丸屋根、乗降扉付き、車内仕切り付きで車体新造（同番号）された。1918（大正7）年にデシ500形520形に改番。後に手荷物合造車となった。

1920（大正９）年の車庫火災で４両が焼失。その後ボギー車の増備により余剰となり、1924（大正13）年に富岩鉄道へ524･528の２両、1928（昭和３）年には東美鉄道へ537･538の２両を譲渡、翌年、広瀬鉄道へも譲渡（502）、1930（昭和５）年にも東美鉄道へ八百津線開通で１両（510）追加譲渡した。1929（昭和４）年に旭川電気軌道へも3両（501・507・508）が譲渡された。

中仕切りのあったデシ520は手荷物合造車となり、デシ535・536は1928（昭和３）年に郵便合造車に改造されデユ11・12となったが、1938 ～ 1940（昭和13 ～ 15）年に、残存していたデシ500形とともに廃車となった。

1943（昭和18）年３月に名鉄は東美鉄道を合併したので、同社へ譲渡した３両（デ１形）のデシ500形が名鉄へ復帰、集電装置をポールからパンタに変更し、モ45形45･46となった。残る１両は武豊の日本油脂の専用線へ譲渡された。なお、45・46号は1949（昭和24）年に熊本電鉄へ譲渡（すぐに荒尾市営へ再譲渡）された。

モ45形45号。東美鉄道電化の際、デシ500形3両をデ1形として譲渡。1943（昭和18）年東美鉄道を合併した際、モ45形として復帰した。◎広見線　1943（昭和18）年頃

日本油脂（武豊）専用線の従業員輸送用客車として譲渡された。最後まで残ったデシ500形で、ラジアル台車装備の生き残りとして有名だった。◎日本油脂･武豊　1961（昭和36）年　撮影：白井　昭

(1−1) デキ50形51〜53 (3両)　1931〜1960 (昭和6〜35) 年　600V車
(1−2) デキ30形31・32 (2両)　1942〜1960 (昭和17〜35) 年　600V車

デシ511·526·529の３両は1931〜1935(昭和６〜10)年に、ボギー台車新造、モーター増強、コンプレッサーを載せて空気制動化して入換用機関車デキ50形51〜53となったが、デキ52·53は1942・44(昭和17·19)年に台車をサ2170とデキ851に譲り、昔の２軸ラジアル台車に戻り、デキ30形31·32となった。デキへ改造された３両は1960(昭和35)年に廃車となった。

デキ50形51号。デシ500形3両を改造、ボギー台車化し、デキ50形電気機関車として駅構内の入換用に使用した。◎今村(→新安城)　1955(昭和30)年頃　撮影:福島隆雄

デキ30形32号。デキ52·53の2両の台車を元の2軸ラジアル台車に戻し、駅構内入換用デキ30形とした。当時は西笠松でも入換機が必要だった。◎西笠松　1955(昭和30)年頃　撮影:福島隆雄

(2) デワ1形1〜35 (35両)　1912〜1941 (大正元〜昭和16) 年　600V車
貨車への改造などにより順次減車
台車·電気品再利用→ (大正４年) 206〜208→ (大正７年) デシ539〜541
(大正13年) デシ100形101〜104→ (昭和16年) 41〜44→ (昭和24年) モ40形40〜43
台車・台枠再利用→ (昭和15年) サ50形51〜58

1912(大正元)年８月の郡部線開通に合わせ、貨物輸送用に電動貨車を35両も製造した。全長8.4m、幅2.2m、自重10tで6tの貨物を積むことができた。

168形173号が満員のお客を乗せて間もなく岩倉駅に到着。奥の方にデワ1形が並んでいる。右は岩倉変電所。
◎開業直後の岩倉駅　1912(大正元)年

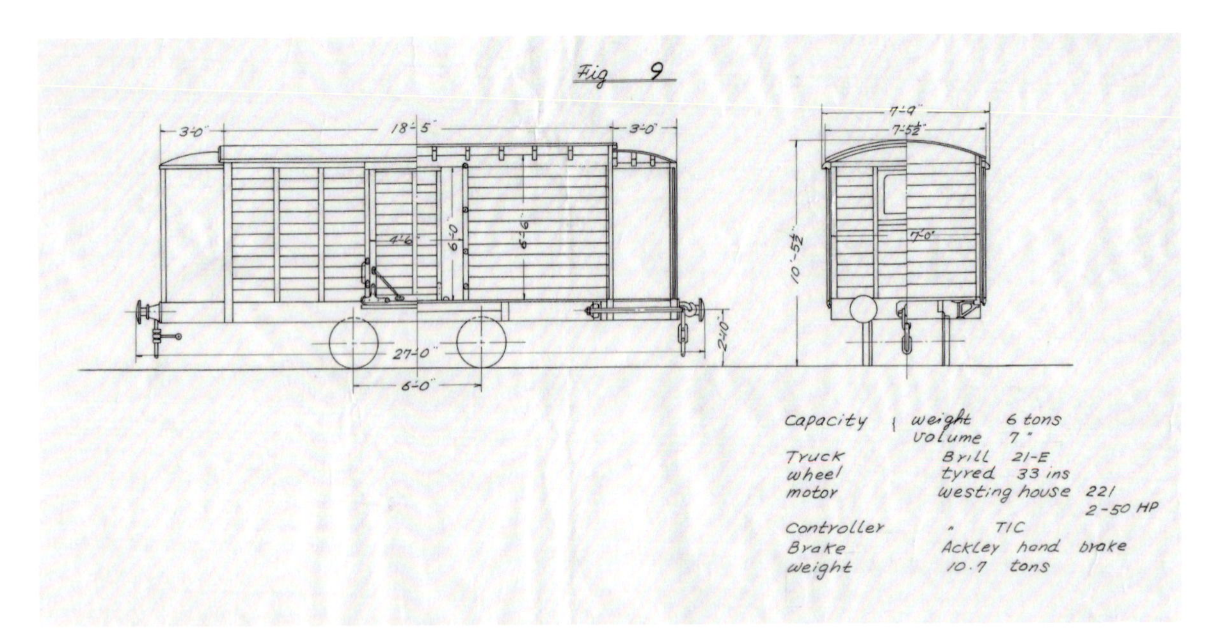

デワ1形の図面。名電の郡部線開通と同時（大正元年）に製造した電動貨車。全長8.4メートル

168形電車と同じ電動機と制御器で駆動したが、車体長が短く、台車はブリル21E、横型手ブレーキだった。

当初計画ほどの貨物輸送がなく、早くも1915（大正４）年には３両が客車体を新造し206～208号になり、その後も次々と電装解除し貨車にされ、1920（大正９）年には電動貨車は13両に減った。

貨車化された電動貨車の台車·電機品を再利用し、1924（大正13）年に開通した蘇東線（後の起線）用に、101～104（後にデシ100形→モ40形）の４両を製造した。

太平洋戦争の戦火拡大による資材不足で、1940（昭和15）年にはデワ１～８の８両を廃車にし、1942（昭和17）年に台車·台枠を再利用したサ50形（51～58）８両が製造された。

サ50形58。戦時中の客車不足で、デワ１形の台車·台枠を再利用し新川工場で8両製造。◎大江　1955（昭和30）年頃　撮影：福島隆雄

最後に残ったデワ９～13も1941（昭和16）年に廃車、その台車·電機品を再利用し、翌1942年に渥美線用モ90形（91～93）→後にモ140形（140～142）となり、渥美線の分離（1954/昭和29年）に伴い、この３両も豊橋鉄道渥美線へ転籍した。

戦況が更に悪化した1944（昭和19）年には、貨車を客車に改造してサ60形（61）が誕生した。サ60形は、デワから貨車に改造、その後客車となった車両。

（3）トク1·2（S.C.No.Ⅰ、S.C.No.Ⅱ）（2両）　1912～1960（大正元～昭和35）年　600V車

トク1→（大正9年）焼失

トク2→（昭和3年）デシ551→（昭和15年）廃車→（昭和17年）復活·モ40形41→（昭和24年）モ85形85

貴賓車トク１（ＳＣⅠ），２（ＳＣⅡ）は1912（大正元）年に竣工した。

1915（大正４）年10月には、皇太子殿下（後の昭和天皇）が当地行啓の際、名古屋市内線の白鳥電停から築港電停まで、トク1（SC1）に御乗用になられた。トク１は1920（大正９）年の那古野車庫火災で焼失。

トク２は、後継の貴賓車トク３が1927（昭和２）年に製造されたので、貴賓車としての用途を外れ一般客車に改造されデシ551となった。1940（昭和15）年６月に一旦廃車、戦時の車両不足で1942（昭和17）年モ40形41

号として復活し当時の旧・西尾線で使われ、1949（昭和24）年の改番でモ85形85号となり、最後は安城支線南安城〜安城間の専用車として、同区間が昇圧された1960（昭和35）年まで活躍した。なお、安城支線はその翌年に廃止された。

貴賓車トク1号の豪華な車内。1912（大正元）年製のトク1は、1920（大正9）年の那古野車庫火災で焼失した。

一宮線浅野駅の貴賓車トク2号。旧広島藩主・浅野長勲候が旧邸を訪問し、大勢の地元住民に見送られ、愛知県知事の先導でトク2号に乗車。◎浅野　1915（大正4）年6月

デシ551。貴賓車トク2は、昭和3年に一般客車へ格下げされデシ551となった。◎1934（昭和9）年　撮影：本島三郎

モ41。デシ551は一旦廃車となったが、戦時の車両不足で再利用する必要に迫られモ41号として復活した。扉付きに改造された。◎1945（昭和20）年頃　撮影：荒井友光

モ85。貴賓車トク2号の最後は、モ41→モ85形85号になり、安城支線専用車として使われた。京阪や近鉄の貴賓車同様数奇な運命だった。◎南安城　1955（昭和30）年代　撮影：福島隆雄

（4）206〜208（3両）　1915〜1938（大正4〜昭和13）年　600V車
→（大正7年）デシ539〜541→（大正15年）デシニ539・540　（大正9年）デジ541焼失

名古屋電気鉄道の郡部線は、一宮・犬山線に続き、1914（大正３）年１月に津島線が開通、同年９月に須ヶ口

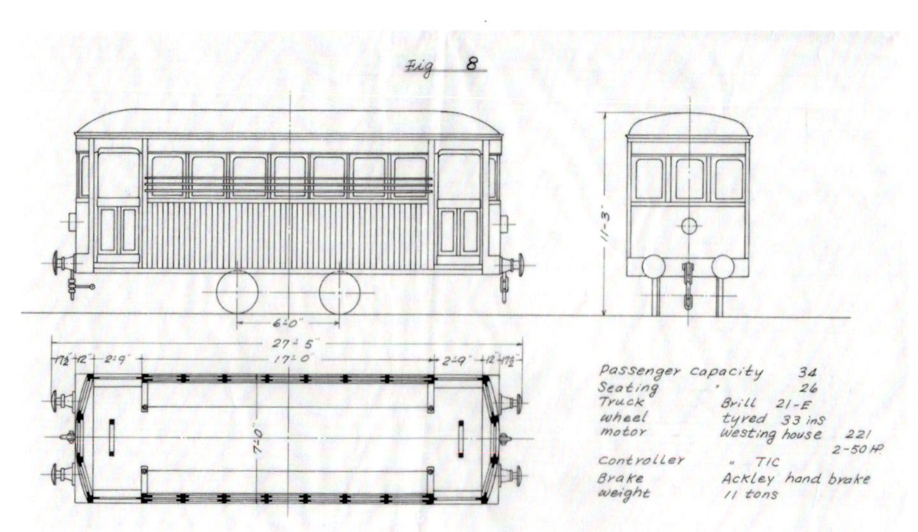

206形図面。1915（大正4）年に、清洲線用に製造された206～208は屋根が丸屋根になり、扉が付いた。電動貨車の台車と電機品を再利用。後にデシ539～541へ改番

～清洲間の清洲線が開通した。この清洲線用に1915（大正４）年に206 ～ 208の３両が増備された。168形（デシ500形）の続番であるが、電動貨車の台車や電気品を用いて製造されたので、車体は短く（車体長8.4m）、扉が付き、屋根が丸屋根になった。

541は1920（大正９）年の車庫火災で焼失。残った２両は1926（大正15）年に車両改造、車内に手荷物室を設置し、合造車デシニ539、540となる。1938（昭和13）年に廃車。

(5)1500形

名古屋電気鉄道が郡部線用に1920（大正９）年から製造した最初のボギー車。木造車で全長14.2m

輸送需要の増大と高速化に対応するため、車体長を長くし、ボギー台車の車両が登場した。最初から連結運転を考慮した総括制御（間接自動制御）で、ブレーキも直通空気ブレーキを採用した。

(5−1) 1501～1506､1510（7両）　デホ350形　1921～1963（大正10～昭和38）年　600V車
1501～1506→（大正14年）デホ350形351～356→（昭和16年）モ350形351～356
（昭和18年）353焼失･車体新造→（昭和38年）北恵那へ
1510→（大正14年）デホ350形357→（昭和8−12年）デホユ322→（昭和16年）モユ322→
→（昭和23年）ク2274

最終組立中の1920（大正９）年６月に那古野車庫で火災により最新鋭ボギー車1500形の７両が焼失したため、２扉を３扉に設計変更して翌1921年に製造。

1501 ～ 1506はデホ350形351 ～ 356になり、1941（昭和16）年の改称でモ350形351 ～ 356となった。353は

1500形1501。1920（大正9）年、那古野車庫で組立中の郡部線用ボギー車1501。この直後に火災で焼失し、翌年3扉に設計変更されて製造。後にモ350形となる。◎那古野車庫　1920（大正9）年

モ350形351号。1921（大正10）年製造、名電最初の3扉ボギー車。晩年は600Ｖの竹鼻線で使用。行先板の西竹鼻は現･羽島市役所前。◎笠松　1960（昭和35）年頃　撮影：福島隆雄

1943（昭和18）年に焼失し、車体を新造して丸屋根となり1963（昭和38）年に北恵那鉄道へ譲渡された。他の5両は1960 ～ 62（昭和35 ～ 37）年に廃車となった。

1510も同じデホ350形の357になったが、郵便輸送の増大により、郵便室付きの合造車に改造、デホユ（後にモユ）322となり、1948（昭和23）年に電装解除、郵便室撤去でク2270形2274となり、1959（昭和34）年に廃車。

モ350形353号。昭和18年に火災焼失し、2扉、丸屋根で車体新造された。後に車体に鋼鈑を張り北恵那鉄道へ譲渡されモ320となった。◎西笠松　1960（昭和35）年頃　撮影：福島隆雄

モ350形356号。竹鼻（旧・栄町）駅に隣接して竹鼻線専用の車庫があった。当時、本線が1500V、竹鼻線は600Vだった。竹鼻線の昇圧により専用車庫も不要となった。◎竹鼻車庫　1960（昭和35）年頃

（5－2）1507～1509（3両）　デホ300形　1920～1962（大正9～昭和37）年　600V車

1507→（大正14年）デホ300形301→（昭和8年）デホユ320形321→（昭和16年）モユ320形321→→（昭和23年）ク2270形2273

1508・1509→（大正14年）デホ300形302・303→（昭和8年）デホユ310形311・312→→（昭和16年）モユ310形311・312→（昭和23年）ク2270形2271・2272

1500形の中で最初の1920（大正９）年２月に製造され２扉で登場。1925（大正14）年にデホ300形に改称。

1933（昭和８）年12月、郵便輸送の需要増大に応えて郵便室を設置デホユ310・320形となり、1941（昭和16）年の形式称号変更でモ310・320形になる。1948（昭和23）年7月、モユ310・320形の電装解除、郵便室撤去してク2270形2271 ～ 2273となり、最後は瀬戸線で1962（昭和37）年８月に廃車となった。

デホユ310形312号。郵便合造車で、郵便室に白帯を巻いた。集電装置は大正末期からパンタグラフになったが、市内線乗入れのため両端にポールを付けていた。◎1938（昭和13）年8月　撮影：臼井茂信

ク2270形2272。1500形→デホ300形は改造を重ね、最後は電装を解除、制御車化された。瀬戸線車両は本線系から木造車の転入により大型化。◎瀬戸線森下　1960（昭和35）年頃　撮影：福島隆雄

1500形→デホ300・350・400形の改称時期

諸説あり定かではないが1925（大正14）年8月の尾西鉄道吸収合併後、間もなくではないかと思われる。尾西鉄道からデホ100・200形を譲り受けたので、その続番で、300・350・400形にしたと思われる。

1920（大正9）年6月に全焼した那古野車庫。那古野は、名古屋電気鉄道の本社、発電所、車庫があり、会社の中枢だった。現在この跡地のプライムセントラル敷地端に「名古屋における電気鉄道事業発祥の地」の碑が煉瓦塀（跡）に埋め込まれている。

那古野車庫の火災

1920（大正９）年６月７日深夜、那古野車庫で火災発生。99両の車両を焼失。
市内線車両－86両焼失
38形（38 ～ 167）の130両中、66両を焼失。
168形（168 ～ 232）の65両中、19両を焼失。
散水車（６両ほど在籍）、１両を焼失。
郡部線車両－13両焼失。
デシ500形（501 ～ 538）38両中、504･506･521･527の４両を焼失。
トク１・２の２両中、トク１の１両を焼失
デシ539 ～ 541の３両中、541の１両を焼失
ボギー車1500形（1501 ～ 1510）10両中、1501 ～ 1506・1510の７両を焼失
市内線用車両の損害が大きく、郡部線車両の応援を受けて急場をしのぎ、焼失車の台車を再利用して50両を応急増備した。

市内線の譲渡と名古屋鉄道の発足

那古野車庫火災の約１か月後、名古屋市から市内線の市営化を正式に申し込まれた。市営化の話は長年の懸案事項であり、会社もここが潮時と譲渡に態度を決めたが、譲渡による課税問題が容易でないことが判明。それを回避するため、郡部線（郊外線）を分離･独立することにし、1921（大正10）年６月に名古屋鉄道を設立、７月１日から営業キロ54.9㎞、車両数114両（電車44両、電動貨車13両、貨車57両）の郡部線を継承した。

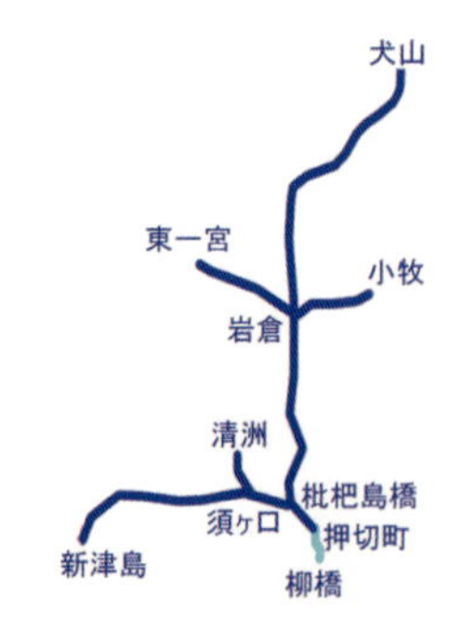

1921（大正10）年7月に名古屋電気鉄道から名古屋鉄道へ継承された郡部線全路線図。

名古屋電気鉄道はこの日から市内線のみを運営し、翌1922（大正11）年８月１日に、市内線の全てを名古屋市へ譲渡し、その年に解散した。譲渡された車両は、単車215両、ボギー車15両、散水車５両の計235両。従業員1,218名も名古屋市へ引き継がれた。従業員の約８割、全収入の７割近くを占めていた市内線を失い、名古屋鉄道は厳しいスタートとなった。

なお、郡部線の電車は押切町から柳橋へ市内線直通乗り入れをしていたので、それを継続することを市営化の条件とした。市営化後も、1941（昭和16）年の枇杷島橋～新名古屋開業まで、市内線乗り入れは継続した。

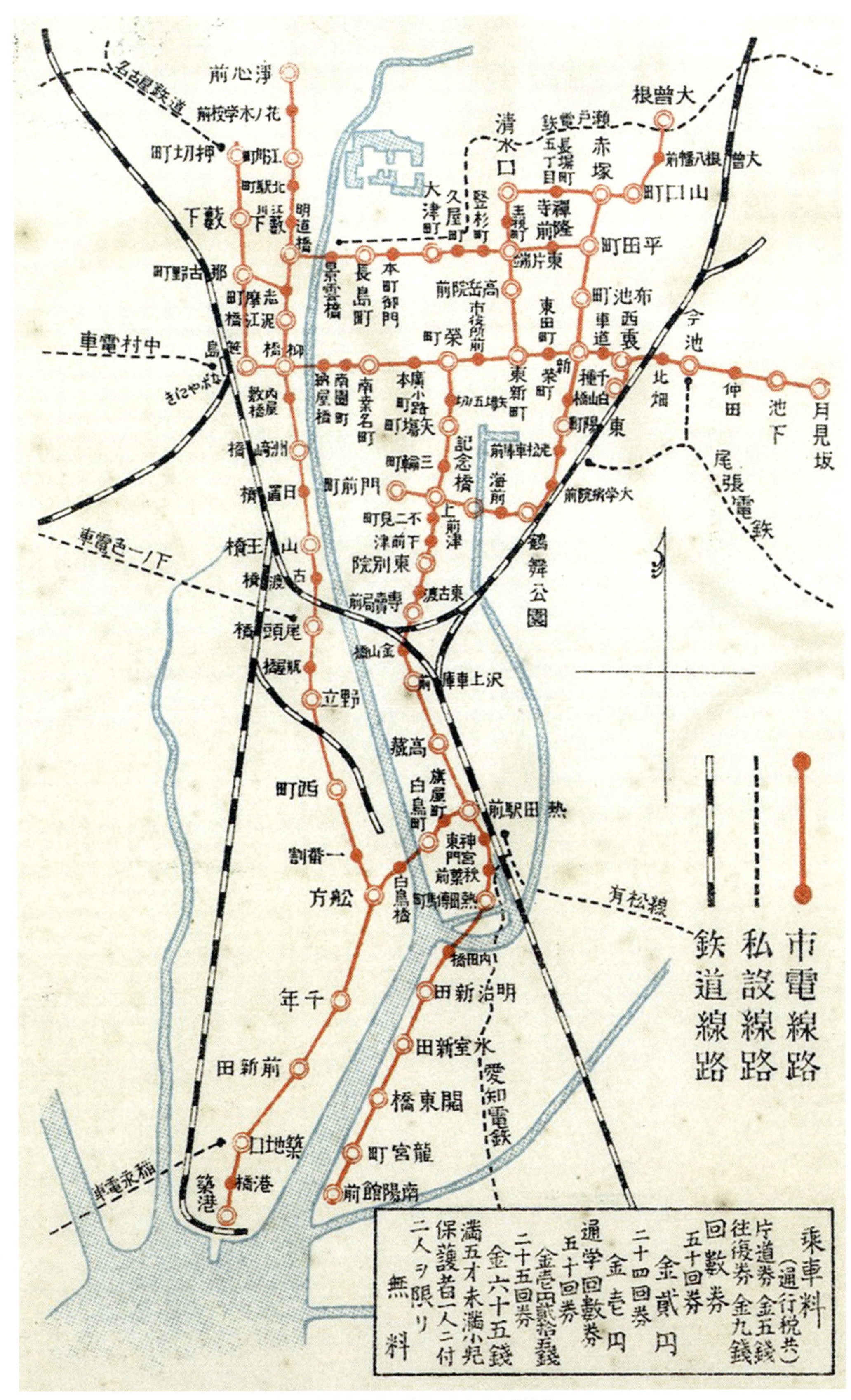

1922（大正11）年8月に、名古屋電気鉄道から名古屋市へ譲渡された市内線路線
名古屋市発行「電鉄市営記念絵葉書」より

名古屋鉄道（初代）

なごやてつどう

1921～1930（大正10～昭和5）年

名古屋電気鉄道の郡部線を1921（大正10）年7月1日に引き継ぎ、営業キロ54.9km、車両数114両（電車44両、電動貨車13両、貨車57両）の名古屋鉄道（初代・名鉄）がスタートした。当時の名鉄は、押切町を起点に尾張地区（一宮・犬山・津島等）限定の路線網で、電車は押切町から名古屋市内線へ直通し、柳橋まで乗り入れた。鉄道網の拡充をはかり、1925（大正14）年8月には尾西鉄道（営業キロ40.1km）を吸収合併した。その後、名古屋～岐阜間を結ぶ鉄道を計画し、1930（昭和5）年8月に名鉄は美濃電と合併、同年9月に社名を「名岐鉄道」と変更した。

1930（昭和5年）8月、美濃電気軌道と合併直前の名鉄路線図

（1）1500形1511～1518（8両）　デホ400形　1923～1965（大正12～昭和40）年　600V車

1511～1517→（大正14年）デホ400形401～407→（昭和16年）モ400形401～407→
→（昭和23年）ク2260形2261～2267
1518→（大正14年）デホ450形451→（昭和15年）モ400形405（昭和2焼失の405を補充）

名古屋電気鉄道時代の形式を引き継ぐが、名古屋鉄道設立（1921/大正10年）後の1923（大正12）年8月に名古屋電車製作所で製造された。全長14.6m、3扉で両端の扉は、最初は両開きだった。電装品はイングリッシュ・エレクトリック（EE）製で、電動カム軸自動加速制御装置が採用された。この駆動方式が、後の名岐・愛電合併後は主流となる。台車はボールドウインA形になった。間もなくデホ400形401～407と改称されたが、1928（昭和3）年に405が焼失し、しばらく欠番となった。

同時期にできた1518は室内を3室に区分し鏡を備え、貸切用を想定した仕様のためデホ450形451となったが、1940（昭和15）年には405と改番して400形焼失車の穴埋めをし、翌年の形式称号変更で全7両がモ400形（401～407）となった。

1948（昭和23）年の西部線主要路線1500V昇圧時に、電装解除、制御車化されク2260形（2261～2267）になり、当時600V路線だった各務原線、小牧線、瀬戸線などへ転用された。1962～65（昭和37～40）年に全7両が廃車され、鋼体化HL3700系に台車を再用された。

1500形1513号の2両編成。大正12年製で、2年後にはデホ400形と改称。3扉で両端扉は当初両開きだった。◎1923（大正12）年頃

デホ450形451号。押切町駅から市内線区間へ進入する郊外線の列車。この451号は後に405号に改番された。
◎押切町　1937(昭和12)年8月

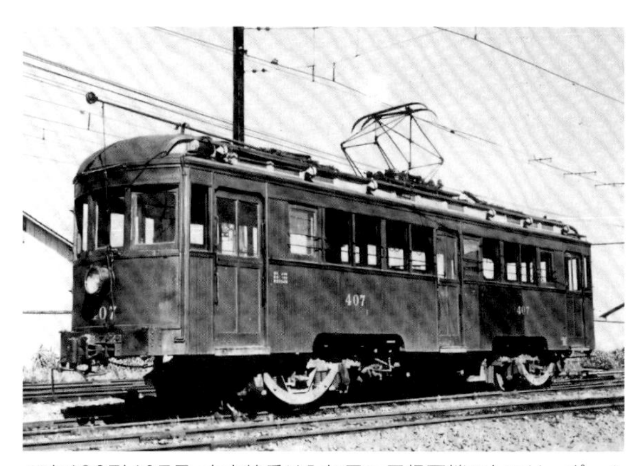

デホ400形407号。市内線乗り入れ用に屋根両端にトロリーポールを付けパンタグラフを車体中央に載せていた。1941(昭和16)年にモ400形となる。◎1938(昭和13)年8月　撮影：臼井茂信

ク2260形2263号。モ400形を制御車化した仲間で、ク2263は火災で車体を焼失し丸屋根で復旧。犬山周辺の600V線区で活躍した。
◎新那加　1959(昭和34)年　撮影：福島隆雄

ク2260形2261号。モ400形は昭和23年に制御車化され、600Ｖの支線で使用された。◎瀬戸線大津町1955(昭和30)年代

(2) デシ100形101～104（4両）　1924～1960（大正13～昭和35）年　600V車
デシ100→（昭和16年）41～44→（昭和24年）モ40形40～43

1924（大正13）年に蘇東線（新一宮～起間5.3km、後に起線と改称）を開業する際、デワ１形の台車・電機品を再利用し、全長8.1mの単車ながら自重10ｔ超のヘビー級単車101～104として誕生した。路面電車としてオープンデッキのまま活躍し、1941（昭和16）年の形式称号変更で101～103は41～43に、104は44（後に→40）に改番された。起線が1953（昭和28）年6月に休止されたので、翌年３月、岡崎市内線の90形を代替するため転籍した。そこでもオープンデッキが嫌われ1959（昭和34）年９月に43、翌年８月に41、11月には40、42が廃車された。岡崎市内線の廃止1962（昭和37）年６月よりも先であった。

起(おこし)駅の43号。電動貨車の台車・電機品を再利用し、デシ100形を4両製造。その後41～44と改称。蘇東線は1948(昭和23)年に起線と改称された。◎起　1941(昭和16)年

岡崎市内線へ転属後の40号。起線が昭和28年に休止(翌年廃止)、モ40形はオープンデッキのまま岡崎市内線へ転属。◎岡崎駅前　1955(昭和30)年頃　撮影：福島隆雄

モ40形40号が新一宮駅の起線ホームに停車中。デシ100形の最後はモ40形40～43となる。新一宮(→名鉄一宮)駅の尾西線ホーム西側に起線の低床ホームがあった。
◎新一宮　1952(昭和27)年

(3) 1500形1519～1525（7両）　デホ600形　1925～1966（大正14～昭和41）年　600V車
1519～1525→（大正14年）デホ600形601～607→（昭和16年）モ600形601～607

名電時代の形式を継承する最後の車両であり、1925（大正14）年８～11月に製造され、すぐにデホ600形（601～607）と改称された。350形以来の名鉄木造車スタイルを踏襲するが、全長14.9mで、台車は国産（住友）のST-2形を採用。602は戦災で、603･604は事故により、シングルルーフの車体を新造し、同一番号で復旧した。西部線主要路線昇圧（1948/昭和23年）後は600Vで残った小牧線、尾西線などで活躍し、最後は瀬戸線に集まり1965（昭和40）年12月から翌年にかけて廃車になった。

この木造車モ600形の機器を再利用し、ク2330形（元知多鉄道910形の電装解除）の半鋼製車体を組み合わせて1966（昭和41）年に出来た車両が、瀬戸線用の特急車モ900形。

デホ600形602号。1941(昭和16)年まで、郡部(郊外)線の電車は名古屋市電の押切町～柳橋間へ乗り入れた。市電296号と行き違う。◎菊井町付近　1939(昭和14)年

デホ600形601号。市内線の乗り入れ仕様でパンタとポールを装備。郡部線はパンタ、市内線はポールで走行。新名古屋乗入れが実現する間近の姿。◎須ヶ口　1941(昭和16)年　撮影:大谷正春

モ600形601号。主要路線が1500Vに昇圧した1948(昭和23)年以降は、600Vの小牧、尾西線などで活躍し、最後は瀬戸線で終わった。◎瀬戸線森下駅　1960(昭和35)年頃　撮影:福島隆雄

モ600形602号。602号は戦災で車体を焼失、丸屋根で車体新造した。600形は最後に瀬戸線へ集結し、瀬戸線特急車用に機器を提供した。◎瀬戸線森下　1960(昭和35)年頃　撮影:福島隆雄

(4) デホ650形　651～665(15両)　1927～1965(昭和2～40)年　600V車(付随車・制御車は1500Vで使用)
→(昭和16年) モ650形651～665
モ650形658～665→(昭和17年) ク2230形2231～2238→(昭和23年) サ2230形2231～2238→
→(昭和26・27・29年) ク2230形2231～2238

600形に続いて1927～28(昭和2～3)年に15両製造され、600形と共に名岐鉄道の主力車両として活躍した。全長15.0mの3扉車で、台車はＳＴ－27に変わった。両端の戸袋窓は当初丸窓だったが後に変更された。1942(昭和17)年に658～665は電装解除し、ク2230形2231～2238と制御車化され、1948(昭和23)年の西部線昇圧に伴い付随車化されサ2230形となり一時1500V線で使用されたが、2231～2237は、1951・52(昭和26・27)年に再び600Vの制御車ク2230形に戻り、瀬戸線・小牧線で活躍。2238は1954(昭和29)年に1500Vの制御車ク2238となり三河線で使用された。1958(昭和33)年から翌年に掛けて2232・2235～2239が廃車。2233→2232、2234→2233(戦災復旧で丸屋根)と改番。残った3両(2231～2233)も1965(昭和40)年に廃車。

デホ650形654。両端の戸袋窓が当初は丸窓で、パンタとポールを装備した市内線乗り入れ仕様。この後、モ650形となるが車号は同じ。◎新川車庫　1941(昭和16)年　撮影:大谷正春

この仲間には生まれの異なる2239が含まれる。この車両は1941(昭和16)年に、手持ち台車を使用し、モ650形と同じ車体を自社新川工場で製造しク2100形2101が誕生。2230形の付随車化に合わせク2101もサ2230形に統合されサ2239となり、後は2238と同じ運命をたどった。

651～657は最後までモ650形電動車だったが、653は1964(昭和39)年2月の踏切事故で大破、廃車。同年

ク2230形2238号。モ650形8両を電装解除しク2230形とした。2231～2237は600V用、この2238は1500V用の制御車となった。◎豊田市駅　1960(昭和35年)頃　撮影：福島隆雄

モ650形653号。600形同様、昭和23年以降は小牧線などの600V支線区を転々とした。この車両は1964(昭和39)年踏切事故で大破し廃車。◎小牧　1960(昭和35)年頃　撮影：福島隆雄

９月に656、翌年５月に651･654･655･657が廃車、655は北陸鉄道へ譲渡された。最後に残った652は８月に廃車された。

(5) デホ650形666　(1両)
1928～1965 (昭和3～40) 年　600V車
→ (昭和14年) モ670形671

デホ405が1928(昭和３)年に焼失し、車体新造しデホ650形666として再生したが、再度火災に遭い焼失。1939(昭和14)年に車体新造、復旧しシングルルーフのモ670形671となった。全長15.0m、木造車最後の形式であった。犬山地区600V支線で使用のあと、各務原･小牧･広見線の昇圧(1964 ～ 1965/昭和39.3 ～ 40.3)で廃車された。

モ670形671号。元はデホ405で、火災焼失によりデホ666として復旧。2度目の火災焼失で、モ671として復旧。1形式1両の電動車だった。◎新那加　1960(昭和35)年頃　撮影：福島隆雄

(6) デセホ700形701～710 (10両)　1927～1998 (昭和2～平成10) 年　600V車
→ (昭和16年) モ700形701～710

名鉄も1927(昭和２)年、半鋼製車の時代となり最初に誕生したのがデセホ700形、後のモ700形である。車体のイメージとしてはそれまでの名鉄タイプであるが全長15.0mで、客室扉間の窓が木造車モ650形より１個

デセホ700形701号。昭和2年に製造された名鉄最初の半鋼製電動車。後にモ700形と改称。◎昭和初期

デセホ700形710号。翌年製造の750形と共に、デボ800形登場前の名鉄の代表車両。◎1938(昭和13)年　撮影：臼井茂信

増えて6個となり、屋根も丸屋根になった。台車は701～705がボールドウイン型、706～710がST-27である。昭和初期には750形とともに主力として活躍したが、西部線の主要路線が1948（昭和23）年に1500Vに昇圧されると、その後は600Vの支線（各務原線等）で使われるようになった。

1962（昭和37）年、702～704の3両が瀬戸線へ移動したが1973（昭和48）年には704が揖斐谷汲線へ移動702・703も瀬戸線昇圧時に同線へ移動した。そのほか706は1964（昭和39）年2月の新川工場の火災で焼失。その年3月には701、705が福井鉄道へ、707～710が北陸鉄道へ譲渡された。その際台車は3700系鋼体化車に転用された。最後まで名鉄に残った700形3両（702～704）は、1998（平成10）年4月に廃車となった。

モ700形709号。敗戦後、マルーン塗装に白帯を巻いて進駐軍専用のGIカーとなった。解除後はマルーン塗装のまま各務原線で一般用に使用された。◎長住町（→新岐阜）　1946（昭和21）年頃

モ700形703・704号のさよなら運転。700形最後の働き場所は揖斐・谷汲線だった。引退時は「さよなら」ヘッドマークを付けて運転した。◎谷汲線北野畑　1998（平成10）年4月

(7) トク3 (S.C.No.Ⅲ) (1両)　1927～1941 (昭和2～29) 年　600V車 → (昭和16年) 廃車→ (昭和22年) 復活・モ680形 (681)

1927（昭和2）年11月20日に犬山地区で実施された陸軍大演習に、昭和天皇が行幸、列席されるのに合わせて、名鉄では初のお召し列車が運転された（天皇が私鉄に御乗車なさるのは初めて）。この車両は御料車用に日本車輌で製作された貴賓車である。すでにデセホ700形が半鋼製の15m車として登場したのに、12.9mの車体で木造車であり、これは造作の都合からと言われた。お召し列車の大役を果たした後は、他の皇族や貴顕の方々、英国のグロスター殿下のご乗用にも供したというが、1941（昭和16）年3月に廃車となった。

トク3号は廃車後も新川車庫に保存されていたが、戦時中の資材不足で台車とモーターは他車に転用された。敗戦後の車両不足で復帰することになり、1947（昭和22）年にク2271から台車（ブリルMCB-1）を転用、モーターはWH-546Ｊを装備し、

トク3の車内。中間仕切りの手前側が貴賓室。◎1927（昭和2）年

モ600形並みに３扉車に改造され名鉄最後の木造車形式モ680形681として再起した。制御器（Q-2-D-B）、直通ブレーキ（クノールSM-３）は元のまま使用。再起後は他の600V車両と連結することも出来ず、尾西線の新一宮～奥町間で運用された。1948（昭和23）年５月には、当時名鉄支線の一つであった渥美線（現・豊橋鉄道）へビューゲルをポールに付け替え転出した。その後、短かった台車間距離を6.6mから8.0mに延ばした。1954（昭和29）年10月に名鉄渥美線が豊橋鉄道へ譲渡されたので、681も豊橋鉄道へ転籍、1969（昭和44）年まで使用された。廃車時はモ1311と改番されていたが1311として活躍することはなかった。

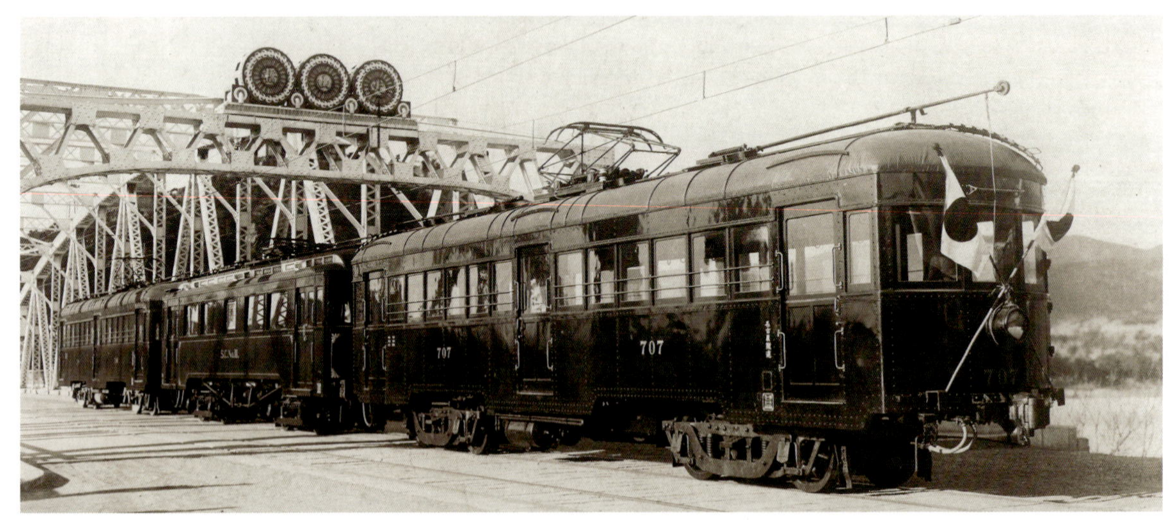

犬山橋を渡る御召列車。右からモ707-トク3（御料車）－モ706。名鉄線を走った最初で最後のお召し列車で、お召し列車が私鉄を走るのも初めてだった。◎犬山橋　1927（昭和2）年11月20日

トク3（S.C.No. III）の外観。貴賓室と供奉室の間に洗面所があった。連環連結器を装備していた。◎1927（昭和2）年

モ680形681。トク3号は一旦廃車されたが、戦後の車両不足でモ681として復活。◎豊橋鉄道渥美線　1966（昭和41）年

（8）デセホ750形751～760（10両）　1928～2001（昭和3～平成13）年　600V車
→（昭和16年）モ750形（751～760）
752・753・756→（昭和44年）ク2150形2151～2153　／2151→752、2153→2151

700形に続き、1928（昭和３）年11月に８両、翌年９月に２両が登場した。車体寸法は700形とほぼ同じで外観はよく似ているが台車はST-56に変わっている。この形式まで柳橋乗り入れを実施するため車体中央にパンタグラフ、両端にポールを装備した。759, 760は初めてドアエンジンを装備した。名岐時代の主力であり、名古屋市電の線路を走った最後の形式である。

1932（昭和７）年10月から、土・日・祝日に柳橋から国鉄高山線の下呂まで直通電車の運転を開始した（高山線の鵜沼～下呂間は客車列車に併結）。755・756号が車内を半室畳敷きに改造して直通運転に使用された。日本初のお座敷列車だった。（直通する車両は、翌年750形から250形（貫通路・便所取付）へ置き換え）。西部線主要線区が昇圧された1948（昭和23年）以後は600Vの小牧線や広見線で使用された。1964（昭39）年２月の新川工場火災で760が焼失、同年９月758・759が瀬戸線へ、翌年５月には全車が瀬戸線配置となったが、1966（昭

下呂直通車755･756号の車内は半室畳敷きに改造された。わが国最初のお座敷車。◎下呂直通列車の車内風景、1932(昭和7)年

下呂へ到着した755･756号。下呂直通は昭和7年から開始され、鵜沼から高山線は蒸気機関車に牽引された。◎下呂　1932(昭和7)年

デセホ750形753号。名古屋市内線へ乗り入れた最後の形式。後にモ750形となる。◎新川車庫　1941(昭和16)年頃　撮影：臼井茂信

デセホ750形759号。最初のドアエンジン装備車。名古屋市内線へ乗り入れていた。◎菊井町付1939(昭和14)年　撮影：高松吉太郎

谷汲線で活躍する最晩年のモ750形755号。73年間も現役で活躍し、2001(平成13)年9月末限りで谷汲線と共に廃止された。755は谷汲駅(跡)に保存。◎北野畑～赤石　2001(平成13)年4月

和41）年には揖斐線に752が移動し、HL制御に変更された。後には753·756·757が続いた。

1969（昭和44）年６月には美濃町線用の600形を新造するため752·753·756がモーターを提供し制御車2150形2151 ～ 2153になった。しかし運用上の都合で2151は電動車モ752に復帰し、ク2153が2151に改番された。さらに1970（昭和45）年にはモ752はAL車に戻った。この年７月には757と2152が廃車された。

1973（昭和48）年８月瀬戸線へHL3700系が転入したのを機に751・754・755・758、が揖斐線に転入し、モ759だけが瀬戸線昇圧まで残り702と編成し活躍した。さらに瀬戸線昇圧時にはモ702・703と共にモ759も揖斐線に転入した。1998（平成10）年モ780形の増備で752、758、759が廃車、最後まで谷汲線用に残ったモ751、754、755も2001（平成13）年９月末に谷汲線と運命を共にした。このように600V半鋼製車は最後に支線区の車体鋼体化促進に役立てられた。なお、700形750形の多くは瀬戸線転出時には台車（ＳＴ-27、56）をHL3700系鋼体化車に譲り、台車機器を600、650形の物に乗せ換えた。それにしても、昭和初期から平成まで83年間の使用に耐えたのは驚きである。

瀬戸線で活躍するモ750形754号。元気動車のク2221と組成。754号は瀬戸蔵で保存展示されている。◎瀬戸線　1965（昭和40）年代

ク2150形2151。昭和44年、モ750形のうち3両が制御車ク2150形に改造。モ756→ク2151。◎揖斐線　1965（昭和40）年代後半

(9) デキ100形101～104（４両）
1924～1968（大正13～昭和43）年
600V→（昭和23）年1500V車

101・102は名鉄が1924（大正13）年に製造した最初の電気機関車である（愛電はその１年前にデキ360を製造）。それまでの貨物輸送は社線内を電動貨車で運んだり、電車で貨車を牽引したりしていたが、国鉄（鉄道省）へ貨車継走する貨物が増えてきたので機関車を製造。103·104は1928（昭和３）年に増備された。凸型の車体は名古屋電車製作所製、台車は101·102が日車、103・104が住友、モーターはTDKと初期の電気機関車であることを物語る。車体中央には荷物室があったので、全長11.4mあり。合併後も西部地区で活躍し、西部線の主要線区の1500V昇圧に伴い1948 ～ 49（昭和23 ～ 24）年に４両とも昇圧された。1965（昭和40）年には101 ～ 103が廃車。1968（昭和43）年には104も廃車された。

デキ100形103号。名鉄が製造した最初の電気機関車。中央の機械室は広く荷物も積めそうだ。◎西枇杷島　1959（昭和34）年

デキ100形104号。1965（昭和40）年以降は正面がゼブラ塗装された。◎尾西線日比野　1967（昭和42）年

尾西鉄道（びさいてつどう） 電車が走ったのは 1922～1925（大正11～14）年

1898～1925（明治31～大正14）年

尾張西部にある津島は、室町時代から湊町（川湊）として栄え、津島神社は牛頭（ごず）天王社の総本社として、全国から多くの参拝客を集めた。明治20年代の後半、津島の有力者は関西鉄道（現：関西線）建設の際、津島を経由するよう働きかけたが、最短ルートで建設されることになったので、弥富～津島～一宮を鉄道でつなぐ尾西鉄道を設立、本社を津島に置いた。1898（明治31）年４月３日に弥富～津島間8.2kmの蒸気鉄道で開業、名鉄の現路線では最も早く開業した路線。なお、名鉄の前身「名古屋電気鉄道」が名古屋の市内電車として笹島～県庁前間で開業したのは、この約１か月後の明治31年５月６日。

尾西鉄道最初の機関車・甲１号。米国ブルックス社製の機関車が客車を牽引し、開業間もない頃の津島駅に停車中。◎津島、明治時代　津島市立図書館所蔵

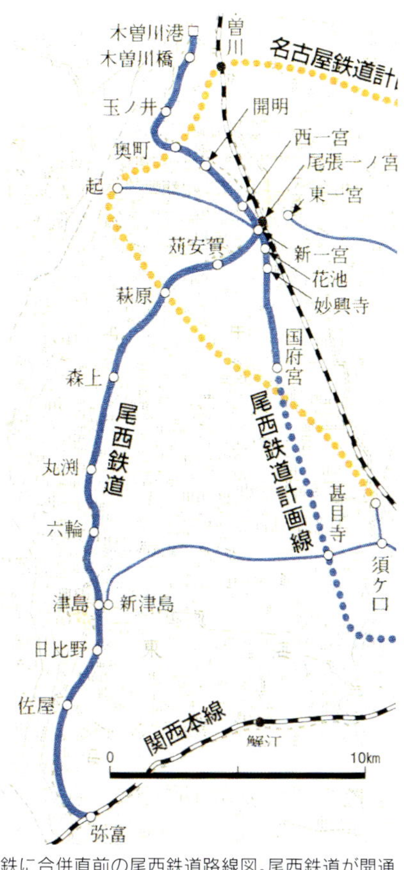

名鉄に合併直前の尾西鉄道路線図。尾西鉄道が開通させた新一宮～国府宮間は現在名古屋本線の一部になっている。（名古屋鉄道百年史より）

尾西鉄道は名鉄よりも先に開業し、順次線路を北へ延長、1900（明治33）年には弥富～新一宮間が全通した。しかし、1914（大正３）年１月に名古屋電気鉄道津島線が開通し、津島～名古屋間の旅客を奪われ苦境に陥り、路線の延伸や電化という積極策で対応した。1922（大正11）年に電化を開始、翌年全線電化したが、1925（大正14）年８月に名鉄へ吸収合併された。営業キロ40.1km、電車15両、電動貨車６両、電気機関車１両、貨車97両が名鉄へ引き継がれた。蒸気機関車５両と客車10両も引き継がれたが、社籍からは取り除かれた。

尾西鉄道汽車時代

尾西鉄道は蒸気機関車+客車+貨車で開業した。蒸機時代の車両は現在明治村で静態保存されている１号機関車をはじめ、1923（大正12年）11月28日の全線電化まで、最盛期は６両の蒸気機関車が活躍し、在籍した蒸気機関車は延べ８両だった。

(1) 甲　No.1

明治村に保存された１号機「甲」は数奇な運命をたどった。この機関車は、当初イギリスへ発注した３両が同国でのストライキにより間にあわなくな

明治村に保存展示された尾西1号機。戦後、先人の尽力で、新潟県の工場引込線から里帰り保存。◎明治村　2014（平成26）年

木曽川橋駅で入換をする丁形12号機。対岸の笠松（徒歩連絡）から美濃電軌経由で岐阜へ連絡していた。昭和初期までは重要な拠点駅だった。
◎尾西鉄道木曽川橋　1921（大正10）年頃

り、急遽アメリカ製の２機を手当てし、４月３日の開業に間に合わせた。このため鉄道趣味的には珍しい米国ブルックス社1897（明治30）年製機関車がやって来た。まさに名鉄の線路を走った１号機である。

尾西鉄道での務めを果たした１号機は新潟県二本木の日本曹達の工場で余生を送っていたのを、戦後、鉄道ファンであった故・小林宇一郎氏や当時の名鉄車両部長の尽力で名鉄に里帰りしたのである。

明治村で動態保存された12号機。英国シャープスチュワート製の由緒ある機関車。この転車台も尾西鉄道弥富駅で使用されたものを改造。◎明治村東京駅　2010（平成22）年

(2) 乙　No.2

伊賀鉄道の注文流れで米国ピッツバーグ社製1897（明治30）年製機関車。後に機関車交換で鉄道院所属2850形となった。

(3) 丙　No.3

英国ナスミスウィルソン社1898（明治31）年製機関車。後にNo. 2と同様機関車交換で鉄道院673号となる。

(4) 丁　No.11・12

現在明治村に動態保存されている12号機は、英国シャープスチュワート社1874（明治７）年製の元鉄道院160形165号機で、1911（明治44）年に尾西鉄道へ機関車交換でやってきた２両のうちの１両。尾西鉄道は路線

英国ダブス製の戊形21or22号機関車が牽く尾西鉄道の客車列車。◎現在の尾西線町方付近　1919（大正8）年　津島市立図書館所蔵

延長と列車増発のため、自社発注の大きい機関車１両（No. ３）と鉄道院の小型機関車２両丁形（No.11・12）との交換を行った。
「丁」型12号は、戦後まで名鉄築港線などで入換用に活躍していたのを、明治村で保存したものである。

(5)戊　No.21・22

1871（明治４）年に英国ダブス社で製造された鉄道院190形。尾西No. ２と機関車交換で２両がやってきた。

(6)己　No.31

1894（明治27）年に米国ボールドウイン社で製造。鉄道院の1000形を譲り受けたが、３年で丸子鉄道へ譲渡した。

(7) 客車・貨車

尾西鉄道の蒸気時代には、４輪木造客車が21両在籍した。客車の大部分は全長7.2mで、１・２等合造車、３等車などがあった（1912/明治45年以降は１等を廃止）。津島神社大祭（天王祭）の多客時は、関西鉄道から直通列車の運転や、客車を借りて対応をした。
貨車は、弥富～新一宮全通時（1900/明治33年）には34両、木曽川港貨物駅まで延伸時（1918/大正７年）には64両になり、その後も増備された。名鉄合併時（1925/大正14年）には100両近い貨車が在籍し、名鉄へ引き継がれた。晩年緩急車ワ400として1968（昭和43）年９月まで生き延びた車両もあった。また、戦時中の客車不足を補うため、元尾西の有蓋車を種車に、サ40形（41 ～ 44）も造られた。

尾西鉄道の客車の末路。元は1・2等だったが1912(明治45)年に2等車ろ31、32のいずれかに改造された。◎佐屋駅　1964(昭和39)年

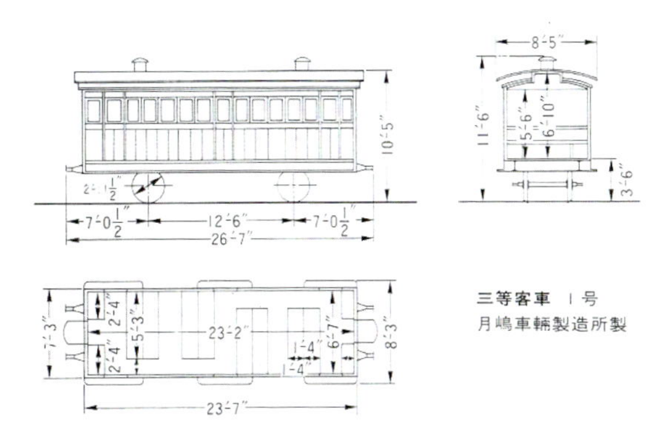

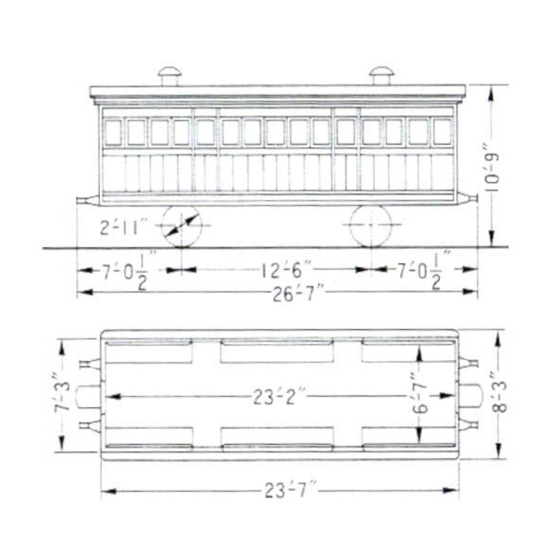

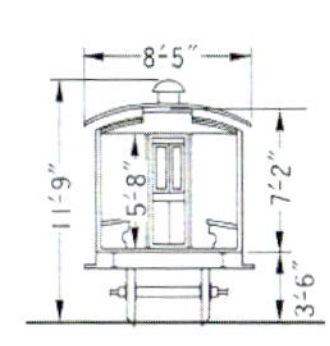

三等客車　は12
（形式称号　辛）
日本車輌製造会社製
尾西鉄道(株)工場改造

客車１号と12号の図面。最初はマッチ箱形だったがのちに貫通路を設けた。(鉄道ファンNo.428尾西鉄道の記録より)

尾西鉄道の電車

(1) デホ100形101～108 (8両)　1922～1964 (大正11～昭和39) 年　600V車
→ (昭和16年) モ100形101～108→ (昭和24年) モ160形161～165
101→ (昭和22年) 菊池電鉄、102・103→ (昭和22年) 山陰中央鉄道

尾西鉄道は1922（大正14）年７月に新一宮～木曽川港間を電化し、デホ100形車両を３両（101 ～ 103）新造した。日本車輌製の木造車で全長11.7m、65HPモーター２個を装備しHL制御車である。登場時はポールだったが、大きいパンタに取り替えられた。
後継の200形製造後の、1925（大正14）年３月に100形が５両（104 ～ 108）増備された。100形のほうが小型で安価だったためだろうか。増備後半年も経たず、８月に名鉄へ吸収合併された。

尾西鉄道100形102号。尾西鉄道も最初はポール集電で、バッファー・リンク式連結器だった。木曽川港駅は貨物駅だが水泳客用に臨時電車が運行された。◎木曽川港　1922（大正11）年の電化直後　津島市立図書館所蔵

モ100形103号パンタグラフ化後の姿。この後、山陰中央鉄道法勝寺線へ譲渡された。◎1945（昭和20）年頃

モ160形161・165号の2両編成。旧尾西100形はモ160形に改番、晩年は揖斐・谷汲線で活躍。◎揖斐線　1955（昭和30）年代

一畑電気鉄道広瀬線で活躍する6号。旧尾西鉄道102号。戦後の3700系(国鉄63形)の代わりに供出した。ポールに付け替えて活躍。1955(昭和30)年◎撮影：湯口徹

戦後大手私鉄への63形電車の配給割当の代替で、中小私鉄へ小型車両を譲渡することになり、101を菊池電鉄（現・熊本電鉄）へ、102を山陰中央鉄道広瀬線（デハ６）へ、103を同・法勝寺線（デハ６→205）へ譲った。この両線には開業時に名電のデシ500形、愛電の電２形３両が譲渡されたという縁がある。

1949（昭和24）年の改番でモ100形（104～108）→モ160形（161～165）となる。揖斐線を最後に４両は1962（昭和37）年に廃車、最後に残った163も1964（昭和39）年に廃車となった。

(2) デホ200形201～207 (7両)　1923～1966 (大正12～昭和41) 年　600V車
203～207→ (昭和16年) モ200形201～205　／205→ (昭和40年) ク2050形2051
201・202→ (昭和８年) デホ250形251・252→ (昭和16年) モ250形251・252

尾西鉄道200形201号。3扉の丸屋根でバッファー・リンク式連結器だった。尾西鉄道の電車は西部地区の路線ではあったがHL制御だった。◎1923(大正12)年頃　津島市立図書館所蔵

デホ250形252。200形の内2両(201・202)は2代目お座敷車に改造し250形に。そのため貫通路、便所を設け、連結面片側の窓は不透明となった。前照灯は着脱式。◎押切町　1933(昭和8)年頃

モ250形252号。下呂直通から外れた250形は一般運用に戻された。側窓上部の明かり窓は撤去。◎瀬戸線森下、1955(昭和30)年代　撮影：福島隆雄

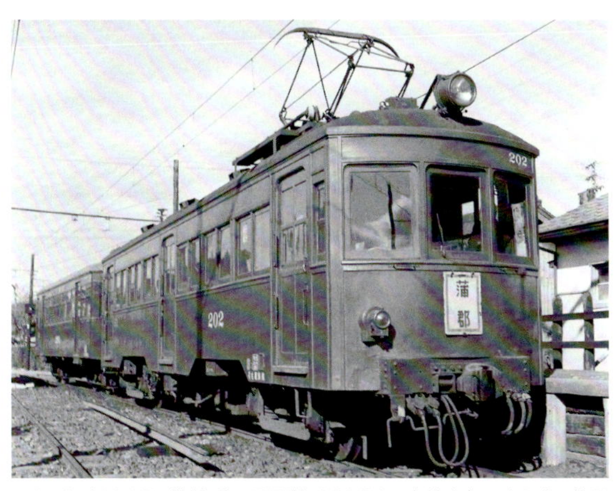

モ200形202号。幹線系の昇圧後は600Vの支線を転々とした。蒲郡線で活躍する200形。◎形原、1955(昭和30)年代　撮影：福島隆雄

ク2050形2051。昭和40年にモ200形は全車揖斐線へ移り、205号は制御車化されク2051となったが短命だった。◎揖斐線政田　1965(昭和40)年頃

1923（大正12）年11月の全線電化時にはデホ200形７両を新製した。日本車輌製の木造車で全長15.1m、HL制御の電動車であり、当時は珍しかったシングルルーフの車体にパンタを装備した。

名鉄合併後の1933（昭和８）年、200形（201・202）２両のブレーキを改造し、貫通路、トイレを設け250形（251・252）とし、鵜沼から国鉄客車列車に併結して高山線下呂まで直通した（下呂直通は昭和７年から開始され、最初は750形755・756が使用された）。1940（昭和15）年10月から下呂直通は国鉄の客車を借

りて運行するようになり（名鉄線内は電車が牽引）、250形は一般運用に戻された。

200・250形は幹線系が昇圧後、本線系の600V支線や瀬戸線で使用され、1965（昭和40）年に全車が揖斐・谷汲線に移り、モ205が制御車化されク2051となったが、翌年には７両全て廃車。

(3) デホワ1000形1001〜1006（6両）　1924〜1964（大正13〜昭和39）年　600V車
→（昭和16年）デワ1000形1001〜1006→（昭和29年）デキ1000形1001〜1006
デワ1003·1004→（昭和19年）モ1300形1301·1302→（昭和23年）デワ1003·1004

尾西鉄道は貨物・手小荷物の輸送が多く、電化１年半後の1924（大正13）年に電動貨車４両（1001 〜 1004）を日本車輌で製造。直接制御で台車はMCB-１を使用した。翌年、２両を増備（1005・1006）。制御器と台車（ブリル50-E）が変更された。名鉄合併後も尾西線の貨物輸送に使用された。1941（昭和16）年にデワと改称され、1003・1004は戦時中の1944（昭和19年）に客車不足を補うため貨物室に窓を取付けモ1300形1301・1302となり、貨車改造の付随車サ40·60形と共に混乱期を乗り切ったが、戦後しばらくしてデワ1000形に戻された。

1954（昭和29）年頃に６両とも機関車化されてデキ1000形となったが、外観は電動貨車そのままだった。1002だけはパンタが車体中央にあった。1001・1004

尾西鉄道時代の電動貨車デホワ1000形1001号。尾西鉄道は織物の原料や製品と農産物などの貨物·手荷物輸送が盛んで、デホワ1000形を6両も導入した。◎大正末期

貨物列車牽引のデワ1000形1003。この1003号は戦時中の客車不足の際、窓を付けてモ1300形電車として運行されたが、戦後電動貨車に復帰。◎竹鼻駅（現·羽島市役所前）　1949（昭和24）年頃

デキ1000形1002。電動貨車デワ1000形は、形はそのままで昭和29年頃に電気機関車となった。1002号はパンタを中央に装備した。◎犬山駅　1955（昭和30）年代　撮影：福島隆雄

発車待ちの貨物列車のデキ1004号。反対側にはデキ251を連結。当時の犬山駅は、左ホームの小牧·広見線は600V、右ホームの犬山線は1500Vだった。◎犬山駅　1958（昭和33）年頃。

デキ1000形1001。車体の木目がよく解る。1500V昇圧前日の西尾駅構内風景。西尾には600V車用の車庫があり、平坂支線の分岐駅で、当然貨物も扱っていた。◎西尾　1960（昭和35）年3月

は1960（昭和35）年、1003・1006は1963（昭和38）年、1002・1005は1964（昭和39）年に廃車となった。1003は1963（昭和38）年に北恵那鉄道へ譲渡されデキ501となった。

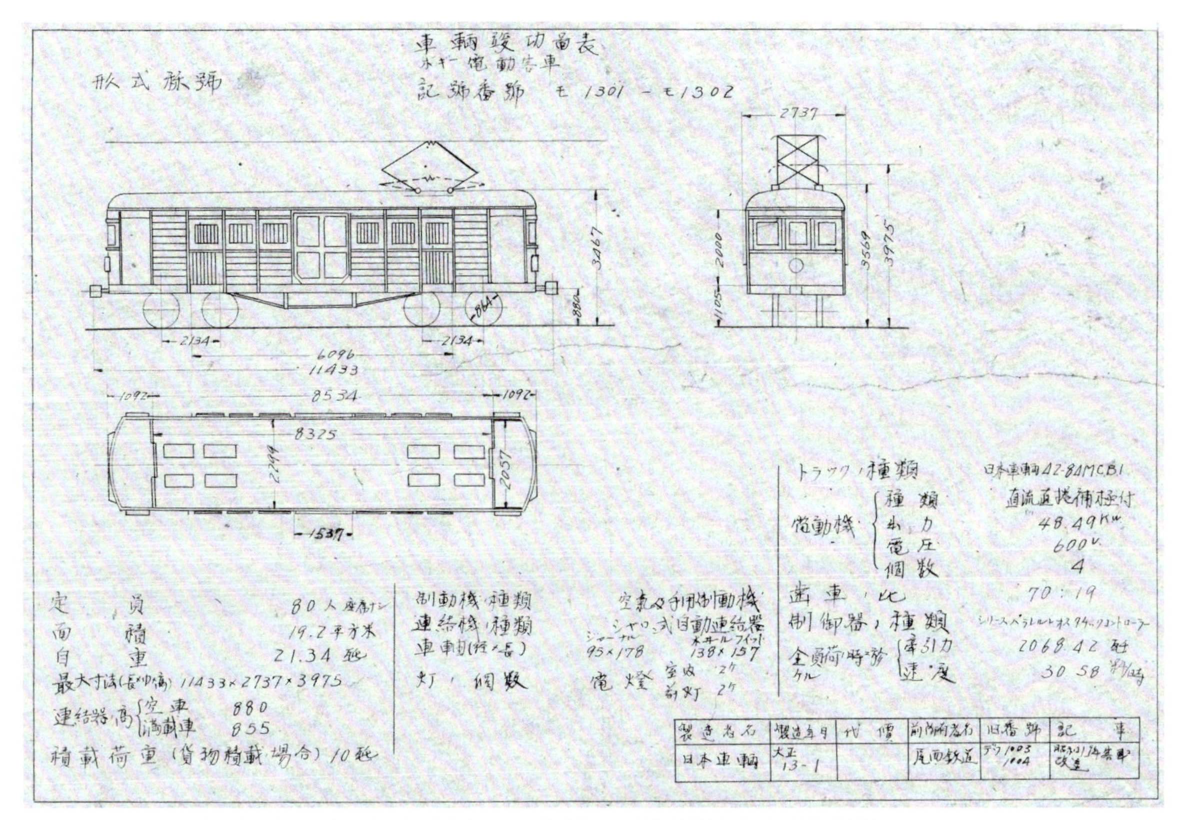

モ1300形竣工図。電動貨車に窓を取付け、定員80人座席ナシの戦時輸送用電車が誕生した。◎所蔵：藤井建

(4) EL1形（1両）　1924～1960（大正13～昭和35）年　600V車 →デキ1形1

ドイツのシーメンス製のEL1形。木曽川港貨物駅の構内入換用に導入された全長6.7m、自重15tの超小型２軸凸形機関車で、名鉄合併後も１号を名乗った。直接制御、手ブレーキだけで、終戦後は、佐屋駅郊外の砂利採り線でポールを付けて活躍したという。晩年は竹鼻線終点の大須駅の入換用に使われ1959（昭和34）年までは灰色塗装だったが、黒く塗り替えられ、翌年廃車となった。現在残っていれば超レアな存在である。

デキ1。尾西鉄道が木曽川港の入換用に導入。晩年は竹鼻線終点の大須駅で増結車の入換用に活躍した。昭和34年まで明るい灰色だった。◎竹鼻線大須　1959（昭和34）年

デキ1。ドイツ・ジーメンス製の超小型凸型機で、残っていれば銚子電鉄のジーメンス並に珍重されたと思われる。◎竹鼻線大須1960（昭和35）年

美濃電気軌道（みのでんききどう）

1911～1930（明治44～昭和5）年

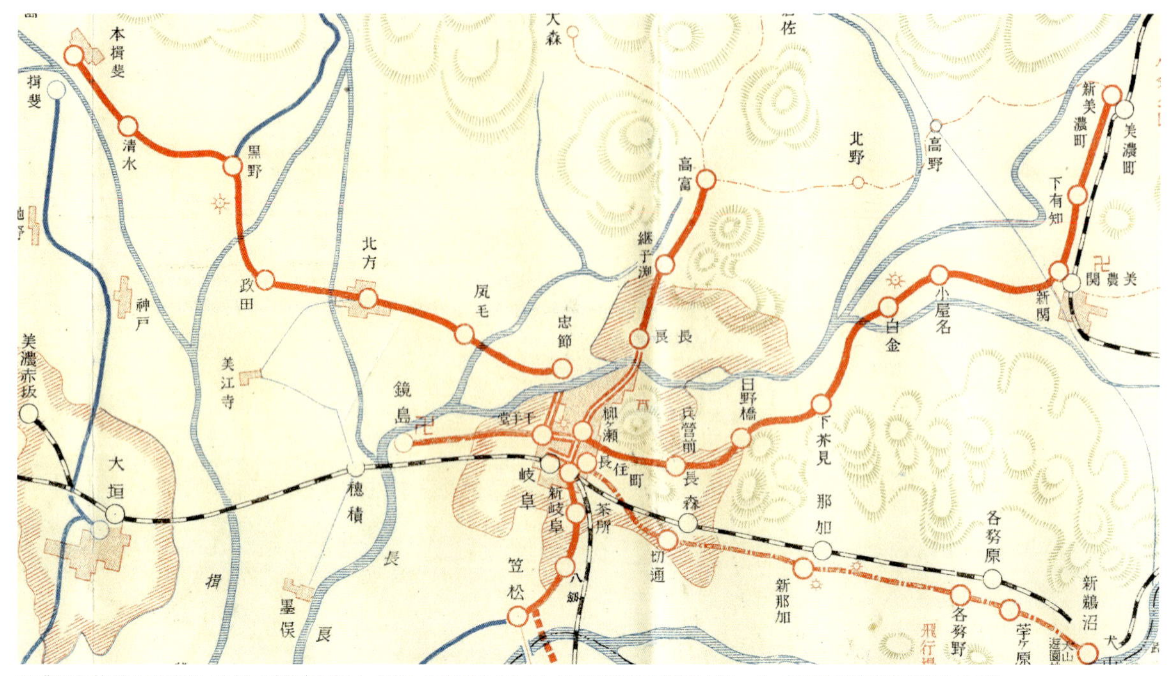

美濃電気軌道の路線図。名古屋鉄道（初代）と合併した昭和5年には、これだけの路線網があった。（系列の各務原鉄道も記載）

美濃電気軌道は、1911（明治44）年２月に岐阜市内線（複線1.4km）と美濃町線（単線24.9km）が同時に開業した。当時（大正２年）の時刻表では美濃町線を郡部線と称し、起点は柳ヶ瀬（開業時は神田町）で、電車は岐阜駅前から美濃町（開業時は上有知）まで30分毎に直通した（当時の名古屋～岐阜の汽車は1 ～ 2時間毎）。

美濃電軌は岐阜市内に路線を延ばすとともに、1914（大正３）年には鉄道線の笠松線（新岐阜～笠松5.5km）を開通させた。傘下には長良軽便鉄道、岐北軽便鉄道、各務原鉄道、竹鼻鉄道、谷汲鉄道を抱え、合わせれば岐阜地区に100kmを越える一大路線網を築き上げた。長良軽便・岐北軽便を合併した美濃電軌は1930（昭和５）年８月に（初代）名古屋鉄道と合併して名岐鉄道となった。（傘下の各務原・竹鼻・谷汲鉄道は名岐鉄道の系列会社として残ったが、後に合併された）

軌道法と鉄道法に準拠する２種類の路線からなり、車両は路面電車タイプのものが多かった。美濃電の車体表示は数字のみの連番だったが、車両形式は電機メーカーを表す略号を数字の前に付けて表示し、略号「D」-デッカー、「S」-シーメス、「G」-GE（ゼネラルエレクトリック）を表し、新タイプはDD、SSとした。ボギー車には「B」を付した。1941（昭和16）年と1949（昭和24）年に改番が行われ、戦災復旧による改番もあり、番号は複雑だ。

美濃電の本町開業時の写真。「9」号が写っている。開業用に製造された12両のうち1両。9は美濃電の忌番になり、この後34に改番された。◎本町電停　1911（明治44）年　開通記念絵葉書

【4輪単車】

美濃電軌が1911（明治44）年１月、開業用に東京天野工場で製造したのは木造車でブリルの単台車を履

き、自重6.4ｔ、定員40(26)人の車両である。美濃電はいつの頃か末尾「９」を忌番としたが、1911年10月の本町開通時の写真には９号が写っている。その後９号は34号に改番されている。その後も数次にわたり、新造増備を重ね、さらには他社への売却、さらには1941(昭和16)年の改番、太平洋戦争での被災復旧、名鉄合併後の他線区からの移籍車など、番号の改変は複雑である。本稿では1930(昭和５)年８月の名古屋鉄道(初代)との合併前に美濃電が整理したと思われる資料を基に記述する。

(1) 一期車・明治44年製(17両)　1911〜1967(明治44〜昭和42)年　600V車

D1・D5〜D8→(昭和16年)1〜5→(昭和24年)モ1〜4(4両)
戦災復旧3→(昭和21年)モ50　(1両)
D2〜D4・D34(元D9)・D10〜D12　→(昭和14年)新京市電へ売却　(7両)
D13〜D17(初代)→(大正９年)駿遠電気(後の静岡鉄道)へ売却　(5両)

開業用にD1～12の12両が準備された。開業直後に増備された５両(D13～17)は1920(大正９)年に駿遠電気(現・静岡鉄道静岡清水線)に売却された。D9は34へ改番(時期不明)され、1939(昭和14)年にD２～４、10～12、34の７両を新京市電(満州)へ売却。残った５両は1941(昭和16)年の改番で１～５となったが、３は戦災に遭い、1946(昭和21)年に戦災復旧され、モ50形50号になった。

1949(昭和24)年の改番でモ１形(１～４)となり、改造されながらも1965～67(昭和40～42)年まで使われた。

美濃町線津保川を渡る12号。当初、市内線と美濃町線(郡部線)は同じ電車を使用。◎上芥見～白金　1911(明治44)年　開通記念絵葉書

美濃電気軌道沿線案内に掲載された8号。開業の頃の絵葉書

美濃電時代の納涼車。1期車か2期車を改造と推定。側面腰板部を網張りとし、クロスシートを備えた。カーテンの取り付けなど戦後の納涼電車より立派にみえる。◎昭和初期か？

美濃電1形1号。開業時の1号は、改造で形を変えながらも昭和41年まで55年間活躍した。高富線は長良軽便鉄道が開業した路線。◎高富線鳥羽川橋梁、1959(昭和34)年頃。

(2) 二期車・明治45・大正２年製（10両）　1912〜1966（明治45〜昭和41）年　600V車
D18→（昭和14年）新京市電へ売却
S20〜S26→（昭和16年）6〜12　、　6・7→（昭和19年）仙台市電へ
戦災復旧９→（昭和21年）モ51、改番８・10〜12→（昭和24年）モ５〜８
S28・S30→（昭和16年）13・14、戦災復旧13→（昭和22年）モ52、改番14→（昭和24年）モ９

D18とS20は1912（明治45）年２月に、他は翌年京都丹羽製作所で製造された。20〜30（27・29を除く）は1941（昭和16）年の改番で６〜14となったが、６・７を1944（昭和19）年に仙台市電へ譲渡。９・13は戦災に遭い、1946〜47（昭和21〜22）年に復旧され、モ50形51・52号になった。

1949（昭和24）年の改番でモ５形（５〜９）となり、改造されながらも1962〜1966（昭和37〜41）年まで使われた。

二期車のモ8号（S26→12→モ8）。先頭部の屋根が改造され、乗降口に外吊扉が付いた。◎各務原線新岐阜側線1955（昭和30）年代

二期車のモ7号（S25→11→モ7）。岐阜市内線と高富線（旧・長良軽便）を直通した。◎高富線三田洞1955（昭和30）年代

(3) 三期車・大正３年製（９両）　1914〜1967（大正3〜昭和42）年　600V車
DD33・DD35〜DD44（39・42は欠番）→（昭和16年）19〜27→（昭和24年）モ10〜16
戦災復旧20・27→（昭和22年）モ53・54

鉄道線の笠松線開通（1914/大正３年）に備えて製造した車両。全て名古屋電車製作所製で、電気品は全車ＤＫ500である。笠松線（新岐阜〜笠松）は、現・名古屋本線の一部になっているが、開通時は岐阜市内線と同じような電車が走っていた。1914（大正３）年製の９両は、1941（昭和16）年の改番で19〜27と整理され、戦災に遭った20・27を除き、1949（昭和24）年の改番でモ10形（10〜16）となり、うち５両は岐阜市内線で単車が廃止される1967（昭和42）年まで使われた。戦災車の20・27は1947（昭和22）年に復旧、モ50形53・54号になった。

美濃電笠松線の電車が国鉄岐阜駅構内の跨線橋を渡る。架線は複線に見える。後に名岐間がつながり、車両が大型化されたときに単線化。現在もこの橋梁を補強して使用。◎大正時代
絵葉書・所蔵：小野田滋

新岐阜駅前の三期車モ11号(DD36→21→モ11)。乗降口にドアを装備した。◎新岐阜駅前　1955(昭和30)年代　撮影:福島隆雄

美濃町線新関駅に停車中の三期車DD38号(DD38→23→モ13)。◎新関　大正～昭和初期

(4) 四期車・大正７年製 (3両)
1918～1967 (大正７～昭和42) 年　600V車
DD27・DD31・DD32→ (昭和16年) 28～30→ (昭和24年) モ17～19

笠松線用の三期車の増備車。1941(昭和16)年の改番で28～30に、1949(昭和24)年の改番でモ10形(17～19)となり、17・19は岐阜市内線単車廃止の1967(昭和42)年まで使われた。

旧長良橋(線路は単線)を渡る四期車28号(DD27→28→モ17)。満員で、車掌も社外乗車である。◎長良橋　1946(昭和21)年頃

(5) 五期車・大正9年製 (10両)　1920～1967 (大正9～昭和42) 年　600V車
DD45～DD50 (49は欠番) → (昭和16年) 31～35→ (昭和24年) モ35～37
戦災復旧32・34→ (昭和21～22年) モ65・66
DD55～DD60 (59は欠番) → (昭和16年) 36～40→ (昭和24年) モ38・39
戦災復旧36～38→ (昭和21～22年) モ55～57

1934(大正９)年製の10両は、1941(昭和16)年の改番で31～40となったが、半数の５両が戦災に遭い、1946･47(昭和21･22)年に復旧、モ55～57･65･66号になった。残りの５両は1949(昭和24)年の改番でモ35形(35～39)となり、1963～67(昭和38～42)年まで使われた。

新岐阜百貨店前の五期車モ35号(DD45→31→モ35)。◎新岐阜駅前　1960(昭和35)年

戦災復旧車モ55･56号。美濃電五期車(DD55･56→36･37→戦災復旧モ55･56)で、戦災復旧後岡崎市内線へ移動。救助網が岐阜の物と異なる。◎岡崎市内線能見町　1962(昭和37)年

(6) 六期車・大正14年製(3両)　1925～1962(大正14～昭和37)年　600V車
DD61～DD63→(昭和16年)45～47 /46・47→(昭和24年)モ45(46・47)
戦災復旧45→(昭和21年)モ58

1925(大正14)年、日本車輌製の最後の単車である。電気品は全車ＤＫ500である。

以上が、美濃電が岐阜地区の路面軌道用に製作した単車(電車)であるが、このほか岐北軽便の６両と長良軽便の４両が合併後編入され、売却車両の穴埋め用の番号を与えられたが後述する。

戦災復旧車モ58号。美濃電の最後の市内線用単車ー六期車(DD61→45→戦災復旧モ58)で戦災復旧後岡崎へ移動。◎岡崎駅前　1962(昭和37)年

【戦災復旧車】

上記車両のうち、太平洋戦争時に被災して戦後名古屋造船で復旧した車両はモ50形とモ65形となった。1941(昭和16)年当時の番号でモ３(→モ50)、９(→51)、13(→52)、20(→53)、27→(54)、36～38(→55～57)、45(→58)、32(→65)、34(→66)の11両であり、1946(昭和21)年12月から1949(昭和23)年２月までの間に岡崎での被災車６両(モ59～64)とともに復旧され、その際、屋根は丸屋根、出入り台ドアを設置した。この後、ドアは既存車両にも設置されることになった。

なお、戦災復旧車は1949(昭和24)年には50形に統合され、岐阜の11両のうちモ57が1957(昭和32)年に事故廃車となったが、残り10両は1954～60(昭和29～35)年に岡崎へ移動し、1962(昭和37)年の岡崎市内線廃止まで活躍した。

【付随車・電動貨車・散水車】
(1) T101～104(４両)　1913～1939(大正２～昭和14)年

1913(大正２)年には付随客車が４両製造され、多客時には活躍したが1939(昭和14)年に貨車12両とともに廃車された。

美濃電の付随車T101。多客に備えて大正2年に製造されたが、ボギー車の増備で姿を消した。同時期に製造された電車(二期車)と同形状。◎鏡島　1935(昭和10)年代前半

(2) デワ600形601～605（5両）　1922～1964（大正11～昭和39）年　600V車
→（昭和16年）デワ20形21・22

美濃電は1911（明治44）年に4トン積みの電動貨車2両を製作したが1918年には電装解除し、ワフ201～202とした。その後、1922（大正11）年に再度電動有蓋貨車デワ600形5両を製作したが、越美南線（現・長良川鉄道）の開業で貨物が減少し、デワ603～605は電装解除されワフとなった。残った2両は1941（昭和16）年にデワ20形21・22となった。21は戦災に遭い廃車。22が1964（昭和39）年10月まで残った。

デワ20形22号。戦後1両だけ残った岐阜地区の電動貨車である。岐阜駅前の引き上げ線で荷扱いをした。◎岐阜駅前　1951（昭和26）年

繁華街徹明町の路上で荷扱いするデワ20形22号。◎徹明町　1962（昭和37）年

(3) 散水車　水1～水3（3両）　1920～1960年代前半（大正9～昭和35年頃）　600V車

道路が未舗装の時代は砂埃巻き上げ防止のため、散水車が必需品だった。水1は1920（大正9）年、名古屋電車製作所製で、車体長6.4m、ブリル21E台車。水2は1926（大正15）年、岡谷製で、車体長、台車は同じでモーター等が異なる。なお、名鉄合併1年前の1929（昭和4）年9月に水3が増備されたが、名電デシ500形のラジアル台車とモーターが再使用され新川工場で製造され、最後は起線で使用された。

美濃電が合併1年前に製造した散水車-水3号。名電デシ500形のラジアル台車を再利用した。岐阜では長住町の工場構内で給水した。新川工場で解体を待つ姿。◎新川工場　1955（昭和30）年代

新岐阜駅前で水を撒きながら走る散水車－水1号。戦前の美濃電には散水車が2両あったが、2両とも戦災に遭い、日本車輌製のミ1が復旧され、道路未舗装区間で活躍した。◎新岐阜駅前　1955（昭和30）年代　撮影：園田正雄

美濃電の単車

美濃電の単車は木造ダブルルーフで、客室窓8個、定員も40人前後で小さく最初は車体裾が絞られていた。次第に裾は真っ直ぐになり、1937（昭和12）年以降はダブルルーフの屋根も端部を丸めた形に統一された。乗降口の扉はなく、扉が設置されたのは戦後1958（昭和33）年のことである。美濃電時代から電気品についてはモーターの振り替えや、交換もあったが、岐北軽便線や美濃町線では貨車や付随車を牽引することあり、25HPモーターのほか30HP、40HPモーターも使用した。台車は一貫してブリルの単台車21-Eであり、1960年代半ば過ぎまで活躍した。

旧岐阜工場（長住町）に集う4輪単車の車両群。岐阜市内線の伊奈波通以北は急カーブのため大型車両が入線できず、1967（昭和42）年まで小型単車が活躍した。◎岐阜工場（長住町）　1960（昭和35）年

美濃電時代は軌道籍と鉄道籍車両の入れ替えもあり、その都度、届け出をしていたようだ。岐阜市内線では戦災の被災廃車もあり、被災車の復旧（モ50形50～58、65、66）や瀬戸線車両の移籍もあり改番されたが、戦後も美濃電以来の活躍を続けた車両も多かった。戦災に遭わず名鉄岐阜市内線用として残ったのはモ１～17、モ25～27、モ35～39に整理された。

【ボギー車】
（１）ＢＤ500形501～504（４両）　1921～1970（大正10～昭和45）年　600V車 →（昭和16年）モ500形501～504

1914（大正３）年に笠松線を開業した美濃電は、美濃町線に加えインターアーバン（郊外電車）的性格の路線を持つことになり、1921（大正10）年になるとボギー車を採用した。

モ500形501号。1921（大正10）年に製造された美濃電最初のボギー車。戦後の写真で、後ろの電車の妻面に英語の表示が見える。乗降口の扉はなかった。◎岐阜柳ヶ瀬　1948（昭和23）年

その第1号がBD500形4両であり、名電製の木造車でトラス棒付、出入り台ドアはなく、今までの単車の延長であった。しかし、高床台車のブリル76－Eを履き、モーターは50HP２個、初めての空気ブレーキ（直通）を装備し、全長11.8m、70人乗りの大型車であった。笠松線のあと、美濃町線や鉄道線免許の鏡島線で活躍し、末期にはニセスチール化されたが1970（昭和45）年、複電圧車モ600形の新造時に廃車された。

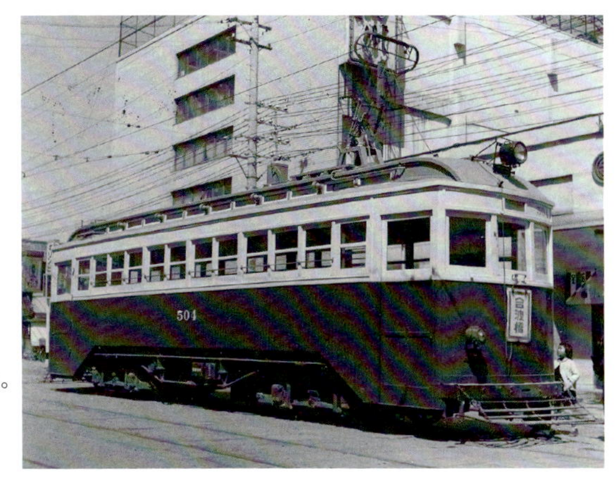

モ500形504号。乗降口に扉を取付改造後の写真。徹明町に停車中の合渡橋（→西鏡島）行き電車で、市内線から鏡島線へ直通運転が行われていた。◎徹明町　1955（昭和30）年頃　撮影：福島隆雄

（2）BD505形505～510（6両）　1923～1987（大正12～昭和62）年　600V車 →（昭和16年）モ520形521～526

これも木造車として1923（大正12）年に６両を日本車輌で製造したが、シングルルーフ、正面５枚窓で曲線を描く特異なスタイルで登場した。車体長はモ500形より長く12.8mで側窓もD3・2・2・2・3Dの12個で、500形と同じ。台車はブリル27MCB-1に変わった。モーターは60HP２個。制御器は直接式ＤＢ１Ｋ４である。

美濃電時代はBD505～510で、当初は笠松線で使用され1941（昭和16）年の改番で520形（521～526）となった。

1927（昭和２）年谷汲山御開帳輸送では、２両が牛車と船で忠節へ運ばれ、揖斐谷汲線の大輸送を支援した。揖斐谷汲線を走った最初のボギー車。

1967（昭和42）年12月に岐阜市内線と揖斐・谷汲線の直通運転が開始され、1968（昭和43）年12月には増発が決まり、520形も522～526が直通運転に使用されることになり、塗装変更と鉄道線区用のステップ装備、小型自動連結器、パンタグラフ化、ブレーキの変更などを実施し、追ってシートのクロス化も行われた。520形の揖斐方の運転台にHLマスコンを取り付け総括製御が可能となり、鉄道線内では制御車扱い、軌道線では単独運転が続いた。その後市内区間での連結運転が認可され、全区間で520形は制御車扱いとなった。直運運転に起用されなかった521は1969（昭和44）年に廃車された。1987（昭和62）年に岐阜市内線･揖斐線直通用のモ770形連接車が登場し、520形は全車が廃車となった。

美濃電時代の新岐阜駅をバックにしたボギー車505形510（→526）。昔は戸袋窓が丸窓だった。停車中の線路（笠松線）は新岐阜駅が移転するまで市内線の線路へ繋がっていた。◎新岐阜　大正末期

モ520形522。モ505形はモ520形へ改称した。美濃町線の起点は柳ケ瀬だったが、1950（昭和25）年に道路移設拡張により徹明町へ起点を移設、梅林まで複線化した。◎岐阜柳ヶ瀬　1948（昭和23）年

モ520形525。ビューゲルに変更後、楕円の戸袋窓も改造されている。扉ガラスの十字形桟は戦時の名残である。◎徹明町　昭和30年代

モ520形522。1968(昭和43)年、モ510形に続き、520形も揖斐線直通運転に起用。当初は岐阜市内線では連結運転が許可されず続行運転で、揖斐線では510-520の連結運転。1975(昭和50)年からは、市内線でも連結運転を実施。◎徹明町 1972(昭和47)年

(3) BD510形511~515(5両) 1926~2005(大正15~平成17)年 600V車 →(昭和16年)モ510形511~515

1926(大正15)年7月に日本車輌で誕生した。スタイルは505形(→520形)の半鋼製車版であり、トラス棒はなく外板は台枠を隠し一直線になった。窓配置も520形と同じだが戸袋窓が楕円形の色ガラスとなり、美濃電最後の人気者となった。仕様もほぼ520形と同じだが、モーターは50HPに戻った。美濃町線の主力車両として活躍し、1961(昭和36)年には一部車

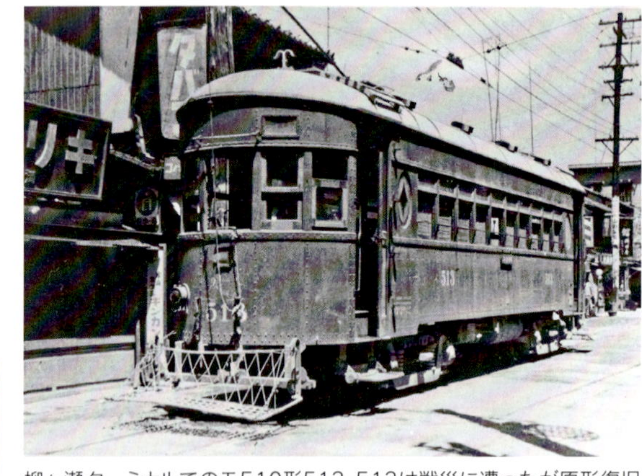

柳ヶ瀬ターミナルでのモ510形513。513は戦災に遭ったが原形復旧された。セミボ510とも呼ばれた。セミボは、セミ(半)鋼製のボギー車。◎岐阜柳ケ瀬 昭和10年代か

モ510形は、1967(昭和42)年から揖斐線直通急行で活躍。ラッシュ時は3両編成も運行された。これはイベント用に最後の3両運転。◎旦ノ島~尻毛 2000(平成12)年

両は連結運転用に整備されたが、1967（昭和42）年12月から岐阜市内線と揖斐・谷汲線の直通運転が開始され、その直通運転用車両に抜擢され、一躍主役となった。1987（昭和62）年の770形登場で翌年511、515が廃車となり、2000（平成12）年廃車の512は旧美濃駅、2005（平成17）年の岐阜線廃止まで延命した513が岐阜金公園、514が旧谷汲駅で保存され、丸窓電車として親しまれている。

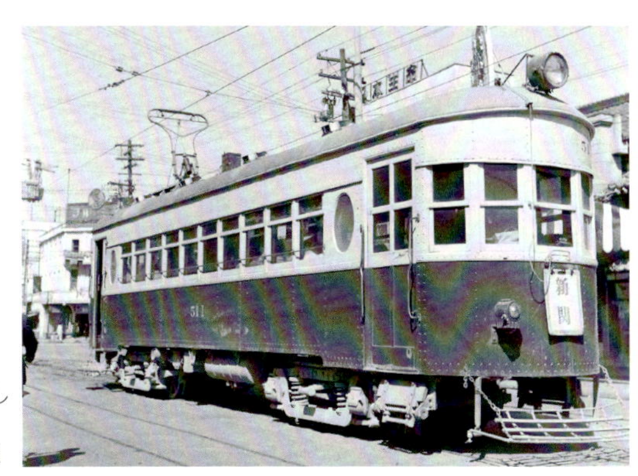

モ510形511。美濃町線の主力車両として活躍していた頃。この当時は集電装置がビューゲル。◎徹明町　1956（昭和31）年頃　撮影：福島隆雄

揖斐線用単車

(1) セミシ64形64〜66（3両）　1926〜1973（大正15〜昭和48）年　600V車
→（昭和16年）モ60形61〜63→（昭和24年）モ110形110〜112／110・111→（昭和26年）モ400形401

北方線（本揖斐へ全通後は揖斐線）は、岐北軽便鉄道の合併路線で、旧岐北軽便の車両で運行されていたが、1926（大正15）年に黒野延長、谷汲鉄道開通に伴う乗り入れに備え、その直前に鉄道線専用車両を製作した。半鋼製の単車でステップなし、シングルルーフで1926（大正15）年３月に日本車輌で製造。同時期に製造された谷汲鉄道のデロ１形と外観はそっくりであるが車体はやや大きい。番号の64〜66というのは美濃電４輪単車の通し番号で、それに続けたものである。1941（昭和16）年にモ60形61〜63となり、1949（昭和24）年にはモ110形110〜112と改番され、110・111が1951（昭和26）年連接車モ400形401に改造された。その後改造は続かず、モ112は1959（昭和34）年に廃車。1973（昭和48）年には401も廃車され岡崎市南公園に保存された。

セミシ64形66号（→モ110形）。美濃電が北方線（揖斐線）の黒野延長に合わせて製造した車両。岐阜市内線の単車の続番で登場。セミシはセミ（半）鋼製のシングル（単車）。◎黒野駅　昭和初期

連接車モ400形401。モ110・111の2両をつないで連接車に改造した。両端台車のモーターを60IP、ギアー比を変更。現車は岡崎市で保存された。◎黒野　1960（昭和35）年

モ110形112。セミシ64形→モ60形→モ110形となった。美濃電として最初から揖斐（鉄道）線用に製造した。◎黒野駅　1958（昭和33）年　撮影：福島隆雄

(2) セミシ67形67～76 (10両)　1927～1959 (昭和２～34) 年　600V車
→ (昭和16年) モ70形71～80→ (昭和24年) モ120形120～129

1927（昭和２）年４月の谷汲山華厳寺御開帳大輸送に備え、1926（昭和２）年１月に間接制御のセミシ67形を一挙に10両を準備した。67、68、70、73、75、76の６両は藤永田、他の４両が日本車輌製である。車体長などは微妙に異なる。既存車両と同じく勾配対策のため機器をイギリスメーカーに発注したがストライキで間に合わなくなり、予備品を流用しても間に合わない電磁ブレーキのない車両（73 ～ 76）は、当初、付随車として使用された。1941（昭和16）年の改番ではモ70形71 ～ 80となり、1949（昭和24）年の改番でモ120形120 ～ 129となる。

モ120形128。セミシ67形→モ70形→モ120形となった。軌道の豊川市内線に使用のためステップが取り付けられたが、御開帳輸送用に揖斐谷汲線に戻された。◎国府　1949(昭和24)年頃

戦中戦後の移動は激しく、旧西尾線や新設の豊川市内線に駆り出され、1950（昭和25）年４月のご開帳輸送に呼び戻されたのは西尾線から121（72）、122（73）、小牧線から125（76）、豊川市内線から124（75）、126（77）、128（79）である。最後は藤永田製の120、123、129が1955（昭和30）年豊橋鉄道へ移ったがあまり使用されなかったという。残りは128を除き1954（昭和29）年以降大江駅構内に廃車状態で留置され、1958（昭和33）年に解体された。最後の128は翌年７月廃車された。

美濃電気軌道は1930（昭和５）年に名古屋鉄道と合併し、名岐鉄道となったので、このセミシ67形が美濃電軌時代に製造された最後の電車である。

モ120形128。御開帳輸送用に揖斐谷汲線に戻された。晩年はビューゲル(Yゲル)となった。◎黒野　昭和30年代前半　撮影：福島隆雄

モ120形125。電装解除され、ガチャ用客車の仕事も終わり大江駅で廃車留置中。◎大江　1955(昭和30)年頃　撮影：福島隆雄

長良軽便鉄道の終点だった高富駅。廃止間近の高富駅に停車中のモ74号は瀬戸線からやって来た車両。◎高富駅　1960(昭和35)年

長良軽便鉄道

ながらけいべんてつどう

1913〜1920（大正2〜9）年

長良軽便鉄道は、1913（大正２）年12月に長良（後の長良北町）〜高富間5.1kmで開業した。電車（４輪単車）４両の小規模な会社で軽便鉄道法による鉄道路線だったが、美濃電軌の市内線電車と同タイプを導入した。

開業２年後の1915（大正４）年11月に美濃電軌の岐阜市内線が長良北町まで延伸開通して接続した。1920（大正９）年９月には美濃電軌に合併され、その後高富線として岐阜市内線から直通運転されたが、1960（昭和35）年４月に廃止された。

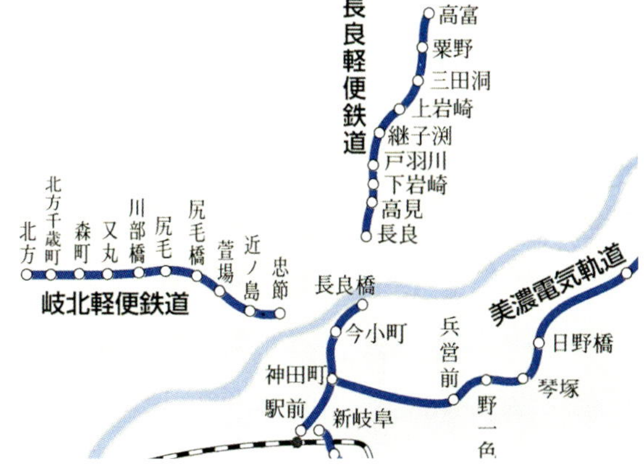

長良軽便鉄道と岐北軽便鉄道の路線図（1914/大正3年）名古屋鉄道百年史より

(1) 長良1〜4（4両）　1913〜1924（大正２〜13）年　600V車
→（大正９年）美濃電G51〜G54→（大正13年）岡山電軌

1913（大正２）年11月の日本車輌製であり、同時期（大正２年）に製造された美濃電軌と同タイプ。電気品はＧＥ800である。1920（大正９）年の美濃電軌へ合併時に美濃電G51〜G54となったが、４両とも1924（大正13）年６月に岡山電気軌道へ譲渡された。岡山電軌の13〜16となった後、１両は米子電車軌道に譲渡し、岡山では13〜15として使用、後21〜23号となった。米子のほうは僅か14年で営業終了となった。

長良軽便鉄道3号。同時期に製造された美濃電の電車と同タイプ。大正初期。◎「岐阜のチンチン電車」郷土出版社発行より転載

軽便（けいべん）鉄道とは

元々は1910（明治43）年に制定された軽便鉄道法により建設された鉄道のことであり、明治末期〜大正時代に建設された鉄道は、法律上ほとんどが軽便鉄道（名古屋電気鉄道の郡部線なども）。この法律は、国が鉄道の建設を促進するために作った法律だったが、1919（大正８）年に地方鉄道法が施行され、それ以後は、一般の鉄道よりも線路の幅が狭く、簡易な設備の鉄道のことを軽便鉄道と呼ぶようになった。

長良軽便鉄道と岐北軽便鉄道は、軽便の名を付けているが、名鉄の他の路線と同じ規格の線路幅。（1067mm）

ぎほくけいべんてつどう

岐北軽便鉄道

1914〜1921（大正3〜10）年

岐北軽便鉄道は、1914（大正３）年３月に忠節〜北方（美濃北方）間6.6kmで開業した。電車（４輪単車）６両で、軽便鉄道法による鉄道路線だった。

1921（大正10）年11月に美濃電気軌道と合併、北方線となった（後に揖斐まで延伸し揖斐線と改称）。その後、1925（大正14）年に美濃電軌の岐阜市内線が忠節橋（左岸）まで延伸、徒歩連絡できるようになり、さらに戦後の1948（昭和23）年に現在の忠節橋が完成し市内線併用橋となり線路を延伸。1954（昭和29）年に河川改修に合わせ揖斐線の忠節付近の線路を移設、忠節駅を移転し市内線と線路がつながった。

(1) 岐北１〜６（６両）　1914〜1963（大正３〜昭和38）年　600V車

→（大正10年）美濃電G13〜G17、G19→（昭和16年）15〜18→（昭和24年）モ25形25〜28

1914（大正３）年３月に岐北軽便が日本車輛で６両製造された車両。美濃電軌に合併された1920（大正10）年に、13〜17と19が空き番だったので、その番号を充当しG15･16･13･17･14･19とした。(初代D13〜17は1920（大正９）年、静岡鉄道へ譲渡した)。

1928（昭和３）年に全６両が鏡島線へ転属、15･16（岐北１・２）は他の４両より車体長が短く、1939（昭和14）年に他の美濃電車両とともに新京市電へ譲渡。残った４両は全長9.8mで、単車としては大柄な車体だった。1941（昭和16）年に改番でモ15形15〜18となり、順次、蘇東線（後の起線）へ転属、1949（昭和24）年の改番でモ25形25〜28となり、同線の休止（1953/昭和28年６月-翌年廃止）で岐阜市内線へ戻った。最後までオープンデッキのままで出入台にドアがなかったので、末期は予備車的存在だった。

岐北軽便１形4。北方駅（→美濃北方）で発車待ち。開業日の写真か？後方の建物は岐北軽便鉄道本社。◎北方1911/大正3年

起線で活躍している頃の元岐北軽便のモ25形25号。Yゲルを2機装備した。◎起線終点の起駅　1952（昭和27）年

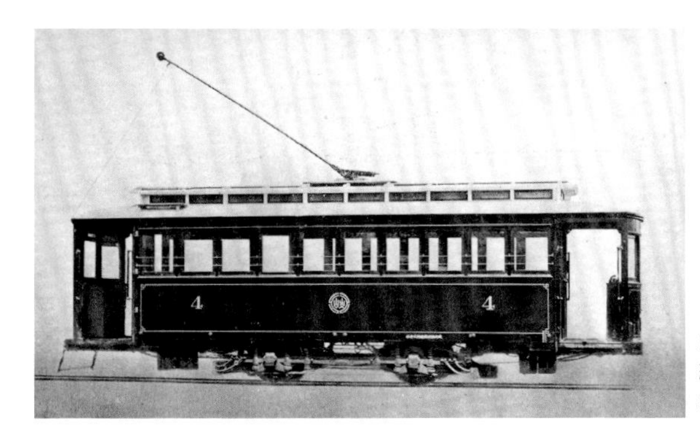

岐北軽便1形4。岐阜の単車の中で一番大型車、全長9.8メートル。最終番号はモ25形25～28。最後まで乗降扉はなくオープンデッキのままだった。一回り小さかった1・2号は新京市電へ売却された。

モ25形28号。起線廃止後、岐阜へ戻ってきた。岐阜市内線へ復帰後は乗降口ドアもなく予備車扱いで岐阜祭りや花火輸送くらいの出番だった。◎新岐阜駅前　1955（昭和30）年頃　撮影：福島隆雄

たにぐみてつどう
谷汲鉄道
1926～1944（大正15～昭和19）年

谷汲鉄道は美濃電気軌道の系列会社で、西国三十三番満願霊場の谷汲山華厳寺への参詣鉄道として誕生した。1926（大正15）年４月に黒野～谷汲間11.2kmを、美濃電の北方～黒野間の延伸に合わせ、同時に開業した。厳しい経営状況が続き、1944（昭和19）年３月に名鉄と合併した。

開業時は電車（４輪単車）６両と貨車３両だったが、翌年の谷汲山御開帳にあわせ、電車（４輪単車）を６両増備。黒野で接続する美濃電と、直通運転も実施した。

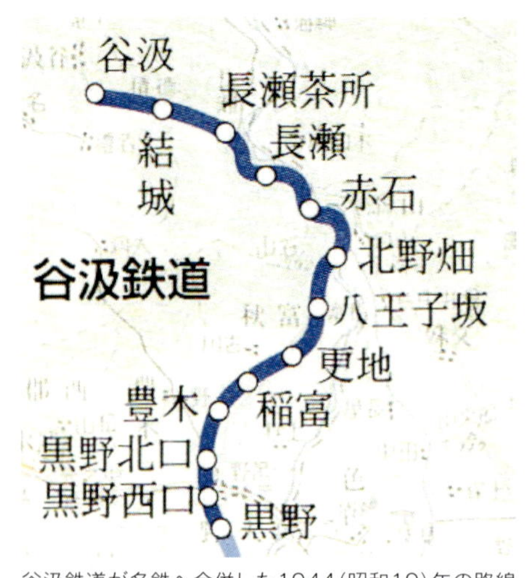

谷汲鉄道が名鉄へ合併した1944（昭和19）年の路線図。◎名古屋鉄道百年史より

(1) 谷汲デロ1形１～６（６両）　1926～1959（大正15～昭和34）年　600V車
→（昭和19年）モ50形51～56→（昭和24年）モ100形100～105

1926（大正15）年４月、谷汲鉄道が開業用に日本車両で製造した木造単車である。国鉄2等車並みに車体に青帯を巻いた。ポール集電、シングルルーフで全長9.9m、側窓はD2222Dと小さい。モーターは50HP４個で、３・４の制御器は直接式のDB１-K3C、１・２・５・６は連結運転可能な間接制御のM15Cで手動ブレーキに加え急勾配用に電制も装備した。このため名鉄合併後の改番では３・４が51･52となり他が53～56となった。戦後、全車が直接制御化（DB1K4）され、101～104は1950（昭和25）年の御開帳輸送の後、豊川市内線（現・豊川線）用に乗降口付近を改造し移動、1953（昭和28）年12月同線の1500V化により余剰となり、翌年廃車された。谷汲線に残った105は除雪車として使われ1959（昭和34）年まで在籍した。

デロ１形５号が、開業間もない谷汲駅で発車待ち。ホーム上屋は現在も残る。◎谷汲　1926（大正15）年頃

1927(昭和2)年の御開帳輸送時の谷汲駅のホーム。左デロ1形3号、右は美濃電から乗入れのセミシ64号

モ100形104。ご開帳輸送終了後、豊川市内線の路面乗降用に乗降口を低くして転用した。◎国府　1953(昭和28)年

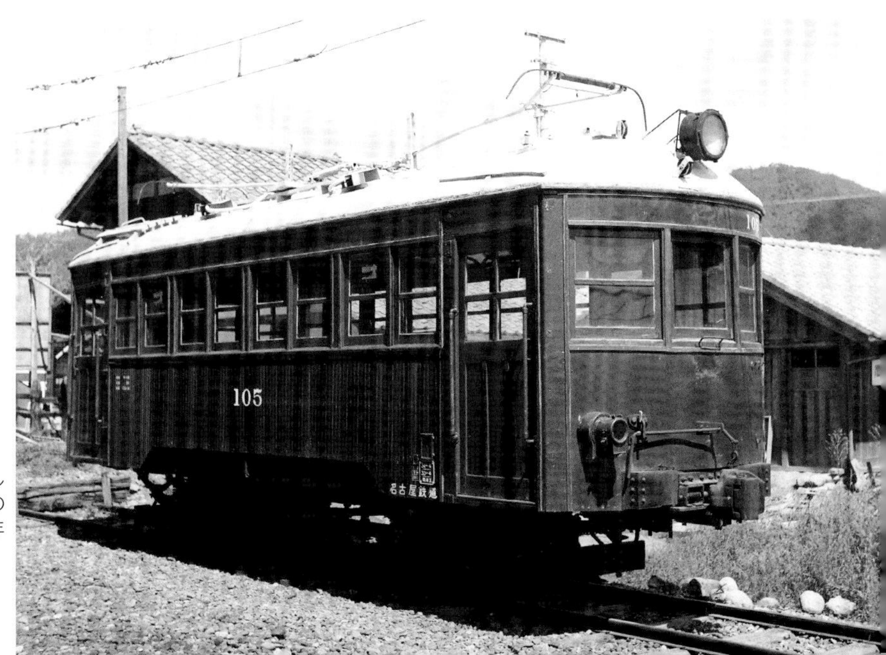

モ100形105。谷汲鉄道が開業時に製造したデロ1形木造車。急勾配に備え重装備の車両となった。◎黒野　1955(昭和30)年代　撮影:福島隆雄

(2) 谷汲デロ7形7～12（6両） 1927～1959（昭和2～34）年 600V車
→（昭和19年）モ80形81～86 →（昭和24年）モ130形130～135

1927（昭和２）年４月開催の谷汲鉄道の大イベントである谷汲山華厳寺の御開帳輸送に備え、列車増発するため稲富駅に行違い設備を新設し、６両を増備した。７・８を日本車輌、９～12を藤永田造船へ発注した。車体はデロ６の半鋼体化版で全長9.9m、台車は藤永田が国産化したものを履いた。電気品は間接制御でDK・M15Cモーターは GEの30C1であった。これは谷汲線で3両運転を計画し、33.3‰に対応した台車に電磁吸着ブレーキを装備するためだった。しかし、この目論見はイギリスメーカーのストライキにより間に合わず、やむなく現場手前で一旦停止の上、手ブレーキで下ることで切り抜けたという。

1941（昭和16）年にはモ81～84（藤永田製）と日車製がモ85・86となり戦中戦後の混乱期には大曽根線（小牧線）へ転用との記録（82・84）もあるが最後は谷汲線へ戻り、1949（昭和24）年にモ130～135となり、1959（昭和34）年５月モ131を最後に廃車された。

モ130形134。電装解除後築港線客車列車に使用。大江駅に留置。◎大江 1955（昭和30）年

モ130形131。130形は半鋼製車で谷汲鉄道最後の新造車。◎忠節 1955（昭和30）年頃 撮影：福島隆雄

モ130形130ほか。戦後はYゲルを付けて使用。多客時には3両編成とした。◎黒野　1950(昭和25)年

谷汲駅舎。谷汲鉄道開業以来の立派な駅舎で、谷汲山華厳寺の参詣客が利用した。1996(平成8)年に新駅舎に建て替えられたが、2001(平成13)年の廃止後も、新駅舎と電車2両(755・514)は保存されている。◎谷汲　1970(昭和45)年

各務原鉄道

かかみがはらてつどう

1926～1935（大正15～昭和10）年

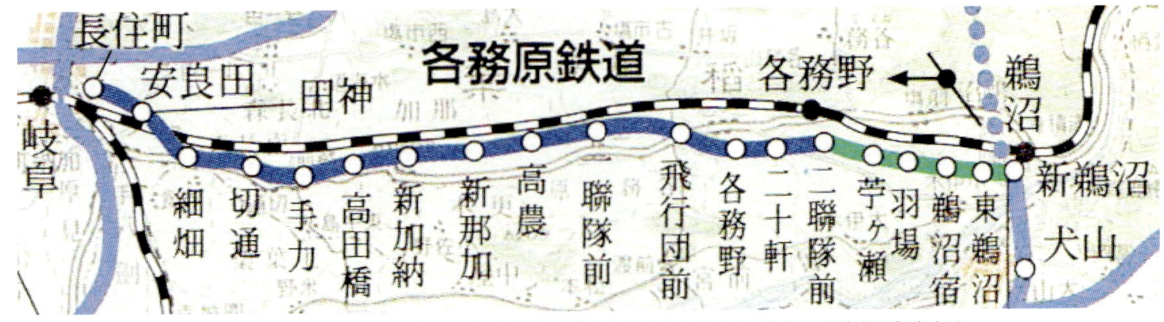

各務原鉄道の路線図。軍事施設を想起させる駅名が多く1938（昭和13）年に改名させられた。◎名古屋鉄道百年史より

各務原鉄道は、美濃電気軌道の系列会社として創業、1926（大正15）年１月に安良田（新岐阜～田神の中間）～補給部前（各務野→三柿野）間で開業、その後路線を延伸し、1928（昭和３）年に長住町（新岐阜→名鉄岐阜）～東鵜沼（新鵜沼）間が全通した。1935（昭和10）年３月に名岐鉄道と合併し、各務原線となった。

(1) K1－BE形1～8（8両）　1925～1965（大正14～昭和40）年　600V車

→（昭和16年）モ450形451～458
（昭和22年）451→山形交通、455→蒲原鉄道、458→尾道鉄道
戦災復旧452→（昭和24年）455→（昭和38年）ク2250形（2251）
456→（昭和24年）451、457→（昭和24年）452　空き番を埋めるため改番
451・453→（昭和40年）ク2150形（2151・2152）

各務原鉄道製作の唯一の車両（８両）。1925（大正14）年から翌年にかけ日本車輌で作られた木造車。正面５枚窓で強い曲面を持ち、どことなく美濃電の影響が感じられる。台車は２種類で451～454がボールドウィン製、残りが日車製。全長は13.1m。452は戦災にあい正面３枚窓で復旧された。戦後の車両供出で1947（昭和22）年に、451は山形交通、455は蒲原鉄道、458は尾道鉄道へ譲渡。その後改番が行われ、戦災復旧車の452→455、456→451、457→452。合併後も各務原線で働き、1963（昭和38）年ニセスチール化、晩年は揖斐線へ移り、1963（昭和38）年に455が制御車ク2250形2251に、残る451・453は制御車ク2150形2151・2152になり、モ450形のまま残った452・454とともに1965（昭和40）年に廃車された。452･454は北陸鉄道へ譲渡されたが詳細不明。

モ450形451。各務原鉄道時代は独特のK1- BE形を名乗っていた。正面5枚窓シングルルーフの木造車体。◎黒野　昭和30年代　撮影：福島隆雄

モ450形458→尾道鉄道45。戦後の車両供出で450形は3両が対象となった。写真はその1両で、尾道鉄道（1964/昭和39年廃止）の45となった。◎尾道1963（昭和38）年頃

ク2150形2151。451は制御車化されク2151になって廃車された。◎岐阜工場(長住町)　1965（昭和40）年頃　撮影：福島隆雄

モ450形455。戦災復旧で正面3枚窓に変わった455（旧452を改番）。◎黒野　1960（昭和35）年頃

ク2250形2251。3枚窓化された455は制御車化されク2251に。◎忠節　1964（昭和39）年頃

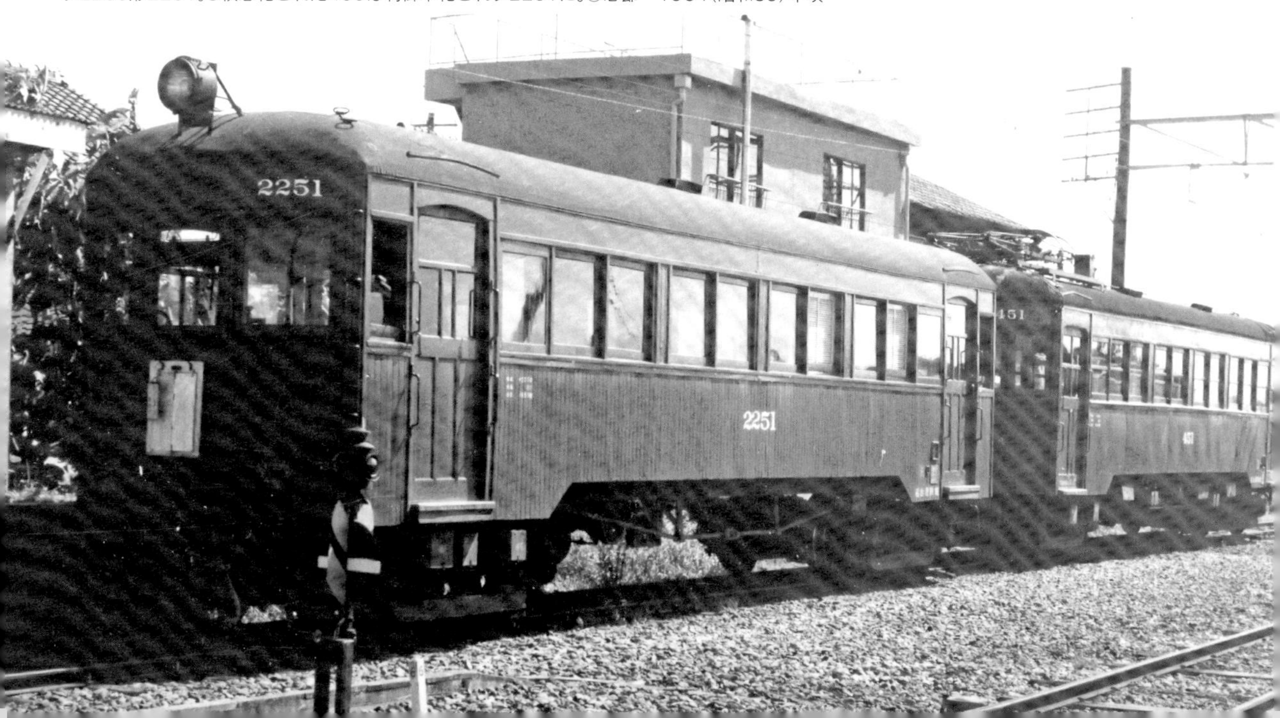

竹鼻鉄道（たけはなてつどう）

1921〜1943（大正10〜昭和18）年

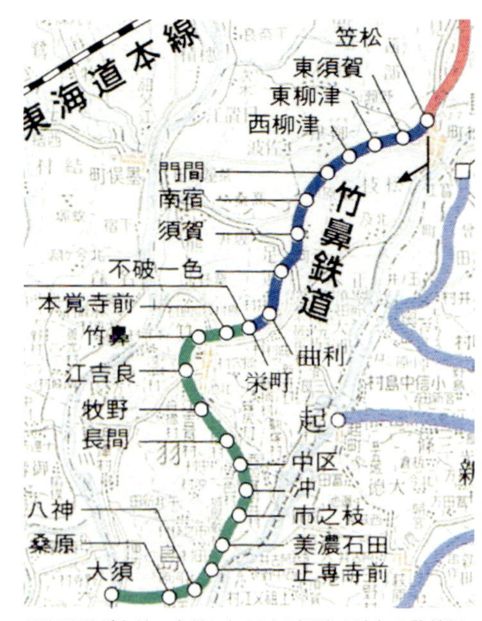

竹鼻鉄道が名鉄へ合併した1943（昭和18）年の路線図。◎名古屋鉄道百年史より

竹鼻鉄道は美濃電気軌道の系列会社で、1921（大正10）年6月に新笠松（西笠松）〜栄町（竹鼻）間7.7kmを美濃電の技術的支援を受けて開業。その後1929（昭和4）年4月に大須まで延伸・全通した。戦時統合で1943（昭和18）年3月に名鉄と合併して竹鼻線となった。

開業時は電車（4輪単車）4両と貨車2両、路線延伸時に電車（4輪単車）を増備。

(1) デ1形1〜4（4両）
1921〜1949（大正10〜昭和24）年　600V車
（昭和24年）1・4→野上電鉄、2・3→熊本電鉄

1921（大正10）年6月に竹鼻鉄道が、開業用に名古屋電車製作所で4両製造した車両。全長8.5mの4輪単車で台車はブリル21-E。名鉄合併後も車号は変わらなかったが、戦後の車両供出で、1949（昭和24）年頃に1・4が野上電鉄へ、2・3が熊本電鉄へ譲渡された。

(2) デ5形5〜8（4両）　1928〜1953（昭和3〜28）年　600V車
（昭和24年）6・8→モ80形80・81、　5・7→松本電鉄

竹鼻鉄道が、栄町（竹鼻）〜大須間の延伸開通用に、1928（昭和3）年に4両製造した。デ1形と同じ機器で製造され、全長が9.2mと長くなり、屋根が丸屋根になった。

1943（昭和18）年の合併時に車号変更はなかったが、1949（昭和24）年に2両（5・7）は松本電鉄へ譲渡、残り2両はモ80形（80・81）になり、そのまま竹鼻線で使用。1953（昭和28）年に2両とも廃車になった。

なお竹鼻鉄道は合併前にボギー車2両を発注したが、名鉄合併後にモ770形として入線した。モ770形については別項（名鉄・戦前編）で説明する。

竹鼻鉄道デ1形1号と4号。全長8.5メートルの小型車両。◎開業時の南宿駅　1921（大正10）年

デ1形4号。栄町(→竹鼻)の車庫。これら1～4号は戦後の供出対象となり、野上電鉄、熊本電鉄へ譲渡された。栄町駅には竹鼻鉄道の車庫があった。◎栄町車庫　1943(昭和18)年

デ1形が途中、短い水路の避溢橋を渡る。後方の松並木は美濃路。◎南宿～須賀　1921(大正10)年　開通記念絵葉書より

デ5形6号。5形は、車体が1形より少し大きく(全長9.2m)、丸屋根となった。合併前の記念撮影か◎栄町(→竹鼻)車庫、1943(昭和18)年

デ5形7号。5・7号は戦後の車両供出で松本電鉄へ譲渡。◎西笠松駅　1943(昭和18)年　竹鉄のなごり-竹鼻鉄道記念誌より

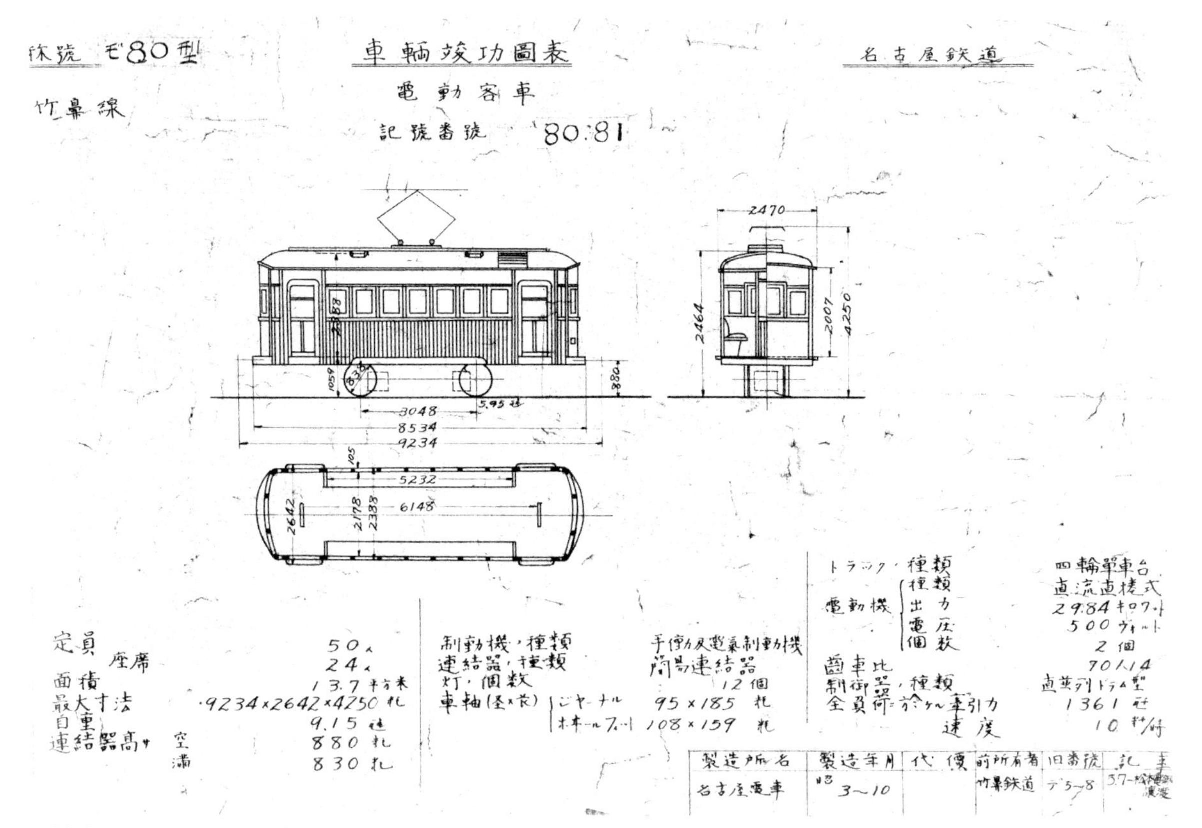

モ80形の図面。デ5形は1949(昭和24)年にモ80形へ改番されたが、そのまま竹鼻線で使用された。

とうのうてつどう→とうみてつどう

東濃鉄道→東美鉄道

1918〜1943（大正7〜昭和18）年

東濃鉄道は、1918（大正７）年12月に広見（新可児付近）〜新多治見間11.8kmを、軌間762mmの小さな蒸気機関車が働く軽便鉄道として開業。1920（大正９）年８月に広見〜御嵩（現・御嵩口）間6.8kmが延伸開通した。

1926（大正15）年９月に広見〜新多治見間が国有化され太多線となったので、残された広見〜御嵩間を引き継ぐため、東濃鉄道・名鉄・大同電力の３社が出資し東美鉄道を設立した。

東美鉄道は1926（大正15）年９月から広見〜御嵩間の運営を引き継ぎ、軌間762→1067mmの改軌と電化工事を同時に行い、1928（昭和３）年10月から電車運転を開始。1930（昭和５）年には伏見口（明智）〜八百津間の八百津線が開通した。戦時統合で1943（昭和18）年３月に名鉄と合併した。

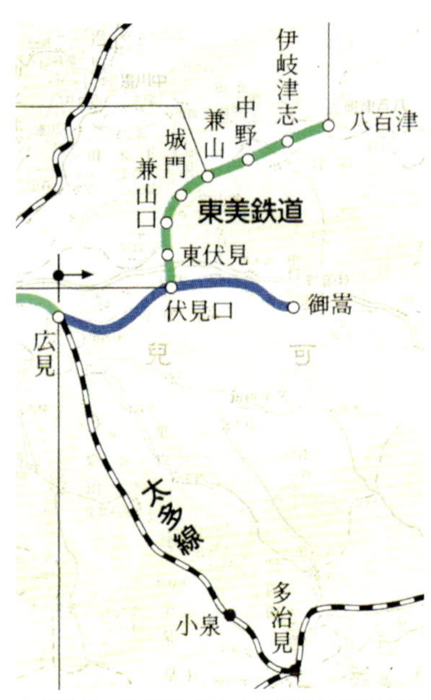

東美鉄道の路線図。◎名古屋鉄道百年史より

(1) 東濃・東美鉄道の蒸気機関車

東濃鉄道広見〜新多治見間が国有化されたとき、蒸気機関車４両、客車７両、貨車14両が在籍。このうち蒸気機関車２両、客車３両、貨車13両が国有化されたということで、残りが東美鉄道へ引き継がれたと思われるが詳細不明である。

東濃鉄道・御嵩開業前の試運転列車。ドイツ・コッペル製蒸気機関車。御嵩（現・御嵩口）　1920（大正9）年

(2) デ1形1〜3（3両）　1912〜1949（大正1〜昭和24）年　600V車
(昭和18年) デ1・2→モ45形45・46、　デ3→日本油脂専用線

1928（昭和３）年の改軌・電化時に名鉄からデシ500形537・538を譲り受けて２両で運行開始し、1930（昭和５）年の八百津開通で１両（510）を追加で譲り受けた。

1943（昭和18）年に東美鉄道が名鉄へ合併したので、２両は名鉄へ復帰し、モ45形45・46となり、残る１両は武豊の日本油脂専用線へ譲渡された。45・46は1946（昭和24）年に熊本電鉄へ譲渡（すぐに荒尾市営へ再譲渡）された。→名古屋電気鉄道デシ500形参照

東美鉄道デ１形（→デ45形45）。名鉄からデシ500形（537・538）２両を譲り受けて電車運転開始。合併で名鉄へ戻りモ45形45・46となる。

(3) デボ100形101·102（2両）　1916〜1973（昭和5〜43）年　600V車
→（昭和18年）モニ300形301·302→（昭和26年）モ300形301·302→（昭和35年）ク2190形（2191·2192）

1916（昭和5）年、八百津線開通に合わせて日本車輌で製造した。台車は日車のD-12、全長13.5mで半鋼製、直接制御、単行運転用の車両であった。一方の運転席の乗務員室の後ろに楕円形の窓があった。

名鉄合併でモニ300形301・302となり、1951（昭和26）年に荷物室と扉を撤去モ300形として竹鼻線で使用された。1960（昭和35）年5月に電装解除、制御車化してク2190形2191·2192となり、各務原線で使用。2192は1964（昭和39）年に新川工場の火災で焼失し、2191は瀬戸線へ転籍した。瀬戸線時代は、他車より車両長が短いため、朝のラッシュ運用に入ると混雑し、遅れの原因となったものの1973（昭和43）年まで使用された。

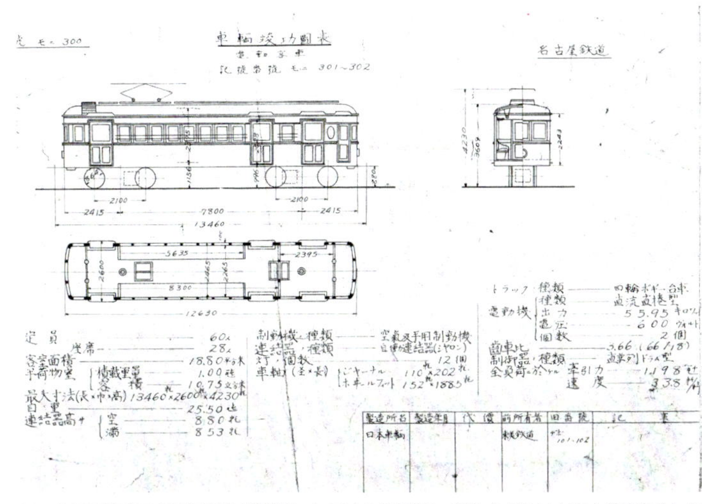

モニ300形図面。東美鉄道が製造したデボ100形は、名鉄合併によりモニ300形となる。荷物室・荷物扉付きで登場した。

モ300形301。モニ300形は荷物室と扉を撤去しモ300形となり、竹鼻線で使用。◎栄町（→竹鼻）車庫　1959（昭和34）年頃

モ300形302。302はク2192へ改造後の1964（昭和39）年、新川工場入場中に火災で焼失、廃車された。◎新川工場　1960（昭和35）年

ク2190形2191。モ300形は昭和35年に制御車化され、600Vの各務原線で使用した後1964（昭和39）年瀬戸線に転属した。◎新那加　1961（昭和36）年頃　撮影：福島隆雄

ク2190形2191。最後は瀬戸線所属となった。瀬戸線では予備車扱いだったが、車体が小さく、運用の都合でラッシュに入ると遅延の因となった。◎森下　1965（昭和40）年頃　撮影：福島隆雄

愛知電気鉄道

あいちでんきてつどう

1912〜1935（明治45〜昭和10）年

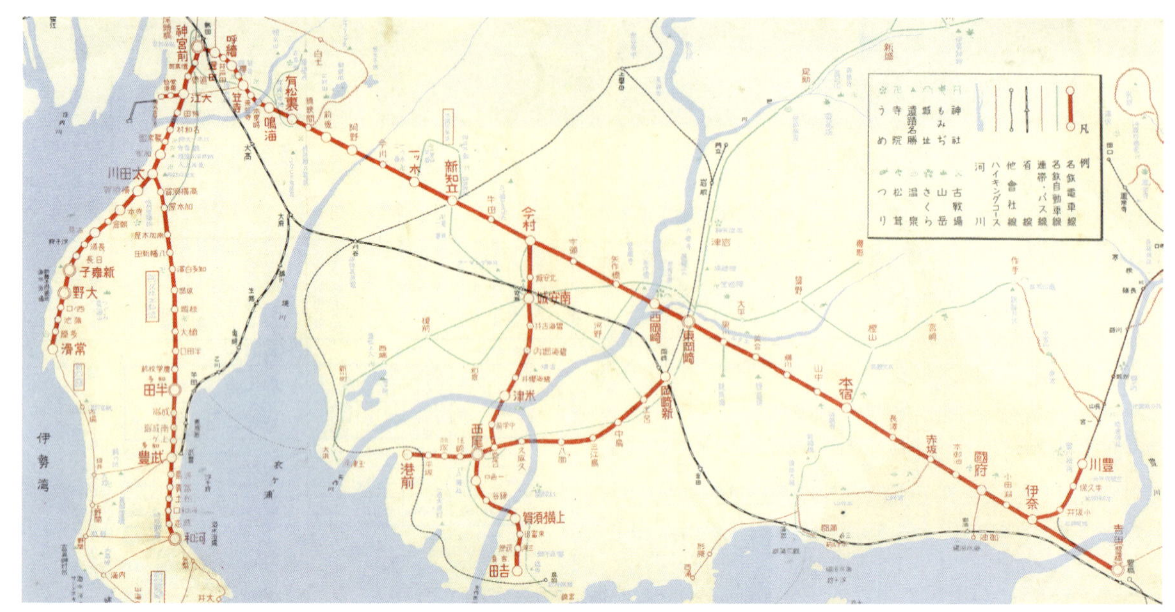

名岐と合併した時の愛電路線図1935（昭和10）年。系列の碧海電鉄（今村〜西尾）、知多鉄道（太田川〜河和）も描いてあり、別会社でも一体運営されていたことが分かる。

愛知電気鉄道は今日の名鉄を形成する二大会社の東の雄である。会社は1889（明治42）年に熱田から知多半島の常滑を結ぶ、知多電車軌道を設立したが、翌年に愛知電気鉄道（愛電）に改称し、1912（明治45）年２月に伝馬町〜大野町間23.3km（現・常滑線）を開業した。翌年（大正２年）、神宮前〜常滑間が全通した後は、神宮前から東へ路線を延伸、1917（大正６）年に有松裏（有松）、1923（大正12）年に東岡崎、1927（昭和２）年に吉田（豊橋）まで開通した。愛電は三河地方に勢力を広げ、1926（大正15）年12月には西尾鉄道を吸収合併して愛電西尾線とした。

愛電は三河・知多方面に勢力を広げたが、名古屋商工会議所や名古屋市などから名岐鉄道との合併勧告があり、これを受けて1935（昭和10）年８月１日に名岐と愛電が合併し、現在に続く名古屋鉄道が誕生した。

（1）電1形1〜8（8両）
1912〜1924（明治45〜大正13）年　600V車

愛電開業用に、1912（明治45）年に日本車輌で８両が製造された。全長10.4mの二重屋根、木造の大型４輪単車である。ほぼ同時期に名電のデシ500形も製造され、同じく木造の大型４輪単車だった。台車もデシ500と同じマウンテンギブソンのラジアルを採用した。名古屋で路面電車ではない路線が２社ともラジアル台車を装備し、しかも40両（名電）と18両（愛電）と決して少なくない数であった。

1919（大正８）年10月に新舞子付近で５号と15号の正面衝突事故が発生。翌年、改番が行われて愛電では末

電1形7号。愛電は、このように写真と主要諸元を記載したカタログを主要形式ごとに作成していた。1924（大正13）年廃車認可と記述されており，それ以後に作成された。

電形5号。日本車輌で製造中の姿。1919（大正8）年に新舞子付近で5号と15号の正面衝突事故が発生し、それ以後、愛電は末尾の5を忌み番にした。◎日本車輌　1911（明治44）年

電1形1号天白川を往く。開業間もない頃。4輪単車では全長10.6mと大きかった。愛電もラジアル台車を採用したが長続きしなかった。◎星崎（柴田）～名和村（名和）　1912（明治45）年頃

尾の５を欠番とするようになった。５号は復旧時に電装解除され付随客車61号となる。電１形は早くも1921（大正10）年に２両が石川鉄道へ譲渡され、残りも1924（大正13）年に廃車になった。

（2）附1形9～12（4両）　1912～1930（明治45～昭和5）年
→（大正9年）62～66（65は欠番）

開業後の成績が順調で、電１形８両の単車運転では対応できなくなり、連結運転するため付随客車４両（９～12）を急遽製造した。電１形と同じ日本車輌製で車体形状も同じだった。1920（大正９）年の改番で付随客車は60番台となった。

1924（大正13）年に附64（旧11）は、電２形３両とともに法勝寺鉄道へ譲渡。その他は1930（昭和５）年までに姿を消した。

附1形11号。愛電は多客対策で早くも1912（明治45）年に付随客車4両を新造。◎開業日の有松裏（有松）1917（大正6）年

（3）電2形13～18（6両）　1913～1932（大正2～昭和7）年　600V車
→（大正9年）10～16（15は欠番）

神宮前～常滑間全通に備えて、1913（大正2）年に電2形が6両製造された。電2形もラジアル台車装備で誕生した。スタイルは似ているが出入口に扉が付いた。ラジアル台車は利点もあったが保守が難しかったといわれ、愛電では名電に比べて短命であった。そのため1932（昭和7）年10月までに愛電から姿を消した。

1920（大正9）年の改番で、付随車を60番台に変更して空き番ができたため15→12、17→11、18→10、とした。1923（大正12）年に黒部鉄道へ1両（16）譲渡、1924（大正13）年に3両（9・11・12）を法勝寺鉄道へ譲渡した。

電2形15号。電1形の翌年に製造され、車体長さは同じ10.6メートルだが乗降扉が設置された。◎絵葉書（所蔵：藤井建）

電2形14号。電2形のカタログ。1932（昭和7）年に愛電から姿を消した。愛電はこの様式のカタログを制作した。

（4）附1形19・20（2両）　1919～1930（大正8～昭和5）年　600V車
19→（大正9年）9（電動車化）、20→（大正9年）67

1919（大正8）年に自社工場で付随客車を2両組立。電2形と同じ形状の車体だったと思われる。1920（大正9）年に事故車5の電気品を使い、19を電動車化→電2形9となる。（これにより、電1・2形通しで、1～16（5・15は欠番）が電動車となった。

20は1920（大正9）年の改番で67となり、1930（昭和5）年までに姿を消した。9は1924（大正13）年に法勝寺鉄道へ譲渡された。

（5）附68・69（2両）　1920～1923（大正9～12）年

1901（明治34）年飯田町工場製の国鉄（鉄道省）一二等合造客車（イロ310・311）2両を、1920（大正9）年に譲り受けて付随客車として使用。1923（大正12）年に駄知鉄道へ2両とも譲渡した。

（6）電3形21～27（25欠番）（6両）　1921～1964（大正10～昭和39）年　600V車
→（昭和2年）デハ1020形1020～1026（1025欠番）
1020・1021→（昭和3年頃）デハユ1020形1020・1021→（昭和16）モユ1020形→
→モ1020形1021・1022
1022～1024・1026→（昭和3年）碧海100形100～103→（昭和19年）モ1000形1001～1004

1921（大正10）年5月に6両製造された愛電最初のボギー車。正面5枚窓の曲面スタイルで二重屋根の木造車。台車はMCB-2、モーターは65HPのWH646-J、HL制御器（間接手動制御）。集電装置は当初ポールだった。

1928（昭和3）年10月に愛電系列の碧海電気鉄道と車両交換、1022～1024・1026の4両（600V車）が碧海電鉄へ転籍100形（100～103）となった。代わりに碧海101～103の3両（1500V車）が愛電デハ1010形（1010～

電3形21号。1935(大正10)年に愛電が導入した最初のボギー車。二重屋根の木造車、正面は5枚窓で丸味を帯びた独特の形。◎大正末期

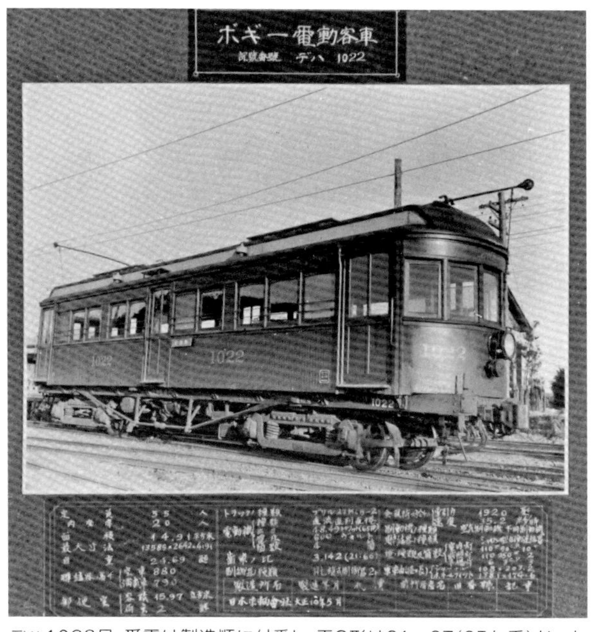

デハ1022号。愛電は製造順に付番し、電3形は21～27(25欠番)だったが、1927(昭和2)年にデハ1020形1020～1026(1025欠番)となった。

1012)となった。(碧海電鉄は、愛電西尾線(岡崎新～西尾～吉良吉)と直通運転を行うため1500Vから600Vに降圧)。碧海電鉄は1944(昭和19)年に名鉄と合併、愛電→碧海へ転籍した100形4両も名鉄モ1000形1001～1004となった。

碧海電鉄へ転籍しなかった1020・1021は郵便室を設けてデハユ→モユ1020形となったが、後に郵便室を撤去し、モ1020形1021・1022になった。

モ1000形の全長は13.5m、1020形は13.6mで少し長さが異なる。1020・1000形は主として西尾・蒲郡線で使用され、1959～60(昭和34～35)年の蒲郡線、西尾線の昇圧を機に各務原線に転用され、最後は広見・小牧線で1964(昭和39)年に廃車。台車、機器は鋼体化ク2700系に利用された。

モ1020形1021。1960(昭和35)年に西尾・蒲郡線が昇圧するまで使用され、その後犬山地区の600V線区へ移った。◎蒲郡線形原　1959(昭和34)年　撮影:福島隆雄

モ1000形1002。愛電1020形のうち4両は碧海電鉄100形となり、合併により名鉄1000形となった。◎吉良吉田　1955(昭和30)年　撮影:桜井儀雄

（7）電4形（2両）　1922〜1964（大正11〜昭和39）年　600V車

→（昭和２年）デハニ1030形1030〜1031→（昭和16年）モニ1030形1031→（昭和24年）モ1030形1031　（昭和９年頃）デハニ1030事故廃車

1922（大正11）年３月に日本車輌で製造された木造３扉車で、外観は電３型そっくりだが全長は15.1mと少し長く名実ともに15m車である。荷物室は中央扉の両側にあったという。機器は台車がＭＣＢ-１、モーターが65HPのＷＨ546-Ｊとなり愛電ＨＬ車の標準装備である。

活躍舞台は1000形、1020形と同じ経過をたどった。デハニ1031は愛電時代に安城の国鉄跨線橋の築堤から転落廃車。後は改番されたモ1031が１形式１両となった。

電4形1032号。スタイルは電3形そっくりだが少々長い。2両しか製造されなかったが、台車、モーター、制御器など愛電車両の標準装備を確立した点は功績大である。

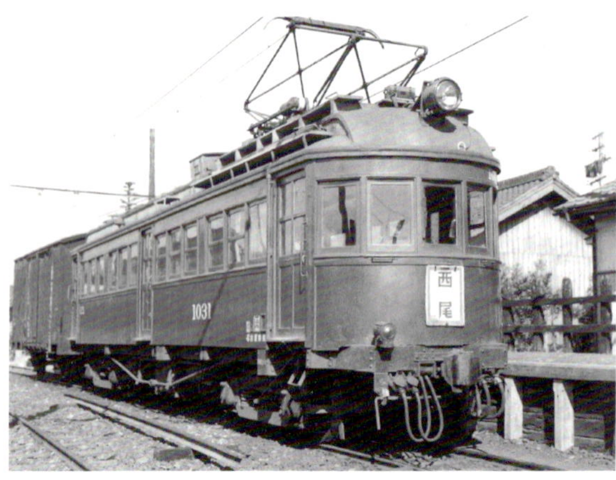

モ1030形1031。1031号も600V電動車として一生を終わった。貨車を引く西尾行き混合列車。西尾線昇圧後は小牧線など犬山地区で最期を迎えた。◎形原　1955（昭和30）年頃　撮影：福島隆雄

（8）電5形（8両）　1922〜1966（大正11〜昭和41）年　600→1500→600V車

→（昭和２年）デハ1040形1040〜1048（1045欠番）→（昭和16年）モ1040形1041〜1048→→（昭和23年）ク1040形1041〜1048→（昭和27年）ク2040形2041〜2048

1922（大正11）年10月製造の日本車輌製15.1ｍ木造車で、愛電初の丸屋根・箱型車体。岡崎線開通に備えパンタグラフを付けて登場したが、同線昇圧に伴い常滑線用に転用されポール化された。1046 〜 48のグルー

電5形1048号。15メートル級箱形木造車の最初の形式。登場間もない頃で、付2形と2両編成を組む。
◎1924（大正13）年頃

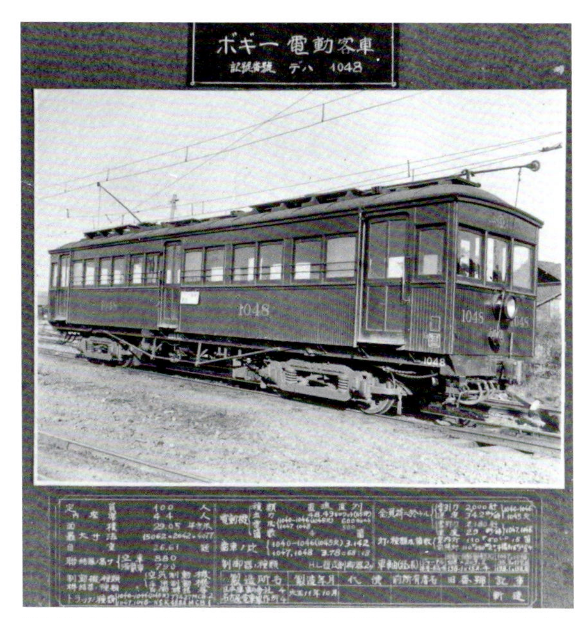

電5形1048号。パンタで登場したが、常滑線転用のためポール化された。電装解除後ク1040形を経てク2040形となるが、鋼体化3700系の種車第1号となった。

ク2040形2047。電5形→モ1040形の最後は制御車化によりク2040形となった。◎金山橋　1959(昭和34)年頃　撮影：福島隆雄

ク2040形2043。電5形の制御車化車両。初期車は正面窓上が広かった。◎神宮前　昭和30年代前半　撮影：福島隆雄

ク2040形ニセスチール化された2042号。8両のうち2両は600V化され瀬戸線へ。へ。入線時には大型車両だった。◎尾張横山(新瀬戸)　1960(昭和35)年

プは正面窓上の妻部がやや狭く屋根のRが緩かった。

1948(昭和23)年に一旦ク1040形として1500Vの制御車となり、その後ク2040形となり、1500V線区で活躍した。1959(昭和34)年から始まった木造車の鋼体化の種車として、まず2041～2044、2046、2048が廃車になり台車や機器が再利用された。1959年6月に2047は600V専用制御車2041に改造、ST-27台車となり、同時に2045も2042に改番され、TR-10台車を履き、ともに瀬戸線用となり1965(昭和40)年には揖斐線に転じた。

1966(昭和41)年2月には2041、42が廃車となり、簡易鋼体(ニセスチール)化されていた2042が、北恵那交通へ旅立ちク551となり、1978(昭和53)年の廃線まで使用された。

(9) 附2形(10両)　1923～1964(大正12～昭和39)年　600→1500V車

→(昭和2年)サハ2000形2000～2010(2005欠番)→(昭和16年)ク2000形2001～2006
2006・2004→サハニ2010形2010・2011→(昭和16年)クユ2010形2011・2012→
→(昭和32年)ク2010形2011・2012
2009・2010→サハニ2030形2030・2031→(昭和16年)クニ2030形2031・2032→
→(昭和32年)ク2000形2007・2008

1923(大正12)年12月製造の当時は珍しかった愛電最初の制御車。単車時代にも「附」の記号はあり、愛電独特の記号である。全長16.8mの木造車でありトラス棒付き。ほぼ同スタイルの電5形と連結した。制御車であるが、付随車と同じ「サハ」と称した。愛電時代に1500V化され、その後、電7形(→モ3200)形とも組んだ。

サハニ2010形2010・2011となった２両は郵便室を設けクユ2010形を経て、ク2010形2011・2012となり1959（昭和34）年に鋼体化対象となり廃車。

なお附２形は10両作られたが、途中「附２荷」となった２両はサハニ2030形、クニ2030形2031・2032を経て、後に荷物室をなくして、ク2007・2008に戻った。これらは第２次鋼体化の種車となり1964（昭和39）年８月までに全車廃車された。

附2形-サハ2000形2002。「附」は愛電独特の形式で片かなでは「サハ」と称したが制御車だった。◎昭和初期か

クク2000形2001。愛電時代に1500V車化され、名鉄合併後ク2000形となった。◎神宮前　1960（昭和35）年　撮影：福島隆雄

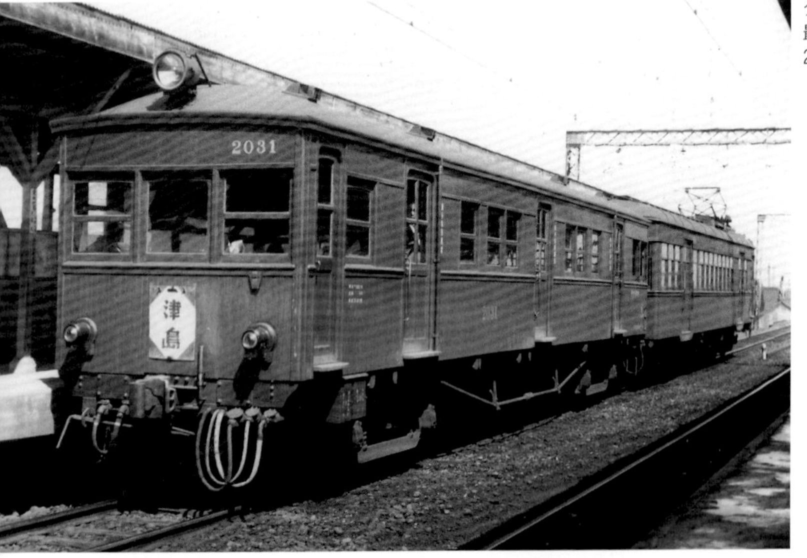

クニ2030形2031。附荷形からサハニ、クニを経て最後はク2007となった。◎東枇杷島　1950（昭和25）年

クユ2012の客室から郵便室を見る。◎1955（昭和30）年頃

クユ2012の郵便室の内部。区分棚らしきものが見える。◎1955（昭和30）年頃

クユ2010形2012。郵便室部分に白帯を巻いていた。◎西中金　1955（昭和30）年頃

クユ2010形2012。サハニ2010形になった2両は、一時郵便室を設けクユ2010形となる。この頃は郵便車として使用しないこともあった。◎新一宮　1955(昭和30)年頃　撮影:福島隆雄

(10) 電6形 (14両)　1924～1959 (大正13～昭和34) 年　600V・1500V車
→ (昭和2年) デハ1060形1060～1064、デハ1066形1066～1074
1060～1064→ (昭和16年) モ1060形1061～1065　600/1500V複電圧車
1066～1074→ (昭和16年) モ1070形1071～1079　1500V車

1924(大正13)年7月に5両(1060～1064)、翌年6月に9両(1066～1074)が日本車輛で製造された。全長16.0mの愛電最後の木造車。電5形と同じ箱型車体で前面非貫通、愛電スタイルの標準車と言われた。

1925(大正14)年6月に岡崎線(神宮前～東岡崎)が1500Vに昇圧したので、最初の5両は600/1500Vの複電圧車、1941(昭和16)年にモ1060形1061～1065となった(西部線昇圧後は複電圧装置を撤去)。後の9両は最初から1500V車で、1941(昭和16)年にモ1070形1071～1079となった。

1060・1070形は、ほぼ同じでHL制御、ブレーキも自動、直通の切り替えができた。違いは、1060形はモーターが芝浦のSE-132で100HP、1070形はWH556-J-6の100HPというだけである。ともに第一次鋼体化の対象となって1957～59(昭和32～34)年に廃車、HL車モ3700形に機器を譲った。

電6形デハ1071。電6形の2期車デハ1066～1074は最初から1500V車として製造され、後にモ1070形となった。

電6形→デハ1060形1061。愛電最後の木造車で600/1500Vの複電圧車。◎鳴海　1938(昭和13)年頃　撮影:臼井茂信

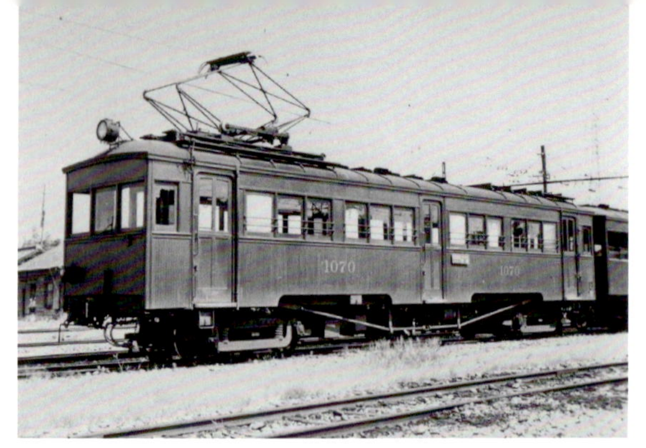

電6形デハ1070号。当初は1060形の続き番号で製造されたが、後にモ1070形となる。◎1938(昭和13)年頃

モ1070形1073。刈谷工場では三河線の車両の検査修繕を行った。◎刈谷工場　1958(昭和33)年頃

(11) 電7形(9両)　1926～1997(大正15～平成9)年　1500→600V車
→(昭和2年)デハ3080形3080～3089(3085欠番)→(昭和16年)モ3200形3201～3209
3203・3207・3209→(昭和34年)ク2300形2301～2303
3201・3202・3204～3206・3208→(昭和39年)ク2320形2321～2326

1926(大正15)年3月に9両製造された愛電最初の半鋼製車、全長16.7m。神宮前～豊川直通運転開始に備えて製造。クロスシート車で、貫通路が付き、片隅運転台で乗務員室扉は片側にしか無かった。モーターはWH556-J-6、100HP4個でHL制御。台車はボールドウイン84-27-A、愛電の標準メカである。

電7形は愛電時代にデハ3080形と改称され、名鉄合併後の1941(昭和16)年にモ3200形となった。1959(昭和34)年に3203、3207、3209を制御車化、片運転台化、運転室側乗務員扉取付等の改造をしてク2300形2301～2303となった。台車・電機品は鋼体化車両(HL3700系)に再利用した。

残りも1964(昭和39)年に制御車化されク2320形2321～2326となったが、2300形に比べ小規模な改造で済ませた。なお、3208(→2326)は1964(昭和34)年に踏切事故に遭い車体前部を破損、運転台高上げ工事を受け、スタイルが変わった。

ともに1965(昭和40)年600Vの瀬戸線に移って手動扉となったが、900形と組み特急車となると自動扉に戻った。ク2300形は1978(昭和53)年まで瀬戸線で活躍したが廃車。ク2320形は1973(昭和48)年に2325、2327が揖斐線に、2323と2326は1978(昭和53)年に揖斐線へ転出し、残り3両は瀬戸線で廃車。1997(平成9)年5月には揖斐線の2323、2325～2327も廃車となり、かつての愛電代表車も姿を消した。

電7形→デハ3080形3084。愛電最初の半鋼製車。モーター、HL制御器は踏襲したが、台車はボールドウィン84-27-Aとなった。

モ3200形3208。電7形は愛電時代にデハ3080形となり、名鉄合併後モ3200形となった。この形式の特徴は乗務員室ドアが運転席側にはなかった。◎神宮前　1941(昭和16)年　撮影:大谷正春

ク2320形2326。モ3208は踏切事故で車体前部を破損。運転台高上げ改造をした後、電装を解除しク2326に改造。◎金山橋、1964(昭和39)年頃　撮影:福島隆雄

クモ2300形2302。モ3200形3両は制御車ク2300形に改造。1965(昭和40)年に瀬戸線へ移ってモ900形と組んで特急車に起用された。◎大津町　1973(昭和48)年

ク2320形2321。モ3200形6両はク2320形に改造。翌年600V化されて瀬戸線へ移動。◎新川工場　1964(昭和39)年頃　撮影:福島隆雄

晩年は揖斐線で活躍したク2320形2325号。旧名岐の750形759とコンビを組んだ。◎旦ノ島～尻毛　1995(平成7)年

(12) 附３形（１両）　1926～1997（大正15～平成９）年　1500→600V車
→（昭和２年）サハ2020形2020→（昭和16年）ク2020形2021→（昭和23年）モ3200形3210→
→（昭和34年）ク2320形2327

電７形と同年（1926/大正15年）に製造された同形状の制御車で１形式１両だった。愛電時代の記号は「サ」だが、もともと制御車である。1948（昭和23）年の東西直通の際に電動車化、モ3200形に編入され3210になった。

1964（昭和39）年に制御車化され、ク2320形2327となりロングシート化された。その後、瀬戸線、揖斐線へ移り、1997（平成９）年に廃車となった。

矢作川橋梁を渡る愛電デハ3086-サハ2020-デハ3087の３両編成。附３形は最初から１形式１両の制御車でサハ2020形となる。電７形（デハ3080形）と同時期の製造で車体形状も同じ。名鉄合併後ク2020形2021となった。

モ3200形3210。ク2021は1948（昭和23）年に電動車化されてモ3210となった。◎三河線知立　1955（昭和30）年頃

ク2320形2327。附３形の最後はク2327となり揖斐線で活躍した。愛電Tc－名岐Mcのコンビを組んだ。◎旦ノ島～尻毛　1992（平成４）年

(13) デハ3090形3090 (1両)　1926〜1953 (大正15〜昭和28) 年　1500V車
→(昭和16年) モ3250形3251→機器再利用 (昭和28年) デニ2000形2001

1926(大正15)年12月製造の全鋼製車。当時全鋼製車は珍しく、日本車輌の試作車と言われた。スタイル仕様は3200形と全く同一だが、別系式とされた。戦時の酷使と保守不足のため車体の劣化が著しく、早くから荷物専用車となった。

1953(昭和28)年に廃車となり、その機器を再利用して11月名古屋車輌で半鋼製車体の荷物専用車デニ2000形2001を製造した。

デハ3090形3090。デハ3080形と同じ仕様だが、全鋼製で1両だけ製造された。名鉄合併後はモ3250形3251となった。◎東岡崎　1928(昭和3)年

日本車輌製造株式會社

デハ3090形3090。戦前の日本車輌製全鋼製車。日車の試作車と言われた。◎日車カタログ

デニ2000形2001。デハ3090(→モ3251)の機器を再利用して製造。木造車鋼体化の先駆け。◎新川工場　昭和30年代

(14) デハ3300形3301〜3307 (3305欠番) (6両)　1928〜1966 (昭和3〜41) 年　1500V車
→(昭和16年) モ3300形3301〜3306
(昭和23年) 3301・3304焼失→機器再利用モ3750形 (3751・3752)
改番3305→3301、3306→3304

1928(昭和3)年に、愛電が豊橋開通に備えて新造した最初の18m大型車である(全長18.34m)。この形式までの電動車は両運転台だった。車体幅は広がり(2.64→2.73m)、直線的な愛電スタイルは変わらない重厚さがあって「大ドス」と呼ばれた。セミクロスシート車で車掌側運転台扉は引き戸だった。台車はD-16だが、デハ3306はボールドウインを履いていた。

神宮前〜吉田(豊橋)間の超特急「あさひ」号として活躍し同区間を57分で結んだ。モ3301と3304が1948(昭和23)年の車庫火災で焼失したため、後にモ3305→3301、3306→3304へ改番した。なお、焼失車両の機器を再利用しモ3750形が製造された。

1966(昭和41)年、3301・3303・3304が北陸鉄道へ、3302が大井川鉄道へ譲渡された(車体のみ)。足回りは、鋼体化HL3770系等に再利用された。

デハ3303の車内。特急電車にふさわしい2扉セミクロスシート車として登場した。

デハ3300形3303号。全長18.34メートル、幅2.73メートルでそれまでの愛電車両より大形化された。両運転台の車両。名鉄合併後モ3300形。「大ドス」と称された。

デハ3300形3306。神宮前～吉田（豊橋）間の超特急「あさひ」などに使われた。◎伊奈　1935(昭和10)年代

モ3300形3301。同系列のHL車ばかりが連なって留置中。◎栄生　1955(昭和30)年代

(15) デハ3600形3600～3603（4両）　1928～1966（昭和3～41）年　1500V車
→（昭和16年）モ3600形3601～3604→（昭和27年）モ3350形3351～3354
3351・3352・3354→（昭和40年）ク2340形2341～2343

スタイルは3300形を踏襲した重厚な車両で、愛電最初の片運転台の車両である。セミクロスシート車であり当初は同系のサハ2040形とペアで運用された。機器も3300形とほぼ同じであるが台車はボールドウイン型。1952（昭和27）年、モ3350形へ形式変更された。戦後もHL車の代表で活躍したが1965（昭和40）年に3351、3352、3354が制御車化されク2340形2341～2343となった。

台車・電機品は鋼体化車両（3780形等）に使用された。翌年10月、モ3353は、制御車化されていた2341・2342と共に北陸鉄道へ、2343も豊橋鉄道へ譲渡された。（車体のみ）

モ3350形3353。デハ3300形の片運転台版がデハ3600形で4両製造。1952（昭和27）年にモ3350形と改称。◎神宮前　昭和30年代　撮影:福島隆雄

ク2340形2342。モ3350形も制御車化されク2340形になった。電機品は3780系の種車となった。◎知立　1965(昭和40)年頃

(16) サハ2040形2040～2044 (5両)　1929～1966 (昭和4～41) 年　1500V車
→ (昭和16年) ク2040形2041～2045→ (昭和22年) モ3600形3605～3610→
→ (昭和25年) モ3610形3611～3615→ (昭和27年) モ3350形3355～3359
3355・3356→ (昭和40年) ク2340形2344～2345

制御車サハ2040形として製造されたが、車体は3600形と同じであり台車が日車製のD-16であることが異なる。1947(昭和22)年に西部線の昇圧に備え電動車化して一旦3600形3605～3610に、その後一時3610形となり、1950(昭和25)年の番号整理で元祖3600形ともども3350形となった。

その後は本来の3350形と同じく1965(昭和40)年に3355・3356が制御車化されク2340形となった。その後、3357・3358は豊橋鉄道のモ1802・1801となり、3359は大井川鉄道クハ509となった。なお先に制御車化されたク2344と2345はこの時、北鉄と豊鉄に譲渡された。

サハ2040形制御車。デハ3600形と編成を組み、超特急「あさひ」号で活躍。◎伊奈　1933(昭和8)年頃

サハ2040形2041。デハ3600形(→モ3350)の制御車版。西部線昇圧時に電動車化された。◎製造直後の1929(昭和4)年頃

モ3350形3357。サハ2040形は電動車化され、一旦3600形に編入された後3610形となり、再度改番3350形3355～3359となる。◎金山橋　昭和30年代　撮影:福島隆雄

(17) デワ350形351（1両）　1921～1940（大正10～昭和15）年　600V車

愛電が1921（大正10）年に野上製作所で製造した電動貨車。名電は数多くの電動貨車を所有したが、愛電はこの1両のみ。

デワ350形351。名電系は多くの電動貨車を所有したが、愛電唯一の電動貨車である。

(18) デキ360形360～362（3両）
1923～1967（大正12～昭和42）年　600V車
→（昭和16年）デキ360形361～363
／362→（昭和29年）豊橋鉄道

愛電最初の電気機関車で、1923（大正12）年に1両、1925（大正14）年に2両が製造された。日本車輌製の凸型電機で窓の丸みに特徴があった。WHの65HPモーターを装備するなど機器は輸入品だった。貨物輸送で活躍したが、後継機関車が登場すると、600V支線の入換用などで使われた。362は渥美線所属になり、渥美線と共に1954（昭和29）年に豊橋鉄道へ譲渡。361は1965（昭和40）年、363は1967（昭和42）年に廃車となった。

デキ360形360。愛電最初の電気機関車。連結器を自動連結器への切換時期で、バッファーと自連付き。◎1925（大正14）年頃

デキ360形361号。非力と言われたが600V時代の西尾線の貨物列車を牽引。◎南安城　1959（昭和34）年頃

(19) デキ370形370～379（375欠番）（9両）　1925～2007（大正14～平成19）年　（600V）－1500V車
→（昭和16年）デキ370形371～379

1925（大正14）年1月製の370形最初の2両（370・371）は、珍しくボールドウイン製の輸入機関車である。この2両は600V・1500Vの複電圧仕様でパンタグラフとポールの両方を装備していた。1926～1929（大正15～昭和4）年に増備された7両はパンタグラフのみの1500V用機関車で、車体も台車も同じ形状の日本車輌製で車両寸法は若干異なる。機器は輸入品。

モーターは360形と同じWH製65HP4個で非力だったというが名鉄の電気機関車では一番数が多かった。名鉄合併後西部線昇圧に伴い1～4は西部線、5～9は東部線用とされたが、貨物輸送が減少し1967（昭和42）年から375が新川工

愛電時代のデキ370形371。最初の2両（370～371）はボールドウインからの輸入機で複電圧車。ポールとパンタを装備した。連結器もバッファー・自連付き。◎大正末期

場（現・検車区）、379が鳴海工場（廃止）の入れ替え用とされた。1965（昭和40）年頃から前照灯の位置変更。前面警戒色塗装を施された。

372が1965（昭和40）年最初に廃車。1968（昭和43）年には371・373·374・377が廃車された。375は喜多山車庫へ移動後1984（昭和59）年廃車、379号は1994（平成６）年に特別整備を実施し車体色が黒→青になった後、喜多山へ移動、2007（平成19）年に376・379（喜多山）、378（舞木）の最後に残った３両が廃車された。

デキ370形376。増備車7両（372～374、376～379）は1500V車。機器は輸入品だが日本車輌製。メートル法で製造され寸法が若干異なる。◎大江　昭和40年代

デキ370形379号。西部線昇圧後は全線で使用されたが、晩年は工場の入換用で使用され、379は鳴海工場入換機。最後は瀬戸線へ移動した。◎鳴海工場　1986（昭和61）年

（20）デキ400形400・401（２両）
1930～2016（昭和5～平成28）年　1500V車
→（昭和16年）デキ400形401・402

愛電が最後に作った箱型車体の電機。1930（昭和５）年２月と翌年２月に日本車輌で製作された。モーターはWHの125HPを４個装備しそれまでの機関車より強力になり、車体も箱型でパンタグラフも２個装備し、スタイルの良さを誇った。名鉄発足後、旧400を402に改番した。1969（昭和44）年８月には岳南鉄道へ401を貸し出したこともある。

東部線、三河線の主力機関車として貨物輸送に活躍したが、1983年限りで名鉄は貨物輸送を廃止。その後も工事列車（レール・砕石輸送）用として残り、1993（平成５）年には特別整備を実施し、車体色が黒から青に変更され、2015年まで活躍した。2016（平成28）年に惜しまれながら廃車された。

デキ400形401。1930（昭和5）～1931年に製造された愛電唯一（2両）箱形電機。最初は2丁パンタだった。

デキ400形402。デキ400形は東部線、三河線の主力機として活躍し、岳南鉄道や三岐鉄道に貸し出されたこともある。晩年は工事列車や甲種車両輸送に活躍した。

貨物列車を牽引するデキ402号。三河線山の御船川橋梁を渡る。この区間(猿投～西中金)は2004(平成16)年に廃止された。現在、この橋梁の上空を東海環状自動車道が横切っている。◎三河御船～枝下　1965(昭和40)年頃

青いデキ400形が工事列車を牽引。デキ400は1993(平成5)年に特別整備で車体を更新、塗装も青色に一新し、深夜・早朝に砕石やレールを輸送した。愛電車両最後の生き残りだったが2016(平成28)年に廃車。◎宇頭～新安城　2007(平成19)年　撮影:寺澤秀樹

ちたてつどう
知多鉄道
1931～1943（昭和6～18）年

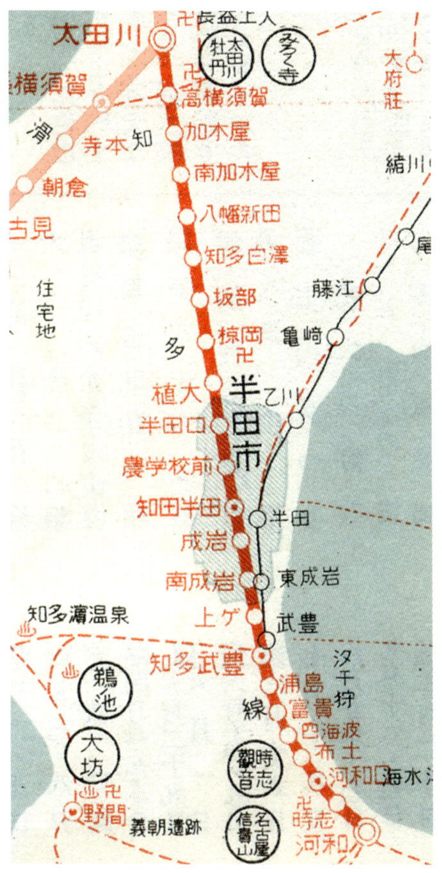

名鉄に合併する前の知多鉄道路線図。知多武豊から先は廃止駅が多い。◎1941（昭和16）年

知多鉄道は愛知電気鉄道の系列会社で、1931（昭和６）年４月に太田川～成岩間15.8kmで開業した（太田川～知多半田間は最初から複線）。名古屋～半田間は国鉄（鉄道省）武豊線と競合になるため、最初から高速運転を目標とし、太田川で愛電と相互乗入れして神宮前～知多半田間を35分で走り、国鉄の半分以下の時間で結んだ。知多鉄道線は、開業以来実質的に愛電が運営していて、愛電の沿線案内図にも、知多鉄道線と碧海電鉄線は自社路線と同等に描かれていた（別会社にしたのは、補助金が有利になるため）。

知多鉄道は、太田川で接続する愛電・常滑線が1500V昇圧後だったので、最初から1500V電化で開業した。1935（昭和10）年には河和まで延伸した。戦時統合により1943（昭和18）年２月に名鉄へ合併して名鉄知多線となり、その５年後に河和線と改称した。

(1) デハ910形910～918（915は欠番）（８両）
1931～1978（昭和６～53）年　1500→600V車
→（昭和16年）モ910形911～918→
（昭和40年）ク2330形2331～2337→
→（昭和41年）モ900形901～907
（昭和26年）914焼失→復旧3753、改番918→914

知多鉄道開業用に1931（昭和６）年、日本車輌で製造した半鋼製車。この年が皇紀2591年だったので、910形という中途半端な形式になったと言われる。愛電のモ3300形を少し小さくした全長16.9mのセミクロスシート車両であり、２挺パンタが独特だった。両運転台でHL間接制御、台車はD-16。

1941（昭和16）年の名鉄の形式称号変更と合わせてモ910形911～918となり、その後ロングシート化された。1948（昭和23）年に914は火災に遭い、翌年モ3750形3753として復旧して918を914に改番した。

1964（昭和39）年末から翌年２月にかけ制御車化改造が行われ、ク2330形2331～2337（1500V車）となった。これは第２次鋼体化モ3730系用に電機品を供出するためだった。

１年も経たず、1965（昭和40）年末から600Vで再電装、モ900形901～907となり瀬戸線へ移籍した。電装品や台車は瀬戸線にいたモ600形木造車から移してAL車に生まれ変わり、907号を除きクロスシート化、ミュー

デハ910形913。知多鉄道開業時の新造車。2丁パンタが有名なHL車。愛電の3300形に似ているが、やや小ぶり。◎日車構内　1931（昭和6）年

モ910形915。名鉄合併後はデハからモに記号を変え910形となった。◎金山橋　昭和30年代　撮影：福島隆雄

知多鉄道四海波付近(富貴駅の南)を走る910形。急行マークを付けている。開業(1931/昭和6年)間もない頃

モ900形905。1966(昭和41)年から瀬戸線の特急で使用。パノラマカーと同じ赤色塗装と逆富士型行先種別板、ミュージックホーンを取り付けた。1968(昭和43)年から白帯を巻いた。◎瀬戸線大森～旭前　1970(昭和45)年頃

ク2330形2332。モ910形は1964(昭和39)年末から制御車化されク2330形となったが、わずか1年で600V再電装されモ900形となった。◎須ヶ口　1965(昭和40)年　撮影:福島隆雄

モ900形902。一旦制御車ク2330形となったが、木造車600形(廃車)の機器を使用して再電装、7両が瀬戸線用特急車900形として返り咲いた。◎大曽根　1966(昭和41)年

ジックホーンを付け瀬戸線の特急車となった。

旧愛電の3200系改造のク2300・2320形と組成し瀬戸線初の貫通編成、自動扉化を実現した功績が大きい。1978(昭和53)年3月の瀬戸線昇圧まで活躍し、福井鉄道(901・902・907)と北陸鉄道(903·904・905・906)へ全車移籍した

モ3750形3753。戦後モ914号は火災に遭い、1949(昭和24)年9月にモ3800形と同じ車体で生まれ変わりHL車モ3753となった。◎神宮前　昭和30年代　撮影:福島隆雄

(2) ク950形951～953(3両)　1942～1987(昭和17～62)年　1500V車
→(昭和22年)モ950形951～953→(昭和24年)モ3500形3508～3510→
→(昭和27年)ク2650形2651～2653

合併直前の1942(昭和17)年9月に名鉄3500形と同じ仕様で3両製作した。3500形同様、やはり3扉ロングシート、非電装で登場し、戦後の1947(昭和22)年に電動車化されモ950形となった。その2年後にモハ3500形に編入し3508～3510となった。更に1951(昭和26)年に2扉化、翌年に制御車化改造を実施しク2650形2651～2653となった。2651・2652はモ3651·3652と番号を揃えた編成を組んだ。2653はモ800形と編成を組んだが、晩年は3501-2653の編成になり1979(昭和54)年に廃車、3651-2651、3652-2652は1987(昭和62)年に廃車となった。

ク2650形2651。クロスシート車の3651に合わせて塗装を優等車両用のツートン色(2651はロングシート車)に変更。支線直通特急に使用された。◎金山橋　昭和40年代

ク2650形2652。知多鉄道ク950形3扉車→戦後電装モ950形→モ3500形に組込→2扉化後ク2650形。前照灯ケースに半流の面影がある。◎金山橋　1960(昭和35)年　撮影:福島隆雄

碧海電気鉄道（へきかいでんきてつどう）

1926～1944（大正15～昭和19）年

碧海電気鉄道は愛知電気鉄道の系列会社で、1926（大正15）年７月に今村（新安城）～米津間11.6kmで開業した。（別会社にしたのは、補助金が有利になるためで、実質は愛電・碧海線だった）。その前年に接続する愛電・岡崎線が1500Vに昇圧したので、最初から1500V電化だった。

当時、岡崎～西尾～吉良吉田を結ぶ軌間762mm蒸気鉄道の西尾鉄道が通じていたが、愛電は1926年12月にこれを合併して愛電西尾線とし、改軌（762→1067mm）、電化（600V）を計画した。

碧海電鉄は愛電西尾線と直通運転を行うため、1500Vから600Vへ降圧を計画。1928（昭和３）年に降圧と米津～西尾間の延伸を実施、愛電西尾線も改軌・電化・線路移設が完成して直通運転を開始した。碧海電鉄は1944（昭和19）年３月に名鉄と合併し、一時、碧西線と呼ばれたが、現・西尾線になった。

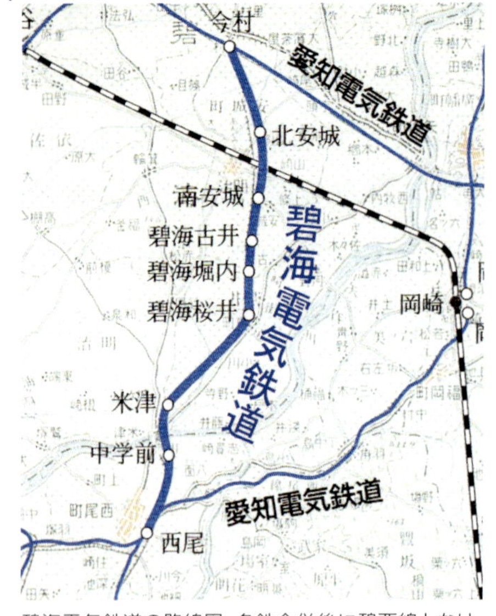

碧海電気鉄道の路線図。名鉄合併後に碧西線となり、その後西尾線と改称された。

（1）碧海デハ100形101～103（3両）　1926～1965（大正15～昭和40）　1500→600V車
→（昭和3年）愛電デハ1010形1010～1012→（昭和16年）モ1010形1011～1013→
→（昭和18年）サ1010形1011～1013→（昭和30年）ク1010形1011～1013→（昭和32年）同600V車

デ100形は、愛電の電６形に準じて製作した木造箱型車体を持ち、モーター（AEG）とブレーキはドイツ製を採用し、台車はコロ軸受を使用した優秀車両であった。

1928（昭和３）年の碧海電鉄の600V降圧により、デハ100形（1500V車）３両を、愛電の電３形（600V車）４両と交換した。愛電へ転籍してデハ1010形1010 ～ 1012となった。名鉄合併後の改称でモ1010形となったが、1943（昭和18）年に電気機関車800形製造のため機器を提供して付随車（サ）となり、1955（昭和30）年に制御車化ク1010形になった。

1957（昭和32）年には600V用の制御車になり600V路線に移動。1962（昭和37）年３両とも瀬戸線に転属。翌年1011だけが揖斐線へ移った。３両とも1965（昭和40）年５月に最後を迎えた。終生電動車の1000番代形式を通した珍しい例である。

デハ100形102→愛電デハ1010形1012。碧海電鉄として1形式だけの新造車。1500Vの木造箱形の車体、碧海線の降圧で愛電に移籍。名鉄合併後、モ1010形となった。電装解除されても、最後まで1010形の形式ナンバーをつけた。◎1935(昭和10)年頃

ク1010形1013。元碧海デハ100形の改造。電装解除後し、最後は600Vの瀬戸線で活躍した。◎瀬戸線1964(昭和39)年頃

ク1010形1011。制御車(ク)に改造されたが「1010形」は不変だった。1500V用の附随車・制御車として三河線で活躍。◎挙母　1956(昭和31)年頃　撮影:福島隆雄

ク1010形1011。1957(昭和32)年には600V化され、竹鼻線へ移り同線の車両大型化に寄与した。◎笠松　1960(昭和35)年

(2) 碧海(二代目)デハ100形　100～103(4両)→(昭和19年)モ1000形1001～1004　1921～1964(大正10～昭和39)年　600V車

愛電の電3形として1921(大正10)年に製造された1022・1023・1024・1026の4両が車両交換で碧海電鉄デハ100形100～103となった。名鉄合併後はモ1000形1001～1004となり1964(昭和39)年まで使用された。(愛電・電3形参照)。

2代目デハ100形(旧愛電・電3形)。名鉄合併後モ1000形となり、600V時代の西尾・蒲郡線で働いた。◎形原　1955(昭和30)年頃　撮影:福島隆雄

西尾鉄道（にしおてつどう）

1911〜1926（明治44〜大正15）年

西尾は西三河地方南部の中心地で昔から栄えていた。西尾の有力者が中心になり、東海道線の岡崎駅から西尾を結ぶ鉄道を計画。1911（明治44）年10月に岡崎新（岡崎駅に隣接）〜西尾間13.3kmで開業した。

軌間762mmの蒸気機関車が走る軽便鉄道だった。開業時の会社名は西三軌道だったが、わずか３か月後の明治45年１月に西尾鉄道と社名変更したので、西尾鉄道が一般的である。その後路線を延伸、1914（大正３）年には平坂臨港（港前）まで開通、1915（大正４）年には吉良吉田まで開通した。

競合路線の計画により厳しい状況が予測されたため、1926（大正15）年12月に愛知電気鉄道に合併され、軌間762mmで蒸気鉄道のまま愛電の西尾線となった。

愛電と合併時の西尾鉄道路線図。◎1926（大正15）年

愛電は、西尾線の600V電化と改軌（762→1067㎜）を計画、1928（昭和３）年10月に西尾〜吉良吉田間が完成し、碧海電鉄との直通運転を開始。翌年４月に岡崎新〜西尾間も完成し、電３形などの電車が走り始めた。

戦時中の1944（昭和19）年12月に、岡崎新〜西尾間が不要不急路線として休止になり、戦後、岡崎駅前（岡崎新）〜福岡町（土呂）間が福岡線として営業再開し岡崎市内電車が走り始めたものの、残区間はそのまま廃止、福岡線も岡崎市内線とともに1962（昭和37）年６月に廃止、西尾〜港前間の平坂支線は1960（昭和35）年3月に廃止された。

矢作古川橋梁を往く開業前の試運転列車。
エイヴォンサイド製2号機。
◎三江島〜八ツ面、1911（明治44）年

西尾駅(初代)に停車中の蒸機列車と留置中の貨車。広い構内だった。◎西尾　大正時代(絵葉書)

(1) 蒸気機関車　1911〜1929 (明治44〜昭和4) 年

軌間762mmの軽便鉄道用の機関車で、開業時4両、その後2両が増備されて6両在籍。愛電に引き継がれ、1929(昭和4)年の全線改軌まで使用された。

(1) 1〜4号

1911(明治44)年、開業用に英国エイヴォンサイド社で4両製造されたB形6 t機関車。全長4.4m(連結器を除くと約3.5m)の小型機

(2) 5号

1922(大正11)年に増備したエイヴォンサイド社の機関車。1〜4号とほぼ同じ。

開業間もない頃の岡崎新駅に停車する列車。岡崎新駅は国鉄(院線)岡崎駅前にできた。◎岡崎新　1911(明治44)年頃(絵葉書)

(3) 6号

1924(大正13)年に北勢鉄道から購入したドイツ·コッペル社製のB形6t機関車。

(2) 客車

(1) ホボ1形1〜4

開業用に4両、日本車輌で製造された2·3等合造ボギー車。ダブルルーフのオープンデッキの木造車で全長7.4m定員は2等10人、3等25人。2等車の利用が少なかったので1916(大正5)年に2両の2·3等合造車を3等車へ変更ホボ3·4→ハボ3·4

(2) ハボ5形5

開業翌年1912(明治45)年に増備した3等ボギー車。全長8.8mの木造車で定員54人(後に53人)。大阪加藤車輛製

(3) ハボ6形6·7

1913(大正2)年に増備した2両。ハボ5形とほぼ同じと思われる。日本車輛製。

西尾駅(初代)に停車中の列車。手前の客車がホボ1形2·3等合造客車。◎西尾　大正時代(絵葉書)

吉良吉田駅(初代)に停車中の列車。◎吉良吉田　大正時代(絵葉書)

西尾鉄道ホボ8形10号の形式写真。2・3等合造客車。1914(大正3)年日本車輌製

愛電合併後、岡崎新駅で1067mmに改軌、電化工事中。エイヴォンサイド製機関車の次位の客車はハボ12形13。◎岡崎新　1929(昭和4)年

(4) ホボ８形８～10

1914（大正３）年に増備した２・３等合造ボギー車。シングルルーフで全長9.6mの木造車、定員は２等12人、３等28人。日本車輌製。

(5) ハボ11形11

1919（大正８）年に増備した３等ボギー車。シングルルーフで全長9.4mの木造車。定員54人。名古屋電車製作所製。

(6) ハボ12形12・13

1923（大正12）年に増備した３等ボギー車。シングルルーフで全長10.4mの木造車。定員62人。日本車輌製。

(7) ハユブ１形１・２

1912（明治45）年に製造した３等郵便手荷物緩急合造車。全長4.7mの木造４輪単車。大阪加藤車輌製。

(3) 貨車

開業時は日本車輌製、無蓋車ワ４両、無蓋車ト４両の計８両。平坂港や吉田港まで路線延伸した後は貨物輸送が増え、1923（大正12）年まで日本車輌・大阪加藤車輌・名古屋電車製作所で貨車の増備が繰り返され、有蓋車ワ15両、有蓋緩急車（手ブレーキ付き）ワブ５両、無蓋車ト26両、無蓋緩急車ト３両の計49両を所有した。貨車は全て積載量４ｔの４輪単車だった。

岡崎新駅に停車中の客車手前にハユブ１形郵便手荷物緩急合造車が写っている。◎岡崎新　大正時代

岡崎新駅に停車中の有蓋車ワ9・13号など。◎岡崎新　大正時代

瀬戸電気鉄道（せとでんきてつどう） 電車運転は1907（明治40）年3月〜

1905〜1939（明治38〜昭和14）年

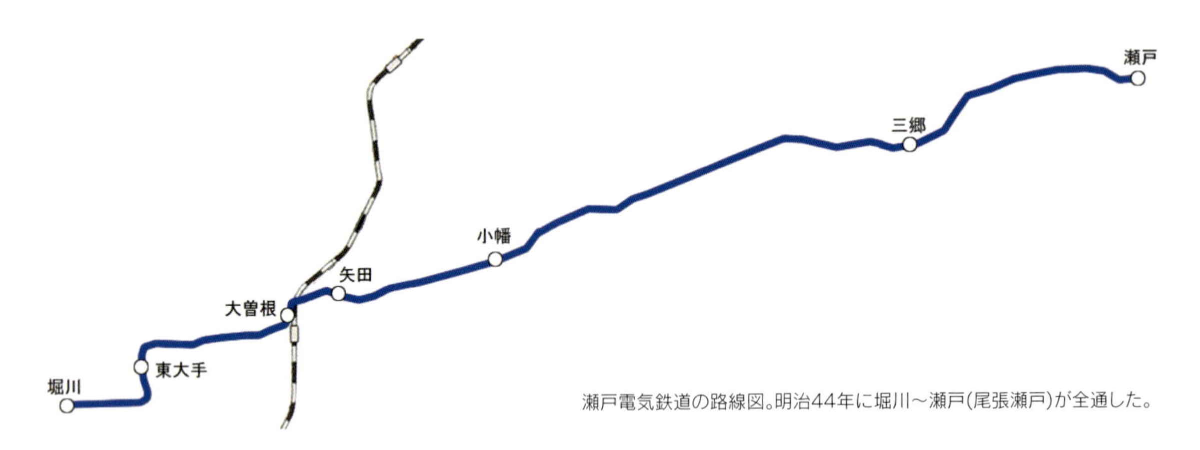

瀬戸電気鉄道の路線図。明治44年に堀川〜瀬戸（尾張瀬戸）が全通した。

昔から窯業が盛んな瀬戸と、街道で栄えた大曽根の人たちが中心となり瀬戸自動鉄道を設立し、1905（明治38）年４月に瀬戸（尾張瀬戸）〜矢田間14.6kmで開業。フランスから輸入したセルポレー式蒸気原動車３両を走らせたが故障頻発のため、翌年電化工事に着手した。1906（明治39）年３月に矢田〜大曽根間を延長、同年12月に会社名を瀬戸電気鉄道と変更し、1907（明治40）年３月から電車運転を開始した。

その後、名古屋城の外堀の中を通って1911（明治44）年１0月に堀川まで開通した。1939（昭和14）年９月に名鉄と合併し、名鉄瀬戸線となったが、本線系と線路がつながっておらず、車両の近代化は遅れた。1978（昭和53）年の３月の昇圧（600→1500V）、同年８月の栄町乗入れを機に近代化が進んだ。今でも瀬戸電の愛称で呼ばれることが多い。

(1) セルポレー式蒸気原動車　C・B・A（3両）

蒸気機関車の一部が客室になっている珍しい構造の車体で、最初のＣ車は1903（明治36）年に3,800円でフランスから購入し10月に組み立てを終わった。この時、国内で無蓋貨車10両も発注している。開通前にＢ・Ａ車も到着して営業運転を開始した。これはわが国初の物でコークスを燃料とし走り、全線の所要１時間30分を要した。しかも始業準備が大変で故障も多く、部品の調達にも苦労し、運転開始の２か月後に早くも電化を決意する。電化後もセルポレーで貨車を牽引させ併用した。

1913（大正２）年には２か年の使用中止を届け出る。その後も使用中止の延期を届け、1918（大正７）年には改造使用を決定するが1922（大正12）年11月30日、ついに廃車除籍された。

瀬戸電の前身・瀬戸自動鉄道が最初に走らせたセルポレー式蒸気動車。◎1905（明治38）年

1917（大正6）年、大曽根に瀬戸電の本社が完成した。奥の方（南側）に車庫が見える。

大正初期の大曽根駅。ホームにはテ3号が停車。奥の方（南側）に車庫があり、その手前左側に本社を建設。

【電車の形式は、電動車はテ、付随車はレ】

(2) テ1形1・2（2両）

1906～？（明治39～大正時代？）年　600V車

1906（明治39）年に、日本車輌で１号と２号を製造。路面電車タイプの二重屋根の木造４輪単車だった。その後の瀬戸電の標準形になった。この２両は、名鉄合併前に廃車となった。

テ1形とレ5号。1910（明治43）年に運転した御召（御乗用）列車（テ1-レ5）。レ5が供奉車、6が御料車として整備。◎大曽根車庫　1910（明治43）年

(3) テ1形3・4（2両）

1907～1957（明治40～昭和32）年　600V車

→（大正10年）レ3・4→（昭和16年）サ10形11・12

1907（明治40）年に名古屋電車製作所で製造。１・２号と同形状。1921（大正10）年に電装解除してレ３・４となる。電装品は電動貨車テワに転用された。名鉄合併後はサ10形11・12となり、12は戦災を受け1947（昭和22）年に廃車。11は築港線で使用され1957（昭和32）年に廃車となった。

サ10形11号。元は瀬戸電テ1形1形の末期の姿。名鉄合併後サ10形となり、築港線を最後の働き場所とした。◎大江　1955（昭和30）年

堀川駅のレ6号（左）とテ31号。レ5･6は御乗用列車に使用後は一般車となった。◎堀川　大正時代

(4) レ5･6（2両）
1908〜1957（明治41〜昭和32）年
→（昭和16年）サ20形21・22

1908（明治41）年に名古屋電車製作所で付随車として製造。他の車両は二重屋根だったが、この車両は浅い丸屋根構造。1910（明治43）年９月にはレ５・６を御召車両として整備し、皇太子殿下（後の大正天皇）の行啓に際し、大曽根（12時50分）発、瀬戸（13時40分）着、瀬戸発15時の御乗用列車で名古屋へご帰還という記録がある。

保有する車両は電動車７両、付随車２両だけの会社が、よくぞ御乗用列車の大役を果たした。名鉄合併後サ20形21・22となり、改造されて最後は築港線の客車として1957（昭和32）年に廃車。

サ20形21･22。瀬戸電レ5･6は、名鉄合併後はサ20形となり築港線で使用。◎大江　1955（昭和30）年

大正初期の大曽根。電車に貸切の表示板があるので団体輸送用に電車を集めたと思われる。

(5) テ7～12（6両）　1910～1935年頃（明治43～昭和10年頃）　600V車

1910～12（明治43～45）年にテ7～12号を増備した。これらの車両の組み立ては、自社の印場工場で実施した。詳細不明だが1～4と似た形状だったと思われる。この6両は名鉄合併前に廃車となった。

(6) テ13～22（10両）　1912～1964（明治45～昭和39）年　600V車
→14～22→（昭和16年）モ10形11～19／モ14～19→（昭和24年）モ70形70～75

1912～1913（明治45～大正2）年に、名古屋電車製作所で作った全長8.9mの車両。二つ目玉の特異なスタイルの木造単車であった。13は瀬戸電時代に事故廃車。名鉄合併後テ14～22はモ11～19となった。その後11～13の3両は1947（昭和22）年に廃車。残りは1949（昭和24）年2月に岐阜地区の鉄道免許線であった高富線と鏡島線へ転属してモ71～76となり、76は再度改番して70となった。

これら瀬戸電からの移籍車はGEやWHの電気機器を装備していたが、岐阜ではデッカーや三菱に交換された。このグループは74が1963（昭和38）年に廃車、翌年10月に鏡島線廃止の際、余剰車として70～73と75が廃車された。

青島陥落の装飾電車。車号不明だがテ22までの車両。瀬戸電は装飾電車の写真が多く残されている。◎大曽根車庫　1914（大正3）年

モ70形74号。テ13～22号が名鉄合併後モ10形を経て岐阜地区の鉄道免許路線に転属しモ70形になった。◎高富　1960（昭和35）年

大正時代初期の瀬戸電大曽根車庫。左端のテ16号の前照灯1灯。

テ16号。上の写真と同じ16号だが、こちらは二つ目玉(前照灯2灯)。◎大正時代

(7) テ23～27 (5両)　1919～1963 (大正8～昭和38) 年　600V車
→ (昭和16年) モ20形21～25→ (昭和24年) モ20形20～24

1919(大正8)年6月に京都丹羽製作所で5両が新造された。これも木造4輪単車で従来の路面電車スタイルを引き継ぎ、出入り台の扉はなくオープンデッキだった。名鉄ではモ21～25となり、モーターをそれまでの25HP1個から37HPにアップした。1948(昭和23)年には岐阜へ移動し高富線で使用。25を20に改番してモ20～24となる。岐阜地区の単車の中で最も小型の全長7.9mだった。

1959(昭和34)年にモ20・22が廃車、翌年に24が廃車、1960(昭和35)年夏には23が岡崎市内線へ移動後1962(昭和37)年に、最後に21が1963(昭和38)年に廃車となった。

テ23形27号。22号までと比べて車体長が短くなった。◎大曽根車庫　大正時代

岐阜市内線のモ20形20号(元瀬戸電テ27)。岐阜では一番小型だった。側窓も瀬戸電時代の9個から7個に減らした。岐阜での活躍は短かった。◎徹明町　1955(昭和30)年頃　撮影:福島隆雄

テ23形25→モ23は一旦岐阜へ移動後、最後は岡崎市内線へ移動し、丸屋根の戦災復旧車と共に活躍。◎岡崎車庫　1962(昭和37)年

(8) テ28～32 (5両)　1920～1967 (大正9～昭和42) 年　600V車
→ (昭和16年) モ30形31～35→ (昭和24年) モ30形30～34

瀬戸電最後の木造単車として1920(大正9)年に名古屋電車製作所で製造。オープンデッキの伝統スタイルで登場した。二つ目玉で全長8.5m。貨車を牽くため三菱製50馬力モーターを2個装備した。名鉄合併でモ30形31～35となるが、後に35は30に改番した。

1950(昭和25)年にいったん豊川市内線へ転じたが、1952(昭和27)年に岐阜市内線へ移り、連結器撤去、モーター変更(デッカーの37kw)を受けた。1967(昭和42)年の岐阜の単車全廃時まで全車が健在であった。

テ28形29 (右)。瀬戸電最後の単車。名鉄合併後岐阜へ移りモ30形となる。尾張瀬戸駅には電動貨車デワが常駐した(左にデワ2の姿が見える)。◎尾張瀬戸　大正時代

テ28形32。お堀の中の大津町駅で発車待ち。お堀の中の単車の写真は珍しい。◎大津町　1937(昭和12)年　撮影:宮松金次郎

モ30形34。テ28形は名鉄合併によりモ30形となり、その後豊川市内線を経て1952(昭和27)に岐阜へ来て、単車の最後まで活躍した。◎新岐阜駅前　昭和30年代　撮影:福島隆雄

岐阜の単車最後の日のモ31号。単車の最後を惜しんでヘッドマークを付け、岐阜工場で関係者の面々が惜別の落書きをした。◎岐阜工場(市ノ坪)　1967(昭和42)年7月

(9) ホ101形101・102 (2両)　1925～1965 (大正14～昭和40) 年　600V車
→ (昭和16年) モ550形551・552→ (昭和35年) ク2240形2241・2242

瀬戸電も1921(大正10)年4月には軌道から地方鉄道に変更し、大曽根～小幡間の複線化や軌道強化(60ポンドレール化)や車両の出力アップなど改良を進めた。

ホ101形は1925(大正14)年2月に登場した瀬戸電最初のボギー車で、最後の木造車だった。全長14.2mで、それまでの車両より大型化された。低床ホーム用の乗降口とポール集電など、路面電車風の外観であったが、1949(昭和24)年には瀬戸線全線でホームの嵩上げが実施され、ステップをカット、鉄道線車両らしく変身した。

モ550形552号。瀬戸電最初のボギー車の木造車ホ101形で、名鉄合併時モ550形に。◎森下　昭和30年代　撮影:福島隆雄

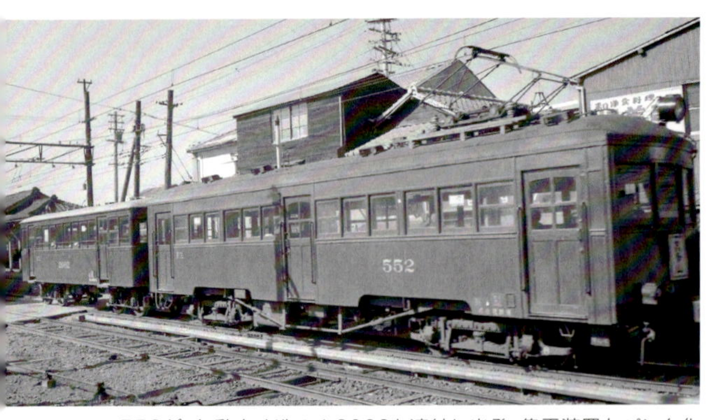

モ552が、気動車改造のク2062と連結し出発。集電装置もパンタ化され鉄道線車両らしくなったがトラス棒が残る。◎大曽根　1960(昭和35)年

ク2240形2241。ホ101形(→モ550形)の最後は揖斐線へ移り、制御車化されてク2240形になった。沿線の田園風景が往時の瀬戸線を思い出させる。◎政田　1960(昭和35)年頃　撮影:福島隆雄

1960(昭和35)年４月に揖斐線へ転出し、制御車化されてク2241・2242となった。しかし2241は1962(昭和37)年６月に廃車。2242の廃車は1965(昭和40)年８月である。

(10) ホ103形103～112 (10両)　1926～1978 (大正15～昭和53) 年　600V車
→ (昭和16年) モ560形561～570　561～564→ (昭和39年) 北恵那鉄道561～564
565～570→ (昭和42年) モ760形765～770　／765→ (昭和48年) 北恵那

瀬戸電最初の半鋼製車である。1926(大正15)年５月から1929(昭和４)年９月までに日本車輌で10両が製造された。ホ101形と車体寸法も性能もほぼ同じで全長14.2m、低床ホーム対応のステップ付きだったが、1949(昭和24)年頃にステップカット、集電装置Yゲル化など改造された。1960(昭和35)年にはモーターをす

ホ103形112。この形式から半鋼製車となり、トラス棒は無くなった。瀬戸電は低床ホームだったので、低い位置にステップがあった。名鉄合併後モ560形となった。◎大津町　1937(昭和12)年

モ560形569(←ホ103形)。Yゲルを付けた昭和30年代前半の姿。1949(昭和24)年のホームかさ上げや集電装置の変更は瀬戸線の鉄道線化を印象付ける第1歩であった。◎喜多山車庫　昭和30年代前半

モ560形562。パンタ化され、名古屋城を右手背にして走る。細い架線柱は古レールを利用。◎土居下～清水　1961(昭和36)年

モ760形765。最後は揖斐谷汲線に移動。1967(昭和42)年、金沢からの車両購入で560形→760形と改称。◎忠節　1970(昭和45)年頃

べて65IP 4個としてパンタになった。長年、瀬戸線のスターであったが、1962(昭和37)年6月に566～570が揖斐線へ移動。1964(昭和39)年7月には561～564が北恵那鉄道へ転出した。

1967(昭和42)年7月には岐阜市内線に金沢から移籍してきた車両にモ560形の形式を譲り、モ760形に改称した。765は1973(昭和53)年に北恵那鉄道へ譲渡565に戻った。1978(昭和53)年には全車現役を退いた。

(11) キハ300形301･302(2両)　1936～1964(昭和11～39)年　気動車→600V車 →(昭和16年)サ2200形2201･2202→(昭和25年)ク2200形2201･2202

瀬戸電では変電所を増強せずに急行運転が実施できるとして、既に電化鉄道であったものの中型気動車を2両導入した。1936(昭和11)年に日本車輌で製造。全長14.1m。この急行列車には女性車掌が乗務したという。この頃同じ発想で東京横浜電鉄でも気動車を8両新造したが、永続しなかった。瀬戸電としては最後の新車であった。

しかし時節柄燃料事情が悪化し、1939(昭和14)年には運転を止め、1941(昭和16)年に付随車化され、サ2200形として蒲郡線で蒸気機関車に牽引された。1950(昭和25)年には、ク2200形2201・2202と制御車化改造され、瀬戸線に戻った。1964(昭和39)年には2両とも福井鉄道へ譲渡、クハ141・142としてモ700形のモハ141・142とコンビを組んだ。

キハ300形301。瀬戸電も変電所を増やさず、急行運転を計画し、気動車300形を2両製作し、女性車掌を乗務させたが、間もなく燃料事情が悪化し瀬戸電の気動車運転は永続きしなかった。◎1936(昭和11)年頃

ク2200形2201。キハ300形は、気動車の役目を解かれ付随車として蒲郡線で使用後、制御車に改造され瀬戸線へ戻った。
◎森下、昭和30年代　撮影：福島隆雄

(12) テワ1形1・2(2両)　1920〜1960(大正9〜昭和35)年　600V車
→(昭和14年)デワ1形1・2

1920(大正9)年に名古屋電車製作所で2両が製造された全長7.4mの貨物輸送用の電動貨車テワ1形。1907(明治40)年製のテ1形3・4号から取り外した電装品を使って製造された(3・4号は付随車へ改造)。無蓋車風の車体形状だった。最後まで瀬戸線で使われ、1960(昭和35)年に廃車となった。

電動貨車デワ1形2。1920(大正9)年に電動貨車を2両製造した。瀬戸とともに貨物輸送の拠点だった尾張横山(→新瀬戸)。◎1955(昭和30)年頃

デワ1形1。瀬戸電は貨物輸送が盛んで初期は電車が貨車を牽引したが、電動貨車を導入した。◎尾張瀬戸　1955(昭和30)年頃

(13) デキ1形1・2(2両)　1927〜1978(昭和2〜53)年　600V車
→(昭和14年)デキ200形201・202

1927(昭和2)年に日本車輌で2両が製造され、陶器・珪砂・石炭などの貨物輸送に活躍。三河鉄道キ10形(→名鉄デキ300形)に似た凸形機関車。名鉄へ合併されデキ200形となったが、瀬戸線一筋で働いて瀬戸線の貨物輸送廃止、1500V昇圧とともに1958(昭和53)年に役目を終えた。最後の仕事は昇圧に備えた新車両の受け入れ輸送だった。デキ202は766号(元・瀬戸電ホ103形)と一緒に瀬戸市民公園で保存展示されている。

瀬戸電時代のデキ1形。貨物輸送の増大に対応して2両製造。最初は集電装置がポールだった。名鉄合併後はデキ200形となった。◎昭和初期

デキ200形201・202。デキ200形は、製造されてから廃車になるまで瀬戸線一筋、貨物輸送に活躍した。
◎大曽根　1977(昭和52)年
撮影:服部重敬

名岐のターミナル・柳橋駅

名古屋電気鉄道（名電）は、名古屋市内線で開業したが、1912（大正元）年に郡部線（郊外路線）へ進出。名古屋北西の押切町から尾張の各地区を結ぶ路線を開通させた。その翌年から郡部線の電車は、市内線に乗り入れ、名古屋の町の中心に近い柳橋駅まで直通するようになった。当時は名古屋市内線も名電が運営しており、郡部線の電車も市内電車と同じような大きさ（やや大きい程度）だったので問題なかった。

郡部線の柳橋駅は、柳橋交差点の北西角に駅舎が建設され、その奥に郡部線専用のホームがあった。郡部線の電車は柳橋駅を出ると、市内線にすぐ合流、道路上の市内線停留所（低床ホーム）は通過し、次の停車駅は押切町だった。

1922（大正11）年に市内線は名古屋市へ譲渡、その前年に名古屋鉄道（名鉄-初代）を設立して郡部線を引き継いだ。市内線市営化後も郡部線の柳橋乗入れは継続された。

名鉄の本社は、1922（大正11）年に那古野町から柳橋駅へ移転した。1930（昭和５）年に名岐鉄道と社名変更したが、本社は柳橋のままで、1935（昭和10）年に愛電と合併し名古屋鉄道（二代目）となったときに神宮前へ移転した。

1941（昭和16）年８月に新名古屋（名鉄名古屋）駅の開業（枇杷島橋～新名古屋間の開通）により、枇杷島橋～押切町間が廃止され、市内線乗入れと柳橋駅も廃止された。

1934(昭和9)年の柳橋駅舎。柳橋交差点北西角にあった。この駅舎の2階が名岐鉄道の本社。郡部線電車のホームは、この駅舎の西側(左奥)にあった。

柳橋駅ホームでの記念撮影。
1941(昭和16)年の駅廃止直前と思われる。特急・急行用として1935(昭和10)年に製造された大型の800形は、柳橋駅へ乗入れできなかったので、「特急連絡・押切町のりかへ」「急行連絡・押切町のりかへ」という案内板が掲示されている。

廃止直前の押切町駅。1941(昭和16)年夏。
写真左下で名古屋市内線に接続して、柳橋駅まで直通電車が走っていた。「新名古屋駅地下乗入」の看板が掲示されている。

おかざきばしゃてつどう→おかざきでんききどう

岡崎馬車鉄道→◎岡崎電気軌道

電車運転は1912（大正元）年9月～
1899～1927（明治32～昭和2）年

岡崎は三河の中心地だが、1888（明治21）年に開業した東海道線岡崎駅は町の中心から約4km離れていた。町の中心と停車場を結ぶ馬車鉄道が計画され、1899（明治32）年1月に停車場～殿橋の南まで約3.3kmの岡崎馬車鉄道が開業した。1907（明治40）年6月には殿橋を渡り北側へ延伸した。軌間762mmの単線で、10人乗りの客車を馬1頭で牽引した。1911（明治44）年10月に社名を岡崎電気軌道と変更し、改軌（762→1067mm）と電化工事を実施。1912（大正元）年9月から電車運転を開始した。1923（大正12）年9月に岡崎井田まで延伸。1924（大正13）年12月には岡崎井田～門立間6.5kmの鉄道線を開通させた。

1927（昭和2）年4月に三河鉄道へ合併され、三河岩脇～大樹寺～岡崎井田間が、「岡崎線」となり、三河岩脇～門立（もだち）間は「門立支線」となった。盲腸線となった門立支線は、昭和13年5月に休止、翌年10月に廃止された。昭和16年6月、名鉄に合併され、岡崎線は「挙母線」となった。戦時中に休止路線となった旧西尾線の一部、岡崎新（岡崎駅前）～土呂（福岡町）を福岡線として1951（昭和26）年に復活し、岡崎市内線の電車が大樹寺～岡崎井田～岡崎駅間～福岡町を直通したが1962（昭和37）年6月に廃止。なお、挙母線は1973（昭和48）年に廃止された。

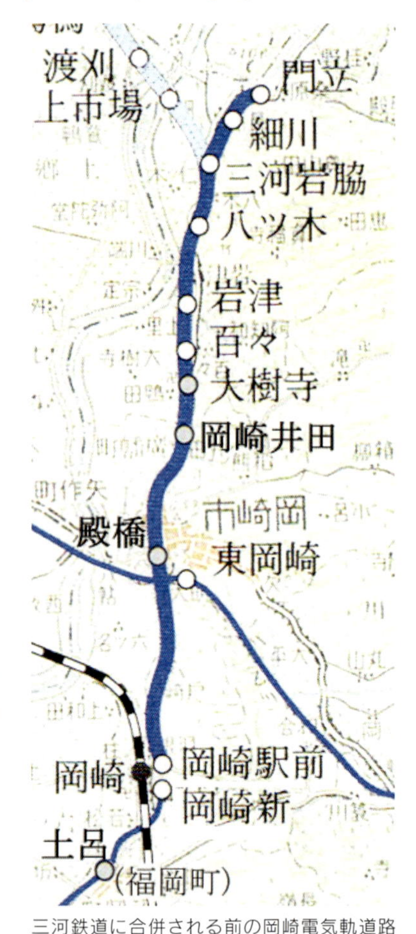

三河鉄道に合併される前の岡崎電気軌道路線図。◎1927（昭和2）年『名古屋鉄道百年史』より

【岡崎馬車鉄道時代】1899～1911（明治32～44）年

殿橋を渡る馬車鉄道。
◎明治末期　所蔵：藤井建

人力車などと一緒に殿橋を渡る。
当時の軌間は762mm。
◎明治末期

【岡崎電気軌道】

(1) 1形1～4（4両）　1912～1962（明治45～昭和37）年　600V車
1～3→（昭和16年）48～50　／48→（昭和24年）モ45形47
戦災復旧49·50→（昭21·22年）モ50形59·60

電化開業用に1912（明治45）年に名古屋電車製作所で4両製造された木造4輪単車。1～3は1924（大正13）年に車体取替改造を実施。4はその頃に廃車。名鉄合併時に48～50となり、49・50は1946・47（昭和21・22）年に戦災復旧でモ50形59・60に、48は1949（昭和24）年にモ45形47となった。

47（岡崎電軌1号）は1960（昭和35）年に廃車。戦災復旧車59・60は岡崎市内線廃止の1962（昭和37）年まで残った。

殿橋を渡る1形電車。電車通行用に専用橋が作られた。◎大正初期

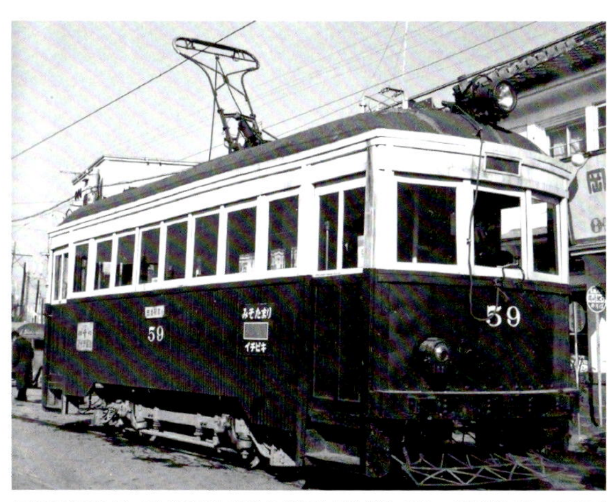

モ50形59号。岡崎電軌1形の2両は戦災に遭い、戦災復旧で50形59·60となった。◎岡崎駅前　1958（昭和33）年頃　撮影：福島隆雄

モ47号（旧·岡崎電軌1）。法規上は岡崎井田が軌道線終点だったが、電車は大樹寺へ直通した。◎岡崎井田　1960（昭和35）年

岡崎駅前の1形1号。岡崎電軌1は三河鉄道、名鉄と生き延び、48を経て47となって1960（昭和35）年まで活躍した。◎岡崎駅前　昭和10年代前半

(2) 5形5・6 (2両)
1914～1924年頃 (大正3～13年頃) 600V車

1914(大正3)年に増備された付随車。1形電車と同じ形状だったが短命に終わり、廃車後は4号と共に駅の待合室に使われたといわれる。

(3) 7形7・8 (2両)　1919～1962 (大正8～昭和37) 年　600V車
→ (昭和16年) 51・52→戦災復旧 (昭22年) モ50形61・62

1919(大正8)年に増備された電車。1形より少し大きいがほぼ同形状。8は1925(大正14)年に9形と同形状に車体改造された。ともに戦災復旧されモ50形61・62となり、1960～62(昭和35～37)年に廃車された。

岡崎電軌7形8号。7形と同形状だったが、9形と同形状に改造された。◎殿橋　大正末～昭和初期

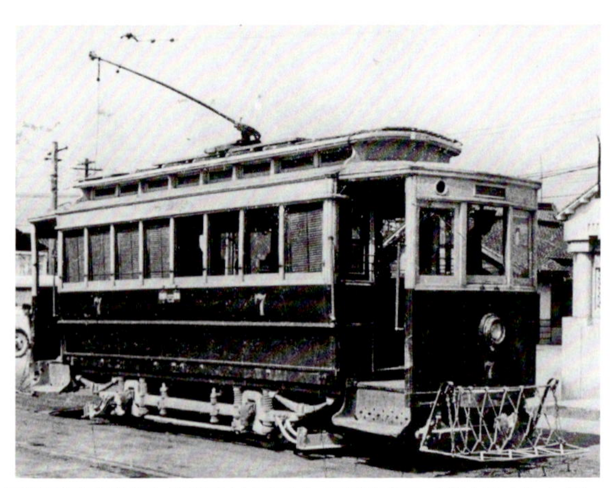

岡崎電軌7形7号。1919(大正8)年の増備車で、1形より少し大きいがほぼ同形状。◎殿橋　大正末～昭和初期

1923(大正12)年頃の岡崎中心街。写っている車両は9形(絵葉書)。

(4) 9形9～12 (4両)　1922～1962 (大正11～昭和37) 年　600V車
→ (昭和16年) 53～56　／54・55→ (昭和24年) モ45形48・49
53・56→戦災復旧 (昭22年) モ50形63・64

9・10は1922 (大正11)年の複線化に合わせて製造された。11・12は1924(大正13)年に廃車された4～6の補充のため製造された。モニター屋根だがアーチ状の屋根となり、腰板も短冊板縦張りに変わった。名鉄に合併され53～56になったが、53・56は戦争で被災し1947(昭和22)年に復旧車モ50形63・64になった。54・55は1949(昭和24)年の改番でモ45形48・49になり、1960～62(昭和35～37)年に廃車された。

モ63号。岡崎電軌9形9号は、名鉄合併で53号になったが戦争で被災し、復旧車63号となった。◎康生町、1960（昭和35）年頃

モ45形49号。岡崎電軌9形11号は名鉄合併で55号になり、戦後の改番でモ45形49号となった。◎岡崎駅前　昭和30年代前半　撮影：福島隆雄

(5) 100形101・102（2両）　1923～1962（大正12～昭和37）年　600V車
→（昭和16年）モ530形531・532

1923（大正12）年、井田延長用に増備された岡崎電軌初の大型ボギー車で木造車だった。名鉄合併後モ530形になった。岡崎市内線唯一（2両）の大型車で、ラッシュ時に威力を発揮、市内線廃止の1962（昭和37）年まで活躍した。岐阜市内線へ転出の話もあったが実現しなかった。

100形102。岡崎市内線に2両だけ在籍したボギー車。木造車でポール集電、トラス棒付。◎殿橋　昭和10年代

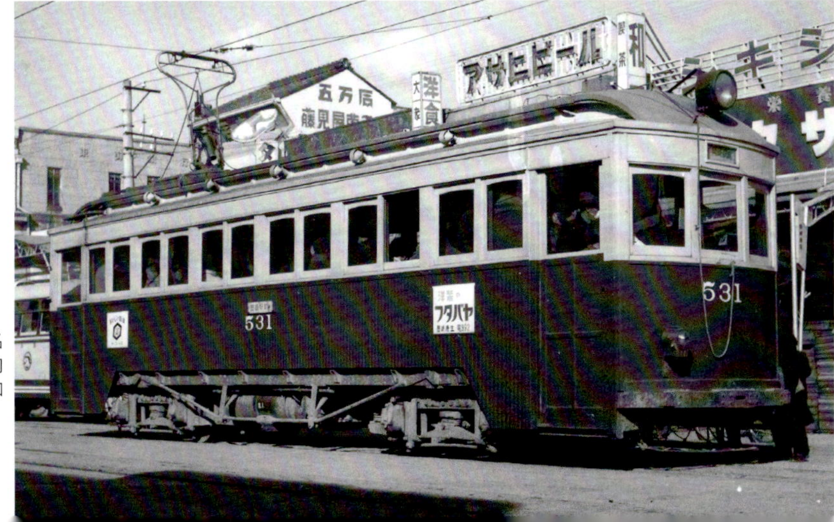

モ530形531号。ボギー車100形は名鉄合併時にモ530形となり、岡崎市内線廃止まで活躍した。◎康生町　昭和30年代　撮影：福島隆雄

(6) 200形201・202（2両） 1924〜1962（大正13〜昭和37）年 600V車 付随車は1500V線で使用
201→（昭和13年）サハフ45→（昭和16年）サ2110形2111
202→（昭和16年）モ460形461

200形201。鉄道線（井田〜門立）開通時に新造した鉄道線用車両。写真は1938（昭和13）年頃の電装解除直後と思われる。

1924（大正13）年の井田〜大樹寺〜三河岩脇〜門立間の鉄道線開通に備え、鉄道線区間(大樹寺〜門立)用に製造された正面5枚窓のボギー車。木造シングルルーフで、定員70人72HPのモーター4個を付け、D型台車を履き日本車輌で製造された。なお、井田〜大樹寺間は市内線の電車が乗り入れた。

三河鉄道に合併後の、1929（昭和4）年12月に三河岩脇〜上挙母6.4㎞が1500V電化で開通し、岡崎市内〜挙母（現・豊田市）間を直結したが、同時に大樹寺以北も1500Vに昇圧したため、600V車200形の働き場所がなくなった。このため、乗降用折り畳みステップと救助網の取付改造をして、しばらくは岡崎市内線で使用されていたが、1938（昭和13）年にトヨタ自動車挙母工場（トヨタ自動車最初の工場）が竣工し大樹寺〜上挙母の輸送増が見込まれたので、1938（昭和13）年に201は電装を解かれ付随車サハフ45へ改造された。

1941（昭和16）年の名鉄合併により、電動車として残っていた202はモ460形461となり、主に西尾地区の支線で使用され、1960（昭和35）年の平坂支線の廃止とともに廃車された。

付随車化されたサハフ45は名鉄合併によりサ2110形2111となり、築港線でデキに牽かれた。最後は近江鉄道から来た珍しい台車リンケホフマンを履いていたが、1960（昭和35）年にモ461と時を同じくして廃車になった。

岡崎電気軌道は電動貨車を2両発注したが、納車されたのは三河鉄道合併後だったので三河鉄道編で紹介する。

サ2110形2111。201号は付随車サ2111となり、築港線で最後となった。最後は近江鉄道からの珍しいリンケホフマン台車を履いた。◎大江　昭和30年代前半

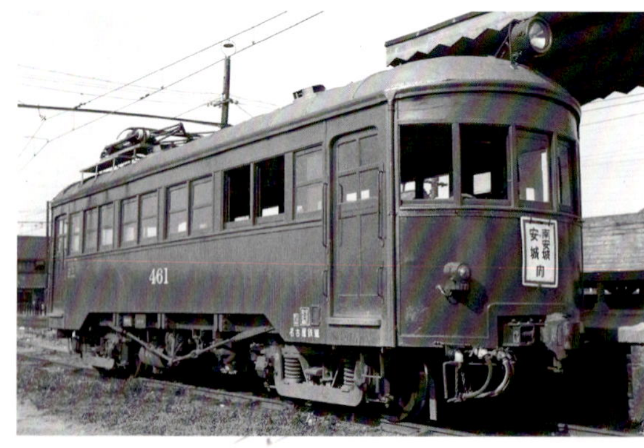

モ460形461。名鉄合併により、電動車として残っていた202号はモ461となり、西尾地区の支線で使用された。◎南安城　昭和30年代前半　撮影：福島隆雄

平坂支線の三河線立体交差部を走るモ461号。平坂支線羽塚〜平坂口、三河線三河平坂〜三河楠で交差していたが、平坂支線（西尾〜港前）は1960（昭和35）年、三河線（碧南〜吉良吉田）は2004（平成16）年に廃止。平坂支線は西尾鉄道、三河線は三河鉄道が建設した路線で、平坂のお客の争奪戦をしていたので、交差部に駅はできなかった。◎羽塚〜平坂口　1960(昭和35)年撮影：倉橋春夫

(7) 散水車1形1（1両） 1922～1945年（大正11～昭和20年） 600V車
→（昭和16年）水4

岡崎電軌にも、道路の砂埃巻き上げ防止用に撒水車があった。1922（大正11）年の岡谷製。25HPのモーター1台で、6.6立米の水槽を持っていた。三河鉄道時代を経て、名鉄合併時、名鉄には既に3両の撒水車が在籍していたので、水4となった。合併後も岡崎市内線で使用されていたが、1945(昭和20)年7月の空襲で被災し廃車となった。

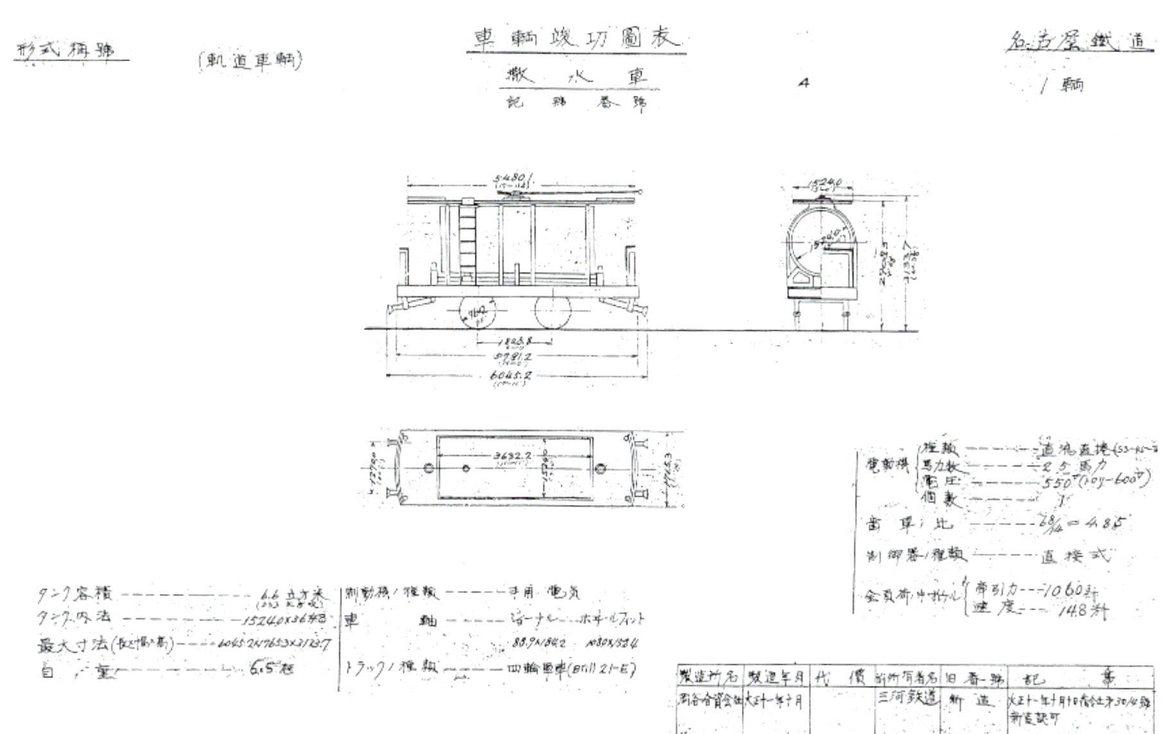

岡崎市内線で活躍した撒水車4の竣工図 ◎所蔵：藤井 建

大樹寺駅のホームで並ぶ、市内線の51(600V車)と挙母線の1081(1500V車)。この駅で岡崎市内線と挙母線(豊田市方面)の乗換ができた。当時、大樹寺駅構内は600V電化で、1500Vの挙母線電車が乗り入れた。(他の600/1500V接続駅は線路別で電圧が分けてあった)。岡崎市内線は1962(昭和37)年、挙母線は1973(昭和48)年に廃止された。◎大樹寺 1961(昭和36)年

三河鉄道（みかわてつどう）

1914～1941（大正3～昭和16）年

1914（大正３）年２月に三河鉄道が刈谷新（刈谷付近）～大浜港（碧南）14.5kmで開業した。蒸気機関車と客車、貨車による鉄道だった。翌年10月に知立（三河知立）まで4.0kmを延伸した。その後も北へ延伸し、1924（大正13）年10月には猿投まで延伸した。1926（大正15）年２月に猿投～大浜港40.1kmの1500V電化が完成して電車が走り始めた。

その後も北と南へ線路を延ばし、1927（昭和２）年４月には岡崎市内線を運営していた岡崎電気軌道を合併し、岡崎市内にも拠点を持つことになった。

1928（昭和３）年には北は西中金、南は三河吉田（吉良吉田）まで延伸、その翌年には上挙母～三河岩脇が開通し、挙母（豊田）と岡崎がつながった。1936（昭和11）年には蒲郡まで延長し、蒲郡～西中金が三河線となったが、その年にできた三河鳥羽～蒲郡間は非電化で開通した。1941（昭和16）年６月に三河鉄道は名鉄へ合併。合併時は営業キロ99.9kmの大私鉄だった。

名鉄合併前の三河鉄道路線図。路線距離が99.9kmもあった。◎1941（昭和16）年『名古屋鉄道百年史』より

【三河鉄道の蒸気機関車】

三河鉄道は蒸気鉄道として発足した。蒸気動車を１両だけ新造したが、蒸気機関車はすべて国鉄（鉄道院）からの払い下げ機であった。1926（大正15）年２月の電化により蒸機は不要になり、1934（昭和９）年頃に廃車された。

しかし、1936（昭和11）年に三河鳥羽～蒲郡間が非電化で開通したので、気動車とともに、再び蒸機（中古）を導入した。同区間は名鉄との合併後の1947（昭和22）年に電化された。

蒸気動車101。1914（大正3）年の三河鉄道開業時に準備された１両のみの新造車両。蒸気機関車と客車を合体させた構造で、写真左側が機関車部分（機関室）。

(1) 蒸気動車101号

1914（大正３）年、三河鉄道が開業用に１両製造した蒸気動車。機関車も客車も中古車両で開業したが、唯一、蒸気動車だけが新車であった。汽車製造製の工藤式蒸気動車で、開業当初は年間２万km近く走行したが

蒸気動車101の車内。客室奥に機関室（蒸気ボイラーなど）がある。

蒸気動車101。三河鉄道が新製車を購入したが、活躍3年足らずで、1916（大正5）年には他社へ譲渡された。

高浜港駅の1100形。鉄道院から1100形1104・1109の2両を譲り受けた。ナスミス・ウイルソン製。◎高浜港　1918（大正7）年頃

１両では使い勝手が悪く、僅か３年足らずで1916（大正５）年10月に開業間近の阿南鉄道へ譲渡した。その後、博多湾鉄道汽船→西日本鉄道へ移り、戦後まで長生きした。

名鉄合併後の1944（昭和19）年に導入した蒸気動車キハ6401より新しかったので、保有し続ければ運命が違ったかも知れない。

(2) 鉄道院170形170・171

開業時に鉄道院から借入。間もなく120形の払い下げを受けたので、1914（大正３）年６月に返却。三河鉄道ではわずか４か月間の在籍だった。

(3) 三河120、122←鉄道院120形

鉄道院の120形120・122で、1914（大正３）年５月に三河鉄道に払い下げられた。きわめて初期に輸入された機関車で、かのジョージ・スチブンソンゆかりのステフェンソ社製で日本には４両しか輸入されなかった。電化後は使用されず、1934（昭和９）年頃に廃車解体された。

(4) 三河1100形1104·1109←鉄道院1100形

1916（大正５）年にやって来たナスミスウイルソン製の20ｔC型の小型機関車である。120形と同じく電化で使用中止、1109は1928（昭和３）年に武州鉄道へ譲渡。1104は1934（昭和９）年頃に廃車解体された。

(5) 三河B1←高野鉄道1←阪鶴鉄道

1922（大正11）年初めには三河鉄道へ来た。1897（明治30）年アメリカ・ピッツバーグへ阪鶴鉄道が３両

170形。国産（汽車製造製）の機関車。鉄道院から開業時に4か月間だけ借り入れた。◎刈谷町（→刈谷市）駅　1914（大正3）年

開業間もない頃の刈谷町～小垣江間を走る120形牽引の蒸気列車。鉄道院から120形120・122の2両を譲り受けた。ジョージ・スチーブンソン製。◎刈谷町～小垣江　1914（大正3）年頃

三河B1形。阪鶴鉄道、高野鉄道を経て三河鉄道へ来た。梅坪～越戸間開通時の試運転列車。貨車と客車を併結している。◎篭川橋梁　梅坪～越戸　1922（大正11）年

注文した機関車で1916（大正５）年、高野鉄道へ払い下げられた。尾西鉄道の「乙」２号機と同一メーカーである。

(6) 三河B4（1350）←秩父鉄道4←鉄道院1350←阪鶴鉄道2

1922（昭和11）年三河鉄道へ来た鉄道院の1350形である。そこには1904（明治37）年まで阪鶴鉄道でともに働いた機関車がＢ１として活躍していた。この２両は三河鉄道で再会した。Ｂ４は鉄道省時代の番号を踏襲したという。２両とも電化後は使用されず、1934（昭和９）年頃に廃車された。

(7) 三河A1←秩父鉄道←鉄道院1270←七尾鉄道4←関西鉄道

1922（大正11）年三河鉄道へ来た機関車。1899（明治32）年、関西鉄道の１・２号機としてイギリスダブス社から輸入された機関車のうちの１両である。10年後に七尾鉄道へ移り、国有化され鉄道院1270形となり、その後浅野セメント、北武鉄道を経て秩父鉄道に転じ、三河へ来た。電化後は使用されず、1934（昭和９）年頃に廃車された。

(8) 三河709←鉄道院700形709←関西鉄道←大阪鉄道

日本の鉄道の１号機関車と同じバルカンファンドリー製。大阪鉄道が輸入した1896（明治29）年製の機関車で関西鉄道を経て国有化され700形709となった。1936（昭和11）年三河鉄道が非電化線として開通した三河鳥羽～蒲郡間用に譲り受け、気動車とともに使用された。

この709は名鉄合併後も引き継がれ、同区間の電化後は東名古屋港の入れ替え用に転じ、1958（昭和33）年６月に廃車された

三河709号。大阪鉄道が英国バルカンファンドリー社から購入。鉄道院700形を経て三河鉄道へ。名鉄合併後も引き継がれ、1958（昭和33）年まで現役だった。◎昭和20年代

1936（昭和11）年に非電化区間対策として導入された709号。後ろにつなぐのはキ50→200形気動車を付随車として使用。◎西浦駅　1943（昭和18）年頃

【三河鉄道の電車】

(1) デ100形101～108（8両）　1926～1964（大正15～昭和39）年　1500V車
→（昭和16年）モ1080形1081～1088

三河鉄道が電化に際し1926（大正15）年1月に6両、翌年7月に2両を田中車両と東洋車両で新造した木造車で全長15.3m。田中は省型（TR）台車、東洋はボールドウインを履いているがモーターはともに三菱MB-64-B、65HPで三菱のHL制御であり、ブレーキは非常直通であった。シングルーフ、魚雷型ベンチレータ、2扉クロスシート車で、夫婦式電車と呼ばれた。名鉄合併後にモ1080形となり、3扉ロングシート化されて三河線を中心に運用された。

1959（昭和34）年に1087・1089の2両が鋼体化種車となり残り6両も1964（昭和39）年には廃車、鋼体化の種車となった。

デ100形車内。クロスシート車で、夫婦式電車と宣伝された。背擦りは板張りであった。戦時中にロングシート、3扉化された。◎昭和初期　絵葉書

デ100形105。三河鉄道が1926（大正15）年の電化に際し8両を製造。2扉シングルルーフ木造車で名鉄合併後にモ1080形となって3扉化された。◎刈谷工場　昭和初期

モ1080形1083。名鉄合併により、三河鉄道の代表車デ100形はモ1080形となり3扉化された。◎三河線知立（1959/昭和34年に新しい知立駅が開業し、この駅は三河知立に改名）、1955（昭和30）年頃　撮影：福島隆雄

(2) クハ50形51～54（4両）　1926～1958（大正15～昭和33）年　1500V車
51・52→（昭和16年）クニ2150形2151・2152→（昭和24年）ク2150形2151・2152
53・54→（昭和16年）ク2160形2161・2162→（昭和25年）ク2150形2153・2154

デ100形の制御車版といった車両で、1926（大正15）年8月東洋車両製の木造車で全長15.3m。2扉車で荷物室付きだった。名鉄合併時にクニ2150形（荷物合造車）になり3扉化されたが、後に荷物室を撤去し、ク2150形となった。クハ53・54は三河鉄道時代に荷物室を撤去してクハ60形61・62、名鉄合併後はク2160形2161・2162となり3扉化されたが1950（昭和25）年の改番で2150形に統合された。これも第1次鋼体化の種車となり、1958（昭和33）年に4両とも廃車になった。主要機器はHL車ク2700形に使われた。

クハ50形とデ100形の編成が三河旭～中畑間の矢作川橋梁を渡る。◎昭和10年代

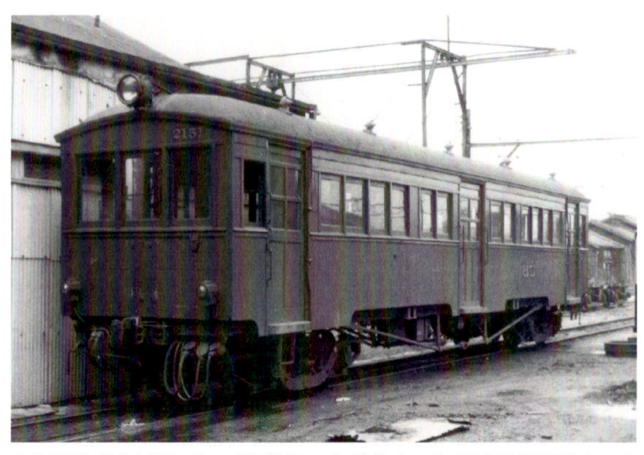

ク2150形2151。クハ50形は→合併後クニ2150形(3扉化)→ク2150形となった。◎鳴海工場　1958(昭和33)年

ク2150形2152。クニ2150形から荷物室を撤去しク2150形となった。◎三河線知立　1955(昭和30)年頃　撮影:福島隆雄

(3)デ200形201(1両)　1928～1958(昭和3～昭和33)年　1500V車
→(昭和16年)モ1100形1101

伊那電気鉄道のデハ110を1928(昭和３)年に購入し、デ200形201とした。全長15.9mの二重屋根の木造車。名鉄合併によりモ1100形1101となった。この車両も第１次鋼体化の対象となり1958(昭和33)年に廃車された。主要機器はHL車モ3718に使われた。

モ1100形1101。伊那電から木造車1両を購入してデ200形となった。名鉄と合併してモ1100形に。◎三河線知立　1955(昭和30)年頃

モ3000形3001。新造したデ300形2両。名鉄と合併してモ3000形となった。三河鉄道の車両は乗務員室扉がない。◎碧南　昭和30年代

(4)デ300形301･302(2両)　1929～1966(昭和4～41)年 1500V車
→(昭和16年)モ3000形3001･3002

1929(昭和４)年に日本車輌で新造した半鋼製車で、17.6mの車体を持つ大型車である。三河鉄道の伝統で乗務員室扉はない。名鉄合併後モ3000形となり、主に三河線で活躍したが、本線にも姿を出した。3001は1965(昭和40)年前面を高上げ改造した。1966(昭和41)年に車体は福井鉄道へ譲渡されたが、台車は鋼体化3730形に使用。

(5)デ400形401(1両)　1940～1973(昭和15～48)年　1500→600V車
→(昭和16年)モ3100形3101→(昭和41年)ク2100形2101

旧国電のデロハ6130がモユニ2005となっていたものを購入し、三河鉄道が1940(昭和15)年木南車輌で鋼体化改造しデ400形として使用。名鉄との合併後、モ3100形3101となった。16.0mの小ぶりでスマートな車体を持っていた。

全室運転台ではあったが乗務員室扉がないのは、三河の特徴である。時に本線直通列車として運用されることもあったが、ラッシュ時には小さい車体が災いした。1966(昭和41)年に制御車化されてク2100形2101として瀬戸線へ。７年後の1973(昭和48)年に廃車された。

モ3100形3101。旧伊那電のモユニ2005号を購入し、鋼体化改造してデ400形401号とした。名鉄と合併しモ3100形となる。◎知立　1959（昭和34）年頃　撮影：福島隆雄

ク2100形2101。モ3100形を600V制御車化し、ク2100形として瀬戸線へ移動。瀬戸線では木造車追放の一助となった。◎喜多山車庫　昭和40年代

(6) 気動車キ10形11～13（3両）　1932～1954（昭和7～29）年　→付随車 →（昭和16年）キ150形151～153→（昭和23年）サ2280形2281～2283→（昭和29年）豊橋鉄道

三河鉄道は岡崎電軌を合併し、岡崎線（上挙母～三河岩脇）の開通により、岡崎市内と挙母（現豊田市）間がつながった。しかし、岡崎市内～大樹寺間は600Vの路面電車、大樹寺～挙母間は1500Vの電車で、大樹寺で乗換えが必要だった。同区間の直通運転用に3両の気動車を1934（昭和9）年に日本車輌で新造した。車体長10.4mながら3扉で路面乗降用にステップを設け、前面には救助網も付けていた。

名鉄合併時にキハ150形151～153となり、蒲郡線へ配属。戦時中は木炭ガス発生装置を積んで代燃車化された。戦後に付随車化されてサ2280形2281～2283となり、1947（昭和22）年に渥美線へ転属。渥美線とともに豊橋鉄道へ転籍し、最後は制御車化された。

ガソリンカー・キ10形13。岡崎市内線～挙母間の直通運転用に製造した。◎岡崎市内線　昭和10年代

洲崎（こどもの国）～西浦を走る元三河鉄道キ10形。名鉄合併後キ150形となる。◎昭和10年代

サ2280形2281。キ150形は戦後に付随車化されサ2280形となり、渥美線へ転属した。◎渥美線新豊橋　昭和20年代。

(7) 気動車キ50形51・52（2両）　1936～1963（昭和11～38）年　→600V車
→（昭和16年）キ200形201・202→（昭和22年）サ2290形2291・2292→
→（昭和28年）ク2290形2291・2292→（昭和38年）北恵那

1936（昭和11）年、三河鳥羽～蒲郡間14.4kmを非電化で延長開業したので、日車製のキ50形２両を、翌年にキ80形２両を新造投入した。

キ50形は全長12.0mの２扉車でクロスシート、片側の台車は偏心台車と特殊な台車だった。名鉄合併でキ200形201・202となったが、戦時中は液体燃料が入手できず、木炭ガス発生装置を積んで代燃車として走った。戦後の1947（昭和22）年に同区間は電化され、キハ200形はエンジンを下ろして付随車サ2290形2291・2292となり、1953（昭和28）年に制御車に改造されてク2290形となった。1963（昭和38）年には２両とも北恵那鉄道へ移り、廃線まで活躍した。

キ200形201。元三河鉄道キ50形。写真は戦時中に代燃機関を装備した姿。名鉄では戦時に代燃装置を装備した車両は少ない。◎西浦　1943(昭和18)年頃

ク2290形2291。キハ200形はエンジンを下ろし、付随車(サ)を経て制御車(ク)2290形へ改造した。西尾線で使用後は北恵那鉄道へ譲渡。◎形原1955(昭和30)年頃　撮影:福島隆雄

(8) 気動車キ80形81・82（2両）　1937～1973（昭和12～48）年　→600V車
→（昭和16年）キ250形251・252→（昭和22年）サ2220形2221・2222→
→（昭和35年）ク2220形2221・2222

キ80形は1937（昭和12）年に日本車輌で製造された全長14.7mの流線形気動車である。名鉄合併でキ250形251・252となったが、戦時中の燃料不足で、代燃化されずに付随車化され、サ2220形2221・2222として三河線（現・蒲郡線も含む）で使われた。その後は築港線へ移り、他の付随車化された気動車・電車と一緒に電気機関車牽引の通勤用客車列車に使われた。

1960（昭和35）年に制御車ク2200形へ改造され、600V時代の瀬戸線で活躍した。その特異なスタイルは瀬戸線名物となり、特に2222号は「あひる」の愛称で呼ばれた。ともに1973（昭和48）年に廃車。

サ2220形2221など。元は流線形気動車キ80形。名鉄合併後キ250形となったが、燃料不足で付随車化された。同類の車両は大江駅に集められ、築港線で客車として活用。◎大江、昭和33年

ク2220形2222。サ2220形は2両とも築港線から戻り制御車化され、瀬戸線でク2220形として活躍した。◎森下　1965(昭和40)年代

築港線で電気機関車に牽引される通勤列車。社内ではこの列車を「ガチャ」と呼んでいた。◎築港線　1958(昭和33)年

(9) サハフ31形31 (1両)　1939～1965 (昭和14～40) 年　→1500→600V車
→ (昭和16年) サ2120形2121→ (昭和26年) ク2120形2121

三河鉄道では車両不足を補うため他社から種々の車両を購入し、改造して使用したが、これもその１両で、1927（昭和２）年製の筑波鉄道（後の関東鉄道）のナハフ101を1939（昭和14）年に購入し、付随車サハフ31として使用、名鉄合併によりサ2120形2121になった。1951（昭和26）年７月に1500V用HL制御車とした。

２扉の木造車で16.5mとかなり大型で、三河線でモ3101と組んで使用され、1958（昭和33）年に600Vの瀬戸線に移った。1965（昭和40）年の廃車前は外板に鉄板を張って補強していた。台車はク2301に再用された。

ク2120形2121。筑波鉄道から客車を購入しサハフ31として使用。名鉄合併でサ2120形、制御車化してク2120形となる。◎三河線　1957(昭和32)年頃　撮影:福島隆雄

(10) サハ21形21 (1両)　1940～1958 (昭和15～33) 年　→1500V車
→ (昭和15年) デ150形151→ (昭16年) モ1090形1091

1927（昭和２）年製の筑波鉄道のナロハ203を、1940（昭和15）年に購入してサハ21とした。すぐに電動車化してデ150形151となり、名鉄合併時モ1090形1091形と改称。全長16.5mの木造車。1500V・HL車として三河線で使用、鉄板で外板補強後1958（昭和33）年に鋼体化種車として廃車。

モ1090形1091。筑波鉄道から購入した客車をサハ21とした後、珍しく電動車化改造しデ150形。名鉄合併でモ1090形となった。◎三河線　1955(昭和30)年頃

ク2130形2131。国鉄から郵便合造客車を購入しサハフ35･36として使用。名鉄合併時でサ2130形となり、その後、制御車化された。◎各務原線田神　1964(昭和39)年頃

(11) サハフ35・36（2両）　1939〜1965（昭和14〜40）年　→1500V車
→（昭和16年）サ2130形2131・2132→（昭和26年）ク2130形2131・2132

国鉄名古屋工場1901（明治34）年製のホハユ3150形3186・3187を1939（昭和14）年に購入し、付随車サハフ35·36として使用した。

名鉄合併によりサ2130形2131・2132となり、1951（昭和26）年７月に制御車化改造してク2130形となり、モ1060・1070形の相手を務めた。1958（昭和33）年に各務原線へ移動し、1964（昭和39）年に2132、翌年2131が廃車。台車（ＴＲ型）はク2321に転用した。

(12) サハフ41（1両）　1940〜1964（昭和15〜39）年　→1500V車
→（昭和16年）サ2140形→（昭26年）ク2140形2141

1909（明治42）年製の国鉄ナユニ5360形を購入し、1940（昭和15）年に三河鉄道刈谷工場で車体を新造して、サハフ41とした。名鉄合併によりサ2140形2141となり、他の移籍車両と同時期の1951（昭和26）年7月に制御車に改造されク2140形2140となった。木造車でトラス棒は健在だが、丸屋根で直線の車体ですっきりしたスタイルである。1964年の鋼体化の種車となった。この台車（ＴＲ型）もク2342に再用された。

サハフ41。三河鉄道刈谷工場で車体を新造した際の記念写真。◎刈谷工場　1940（昭和15）年

ク2140形2141。サハフ41は名鉄合併でサ2141となり、後に制御車化された。◎三河線知立　1955(昭和30)年代　撮影:福島隆雄

【トヨタ自動車と三河鉄道】

以上(9)〜(12)のサハ·サハフ５両は1939〜40(昭和14〜15)年に他社から寄せ集めた車両である。これは、1938（昭和13）年にトヨタ自動車挙母（ころも）工場（トヨタ自動車最初の工場、現·本社工場）が稼働を開始し、工員輸送増大により急遽導入されたと思われる。

トヨタ自動車の社史には、工場用地選定の理由として、挙母町には①広大で不毛の原野があり安価に土地購入ができた、②三河鉄道を利用して生産用設備、資材輸送が可能であった･･･と記載してあり、三河鉄道が挙母町→豊田市の発展に果たした役割は非常に大きい。

なお、工場竣工の前年、工場と隣接した位置に三河豊田駅を新設し、後にトヨタ自動車前駅と改称された。駅には貨物側線があり、工場への引込線も出ていた。同駅があった挙母線（三河鉄道時代は岡崎線）上挙母〜大樹寺間は、国鉄岡多線建設に伴い1973（昭和48）年３月に廃止され、1976（昭和51）年４月に開通した岡多線の同じ場所に三河豊田駅が開業した。その後、愛知環状鉄道に転換され、現在もトヨタ自動車の本社最寄り駅として重要な役割を担っている。

挙母線トヨタ自動車前駅の通勤風景。トヨタ自動車の本社工場へ通勤する人たちで混雑した。車両は1080形。◎1961（昭和36）年　撮影：宮崎新一

(13) デワ1形1・2（2両）
1927～1962（昭和2～37）年　600V車
→（昭和16年）デワ10形11・12

1927（昭和２）年伊那電気鉄道松島工場製の電動貨車。岡崎市内線の貨物輸送用に岡崎電気軌道が発注したが、完成したのは三河鉄道に合併後だった。貨物の積載量は５ｔ。岡崎市内線には殿橋の貨物駅や戸崎町の工場専用側線への国鉄貨車の出入りもあり、自連を装備し貨物列車を牽引した。２両とも1962（昭和37）年６月の岡崎市内線廃止とともに廃車となった。

デワ1形2。岡崎市内線用の電動貨車。道路上を、国鉄貨車を牽引して走行した。◎岡崎駅前　昭和初期

デワ10形11。デワ1形は名鉄合併によりデワ10形となった。◎岡崎の繁華街・康生町　1962（昭和37）年

(14) 電気機関車キ10形10～15（6両） 1926～2014（大正15～平成26）年 1500V車
→（昭和16年）デキ300形301～306

三河鉄道は貨物輸送が盛んで、電化に備え1926（大正15）年に凸型電気機関車キ10形10・11の2両を日本車輌で製造。その後1929（昭和４）年までに三菱造船で３両（12～14）を増備。1928年製の三菱造船の同型機を一畑電鉄から1936（昭和11）年に購入して15号とした。

名鉄へ合併し、デキ300形301～306となった。最初の２両（301・302）と、それ以降の303～306はメーカーと形状が異なり、一番大きな違いは前面窓で、303以降は中央の窓がなくなった。性能は６両とも同じで、100HPモーター４台を搭載していた。304は1964（昭和39）年２月の新川工場火災で焼失廃車。301は1966（昭和41）年、302は1984（昭和59）年に廃車となった。残った303・305・306の３両は1993（平成５）年度に特別整備を実施して車体を更新、塗装も黒から青色に一新した。

2014（平成26）年に305・306が廃車、303は１両だけ舞木検査場の入換用に残ったが、車籍はなくなり、工場の設備扱いとなった。

デキ300形303。三菱造船製デキ300形の1号機。名鉄合併後も三河線の貨物列車を中心に活躍した。◎三河線知立（三河知立） 1958（昭和33）年

デキ300形302。301と302は日本車輌製で前面中央に窓があったが、303以降はなくなった。前面のゼブラ塗装は1965（昭和40）年から始まった。◎碧南 1967（昭和42）年

デキ300形306。デキ300形最後の1両306は一畑電鉄から購入した。三河線の貨車は海・山側とも刈谷から国鉄へ継送した。◎刈谷 昭和30年代 撮影：福島隆雄

デキ300形牽引の工事列車（砕石輸送）。特別整備で1993（平成5）年度に車体を更新し、デキ600・デキ400の更新機と同じ青色塗装に変更した。◎石仏～布袋 2007（平成19）年 撮影：寺澤秀樹

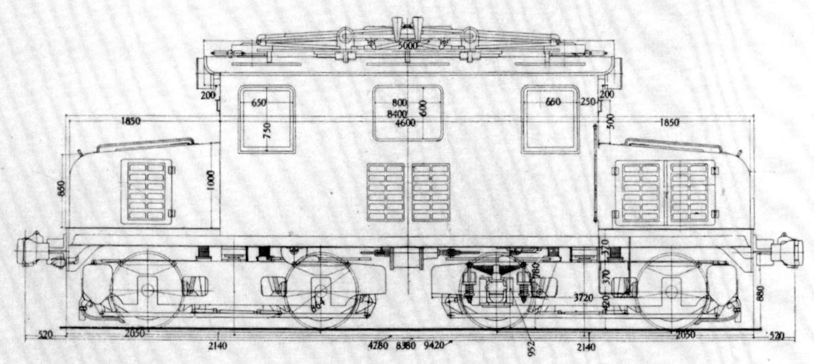

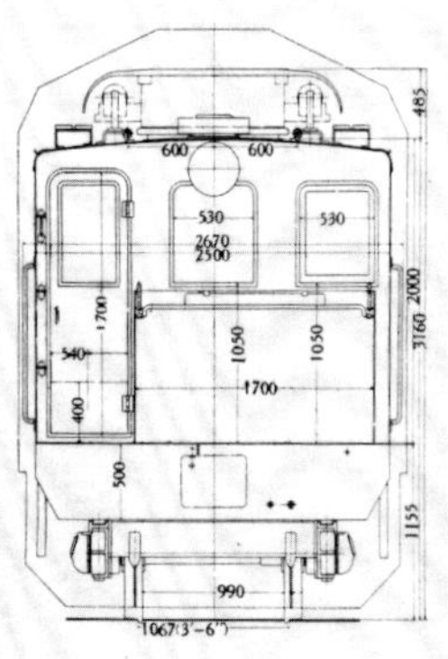

——貨車用電氣機關車——

（三河鐵道株式會社納）

設備其ノ他

一般

軌間…………………1066.8

連結器………………自働聯結器

制動機………………{空氣制動機 / 手用制動機}

運轉重量……………30 噸

大サ……（長サ（バフアー ビーム間））（高サ（軌條面上ヨリ屋根上迄））（幅（最大））

8400 × 3310 × 2670

働輪直徑……………864

ホイールベース{トータル ホイールベース 6420 / リジツト ホイールベース 4280}

電氣關係

電氣方式……………直流 1500ボルト

電働機………………{馬力 100 / 個數 4}

齒車比………………15：76

制御方式……………復式

聚電裝置……スライデイング パンタグラフ式

キ10形電気機関車カタログ(日本車輌)。名鉄合併後はデキ300形となった。

<ruby>渥美電鉄<rt>あつみでんてつ</rt></ruby>

1924～1940（大正13～昭和15）年

豊橋から渥美半島へ延びる渥美電鉄が1924（大正13）年１月に開業した。1926年に三河田原～黒川原間が延伸し全通したが、同区間は戦時中に休止され、そのまま廃止となった。その前の1940（昭和15）年９月に渥美電鉄は名鉄に合併された。戦後の1954（昭和29）年に名鉄から豊橋鉄道へ譲渡されて豊橋鉄道渥美線となった。合併した会社を分離したのは、名鉄の歴史上この１回だけである。

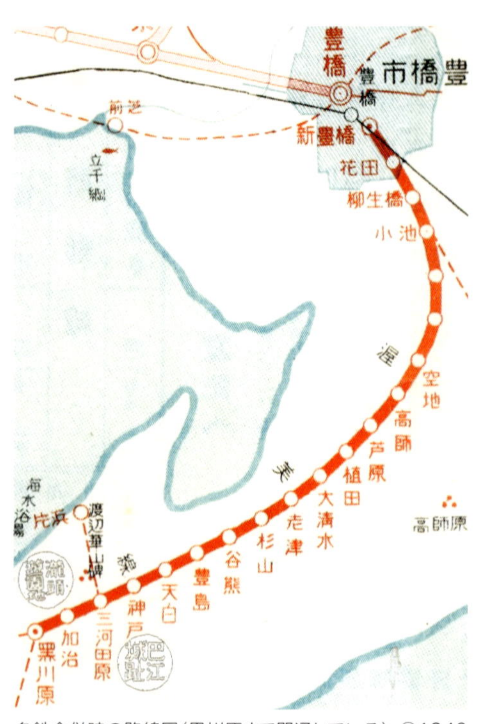

名鉄合併時の路線図（黒川原まで開通している）。◎1940（昭和15）年

(1) 渥美1形1～3（3両）
1923～1954（大正12～昭和29）年　600V車
→（昭和16年）モ150形151～153→（昭和29年）豊橋鉄道

1923（大正12）年、開業用に日本車輌で１形ボギー車３両が製造された。名鉄合併でモ150形151～153となった後も渥美線で働き、分離により豊橋鉄道渥美線へ転籍。起点の新豊橋駅は開業からしばらく道路上にあり、車両の乗降口にステップが付いていた。

渥美１形３号。開業時新造のボギー車。原形の窓は２段で、開業時の新豊橋駅が路上にあったため乗降扉はステップ付き。連結器もバッファー・リンク式。◎大正末期

渥美１形３号。上段明かり窓がなくなり、乗降ステップもない。ポール集電、自動連結器付き。扉の色が白っぽいのは後年に見られたアイデアの先駆か？◎高師車庫　1938（昭和13）年頃の姿。

モ150形153。渥美１形は名鉄合併時にモ150形となった。渥美線分離で豊橋鉄道へ転籍した。◎渥美線高師　1966（昭和41）年

(2) 渥美100形100～102 (3両)　1923～1954 (大正12～昭和29) 年　600V車
→ (昭和16年) モ1形1～3→ (昭和18年) デワ30形31～33→ (昭和29年) 豊橋鉄道

こちらも1923(大正12)年、開業用に日本車輌で3両製造された100形4輪単車。名鉄合併でモ1形1～3となり、1943(昭和18)年に電動貨車デワ30形31～33となった。渥美線分離で3両とも豊橋鉄道に転籍した。

渥美100形100号。開業用に新造した4輪単車で、側窓や扉ステップはボギー車と同じ。名鉄と合併しモ1形となり、すぐに電動貨車に改造された。◎大正末期

デワ30形31号。渥美100形はモ1形を経て電動貨車デワ30形になり、渥美線分離とともに豊橋鉄道へ転籍した。花田貨物駅に国鉄直通貨車授受のため常駐。◎花田貨物駅　1965(昭和40)年

(3) 渥美200形200～202 (3両)　1923～1954 (大正12～昭和29) 年　600V車
→ (昭和16年) サ30形31～33→ (昭和29年) 豊橋鉄道

1形・100形と同時に日本車輌で付随車として3両製造された4輪単車。名鉄合併後、サ30形31～33となり渥美線に残る。渥美線の分離により3両とも豊橋鉄道へ転籍した。

渥美200形202号。200形は100形と似た4輪単車の付随車で、名鉄合併後にサ30形となった。全長8.9mの小型車。◎大正末期

名鉄渥美線時代のモ151＋サ33。元渥美電鉄の1形+200形の列車。◎名鉄渥美線柳生橋　昭和20年代　撮影:権田純朗

(4) 渥美1001 (1両)　1926～1954 (昭和1～29) 年　600V車
→ (昭和16年) モ1050形1051→ (昭和29年) 豊橋鉄道

1926(昭和元)年に日本車輌で1両製造した全長14.2mのボギー車。旧愛電3090形とともに全鋼製車体の試作車といわれたが、車体腐食のため1952(昭和27)年に半鋼製化された。渥美線とともに豊橋鉄道へ転籍。豊橋鉄道で後に改造されモ1400形1401となる。

渥美1001号。1926(昭和元)年製の全鋼製ボギー車。名鉄合併後モ1050形1051となり、半鋼製化された。◎1926(昭和元)年　日車カタログより

モ1050形1051。元渥美1001号。豊橋鉄道へ転籍後はモ1400形となった。◎名鉄渥美線新豊橋　1952(昭和27)年

(5) 渥美120 (1両)　1938〜1954 (昭和13〜昭和29) 年　600V車
→(昭和16年) モ1200形1201→(昭和29年) 豊橋鉄道

静岡電気鉄道(現・静岡鉄道)が1931(昭和6)年に日本車輌で製造。1938(昭和13)年に渥美電鉄が購入。番号をそのまま引継ぎ120号。名鉄合併後1200形1201号とした。全長16.2mの3扉車で中央扉は両開き。渥美線とともに豊橋鉄道へ転籍。豊橋鉄道では後にモ1600形1601となる。

モ1200形1201。静岡鉄道から渥美電鉄が購入した120号。名鉄合併時モ1200形1201となったた。3扉の中央のみ両開きは珍しかつた。◎渥美線　昭和20年代

(6) ED1 (1両)
1939〜1954 (昭和14〜昭和29) 年　600V車
→(昭和15年) デキ150形151→(昭和29年) 豊橋鉄道

1939(昭和14)年5月に1両だけ製造された渥美電鉄の凸型機関車。WH製の50HPモーター4台、台車はブリル製、車体は木南車両製で自重20t。約1年後に名鉄へ合併されてデキ150形151になったがそのまま渥美線で使用され、1954(昭和29)年に渥美線とともに豊橋鉄道へ転籍。豊橋鉄道でもそのままの型式番号で使用されたが、後にデキ200形201に改称された。

ED1形1号。渥美電鉄が1両だけ製造した電気機関車。名鉄合併後デキ150形151号。◎渥美電鉄　1939(昭和14)年　撮影:臼井茂信

デキ150形151。渥美線分離とともに豊橋鉄道へ転籍した。◎花田貨物駅　1965(昭和40)年

愛電のターミナル・神宮前駅

愛知電気鉄道（愛電）は、神宮前を拠点に知多半島方面、岡崎・豊橋方面へ路線を延伸した。

愛電は1935（昭和10）年に名岐鉄道と対等合併し、名古屋鉄道（名鉄）となった。手続き上、名岐を存続会社、愛電が解散会社となったが、神宮前の愛電本社が、合併した名鉄の本社となった。

戦時中の1944（昭和19）年9月に、新名古屋（名鉄名古屋）～神宮前間の東西連絡線が開通し、旧名岐路線と旧愛電路線の線路がつながった。

神宮前の名鉄本社は、1945（昭和20）年の空襲で焼失し、本社機能を各地へ分散疎開。戦後の1947（昭和22）年に名古屋駅前へ新築移転した。

1921（大正10）年頃の神宮前駅と愛電本社。
手前は東海道線（省線）の御田踏切。中央の建物が神宮前駅舎。電車を降りたお客は、省線の踏切を渡り、神宮東門から名古屋市電に乗り換えて、名古屋中心部へ向かった。駅舎右に停車中の電車は有松裏行き。現・名古屋本線（東部）は、当時、神宮前～有松裏（有松）間のみが開通、有松線と呼んだ。右端に車庫が見え、その手前の曲線は常滑線で、Sカーブで坂を上り、有松線と省線の上を越した。中央左の白い2階建てが愛電の本社。この建物は1936（昭和11）年の火災で焼失、焼け跡に新社屋を建築したが、1945（昭和20）年の空襲で再焼失した。愛電本社の手前に見える踏切遮断機は、愛電と省線の間で貨車を授受するための線路の踏切。

1934（昭和9）年に、神宮前新駅舎を東海道線西側に建設した。その記念の絵葉書。豊橋・岡崎・知多半島方面への立派なターミナル駅になった。

名岐鉄道（めいぎてつどう）

1930〜1935（昭和5〜10）年

1930（昭和５）年８月に名鉄は美濃電気軌道と合併し、同年９月に社名を「名岐鉄道」へと変更した。名岐鉄道といいながらも、名古屋〜岐阜間の名岐線の線路はつながっていなかった。

1935（昭和10）年４月に新一宮〜新笠松が開通し、名岐間が全通、押切町〜新岐阜間に特急が走り始めたが、それまでは尾西線の玉ノ井の先の木曽川橋駅から徒歩･バスで木曽川を渡り、笠松から新岐阜へ電車で出るのが名岐鉄道の名岐ルートだった。

名岐間全通から約３か月後（1935年８月１日）に名岐鉄道と愛知電気鉄道が合併し、現在に続く名古屋鉄道が誕生した。

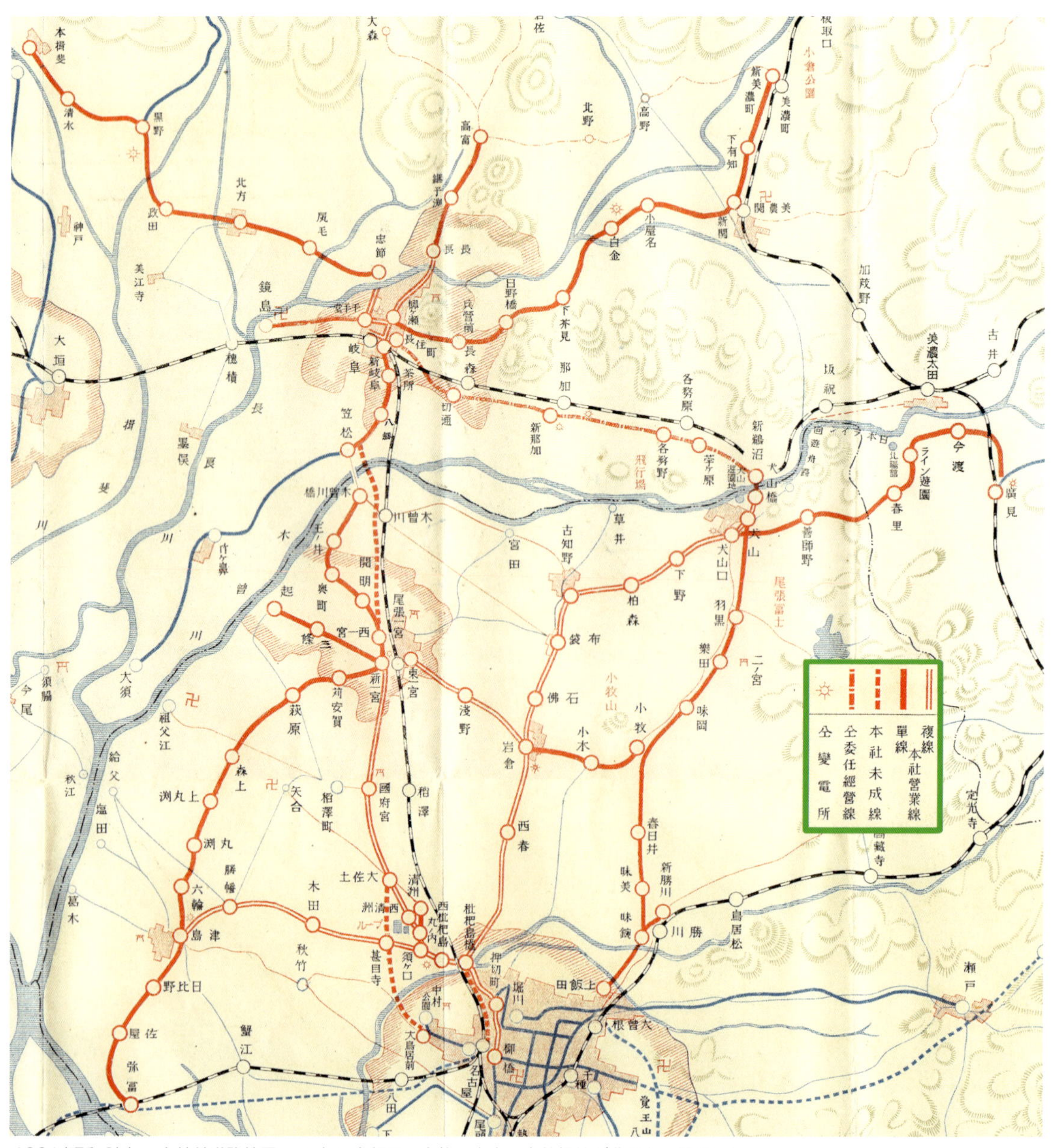

1931（昭和6）年の名岐鉄道路線図。この年に上飯田〜小牧〜犬山の大曽根線が非電化で開通した。

キボ50形54号。非電化の大曽根線（現・小牧線）開通用に新製されたガソリンカー。◎上飯田～味鋺の庄内川橋梁　1931（昭和6）年。

(1) キボ50形51～60（10両）　1931～1967（昭和6～昭和42）年　気動車→付随車→600V車

51～56→（昭和17年）サ2060形2061～2066→（昭和25～28年）ク2060形2061～2066
57～60→（昭和17年）キハ100形101～104→（昭和22年）サ2060形2067～2070→
→（昭和28年）ク2060形2067～2070

1931（昭和６）年２月に上飯田～新小牧（小牧）間9.7kmと味鋺から分岐する勝川線2.1kmが開通、同年４月に新小牧～犬山が開通。上飯田～新小牧～犬山の20.6kmを大曽根線と称した（現・小牧線）。ともに非電化路線だったので、全長10.7mのキボ50形ガソリンカー10両を一気に日本車輛で製造した。

戦時中、燃料事情が悪くなったので1942（昭和17）年７月に上飯田～新小牧間を電化。51～56の６両はエンジンを外して付随車化し、サ2060形2061～2066となって三河線、瀬戸線などに転用した。残り４両はキハ100形101～104と改称し、非電化の新小牧以北で使用したが、同区間を1947（昭和22）年11月に電化したので、付随車サ2060形2067～2070に改造した。

キボ50形の車内と外観。機動車と称した。◎大曽根線（現・小牧線）開通記念絵葉書。◎1931（昭和6）年

戦後1950・1953（昭和25・28）年に600V用の制御車（ク2060形）に改造された。1961（昭和36）年に2061・2062を廃車に、残りは1500Vの築港線で付随客車として使用されたが、1967（昭和42）年に廃車された。2066・2069は福井鉄道へ転じてサ21・22となったが、あまり利用されなかった。

ク2060形2062。キボ50形は戦時中に燃料が入手できず付随車化され、戦後に制御車化された。◎喜多山　昭和30年代前半

ク2060形2066。西尾線昇圧直前の今村（現・新安城）駅。当時、本線は1500V、西尾線は600Vであった。◎今村　1960（昭和35）年。

築港線に集められた2060形。最後は築港線（大江～東名古屋港）の客車としてデキに牽引され、通勤客を輸送した。朝夕のみ運転し、昼間は留置。◎大江　昭和30年代後半

(2) デボ800形801～810 (10両)　1935～1996 (昭和10～平成8) 年　600→1500V車
→ (昭和16年) モ800形801～808
802・803→ (昭和12年) ク2250形2251・2252→ (昭和17年) モ800形809・810
改番モ802→ (昭56年) モ811

1935（昭和10）年４月、待望の木曽川架橋を実現し、新岐阜～名古屋（押切町）間で直通運転が始まった。このとき誕生した直通特急用に、名岐鉄道は満を持してデボ800形を10両、日本車輌で製造した（ただし後半５両は翌年１月に竣工）。全長18.3mのクロスシート車。今までの車体を変えシングルルーフ箱型18m車体となり、ｄ2D10D2ｄ側面と正面貫通式３枚窓のスタイルは、その後の名鉄スタイルを確立した。

新名古屋乗り入れを見据えて市内乗り入れは考慮せずパンタグラフのみを装備した。台車もD-16を採用し、モーターは初めて125ｋｗの528/5-Ｆを装備し、制御器はカム軸式のＥＳ509Ｂ（一部は514Ａ）を

モ800形803。1500Vに昇圧した後の姿で、名鉄スタイルを確立した功労車。◎金山橋　昭和30年代

名岐の代表車デボ800形801。名古屋（押切町）～岐阜間が全通し、その特急用に製造された。◎名古屋岐阜間全通記念絵葉書。1935（昭和10）年

モ800形802。一部の運転台は高上げ、窓小型化改造された。なお802は再度両運転台化され811となり、現在、日本車輌豊川工場内に保存されている。◎栄生、昭和40年代

両運転台で残ったモ810の荷物列車。809・810の2両は最後まで両運転台車で、荷物車として単行運転やAL車の3両運用等に使用された。◎東岡崎　1982(昭和57)年　撮影:寺澤秀樹

装備、ブレーキは在来車との兼ね合いもあり、自動・直通兼用とし、ドアエンジンを装備した。

802・803は一時制御車ク2251・2252となり、それに伴い欠番補充の改番が行われ800形は801～808となった。ク2251·2252は1942(昭和17)年に再度電装してモ809、810となった。そのためモーターは550/3-Cと異なり、ブレーキ装置も三菱製のAMMであった(その後他の800形と同様になった)。

この時代に800形はロングシート化され、1948(昭和23)年の西部線昇圧時には全車昇圧改造した。昇圧後も両運転台車両として活躍したが1957～59(昭和32～34)年に片運転台化された。ただし809・810は最後まで両運車であった。

この名車も1969(昭和44)年に803が試験車両として東芝へ提供のため廃車、1971(昭和46)年に806・807が、1979(昭和54)年808が廃車。1981(昭和56)年には802が再度両運化されて811に改番となった。1983(昭和58)年に805が廃車、豊田の鞍ヶ池公園で保存。1988(昭和63)年に801・804が廃車され、片運転台の800形は消滅。両運転台の809・810は1989(平成元)年に廃車、811は1996(平成8)年に廃車され、日本車輌の創業100周年記念として豊川工場で保存された。これで名鉄AL車のスタイル、装備を標準化した功労車のオリジナル800形は消えた。

なお、1981(昭和56)年に閑散路線の単行運転用にモ3500形3502・3503・3505の3両を両運転台化改造しモ800形812～814としたが、これは別物である。

このほか名岐時代にモ850やク2310形が計画されたが、現在の名古屋鉄道発足後の登場なので別掲とする。

(3) デホワ1500形1501·1502(2両)　1934～1966(昭和9～41)年　600→1500V車
→(昭和16年)デワ1500形1501·1502→(昭和23年)デキ1500形1501·1502

1934(昭和9)年に日車で2両製造した全長10.9mの木造ボギー電動貨車である。尾西鉄道のデホワ1000形とよく似ているが少し短く、正面はフラットである。1501・1502は日車D-14台車を履くが、モーターは1501がTDKの80HP4個、1502はWHの65HP4個と異なっている。1948(昭和23)年に名前がデキと機関車化されたが外観は電動貨車のままだった。1952(昭和27)年に1500V昇圧、1966(昭和41)年に廃車となった

デキ1500形1501。名岐時代に製造されたボギーの電動貨車デホワ1500形。名前がデキ(電気機関車)に変わったが外観はそのまま。◎新川工場　1964(昭和39)年

デキ1500形1501。左の写真と比べると台車が異なる。廃車が迫り、D-14台車を鋼体化3700系に供出した後と思われる。末期にはよくあった姿である。◎新川工場　1965(昭和40)年。

西部線と東部線

1935(昭和10)年に名岐鉄道(名岐)と愛知電気鉄道(愛電)が合併して、今に続く名古屋鉄道(名鉄)ができたが、このとき両社の線路はつながっておらず、旧名岐の路線を西部線、旧愛電の路線を東部線と称した。

西部線の電車は、元々市内電車として誕生し、郊外電車になってからも市内線乗入れを前提にしていたので、基本は600V電車の単行運転だった。

東部線の電車は、最初から郊外電車で、岡崎·豊橋と名古屋間の高速運転を目指し、早い時期に1500V昇圧を行い、連結運転用の制御車も持っていた。

電車線の電圧

現在、直流電化区間の電圧は、600V(一部750V)、1500Vが一般的である(海外では3000Vもある)。基準では750V以下が低圧で、路面電車や地下鉄の第三軌条は低圧を使うことになっている(例外もある)。

名鉄電車が走り始めた頃の標準電圧は600V。当時の電鉄会社はほとんどが600Vだった。高速·大量輸送する場合は1500Vのほうが適しているので、大正末期頃から1500Vに昇圧する事業者が出始めた。

名鉄(合併会社含む)も600Vだったが、最初に1500V昇圧したのは愛電の岡崎線(神宮前～東岡崎、この2年後に豊橋まで延伸し豊橋線、現在名古屋本線の一部)で1925(大正14)年6月だった。愛電は高速運転を目指していたので先進的な役割を果たした。次が、三河鉄道で蒸気機関車運転の猿投～大浜港(現·碧南)を1926(大正15)年1月にいきなり1500Vで電化した。その次は愛電系の碧海電鉄で同年7月に今村(現·新安城)～米津を1500Vで開業した。これは接続する愛電岡崎線が昇圧済みだったためと思われるが、碧海電鉄は愛電西尾線と直通運転をするため1928(昭和3)年に600Vへ降圧した。(これは愛電·常滑線の昇圧用に1500V車両など捻出するためとも言われる)。1929(昭和4)年に愛電は常滑線を昇圧した。

電圧が異なると、複電圧対応車以外は乗入れできないので、各々の電圧に対応した電車が必要になる。1500Vへ昇圧する場合、事前にまとまった両数の車両を準備しておく必要があり、資金の余裕が必要だったが、愛電は積極的投資を行った(それ故、一時苦境に陥った)。

一方、西部の名鉄→名岐は倹約·堅実経営をしていたし、市内線乗入れもあり全線600Vのままだった。

1944(昭和19)年に新名古屋(名鉄名古屋)～神宮前間の東西連絡線ができたとき、西部線は600V、東部線は1500Vで、金山橋(現·金山)がその境界駅だったので、電車は直通できず、乗換えが必要だった。

西部線の主要路線(名岐·犬山·一宮·津島線)が昇圧したのは1948(昭和23)年5月で、それから豊橋～新岐阜(名鉄岐阜)の東西直通運転が始まった。(昭和10年代以降に製造した車両を昇圧改造。それ以前の車両は600V支線へ転用)。その後も支線の昇圧を順次進め、1965(昭和40)年3月の広見線昇圧で本線系の昇圧は終了した。残った600V線区は瀬戸線と岐阜地区だけになり、支線を転々とした歴史ある600V車両はそこへ集結することになった。1978(昭和53)年3月に瀬戸線が昇圧。残りは岐阜地区だけになったが、それも2005(平成17)年3月に全線廃止され、名鉄は1500Vに統一された。

600V→1500Vへの昇圧年月　なお、1500V線に接続する新線は最初から1500V電化

(下線は最初から1500V)

大14.6愛電岡崎線(→本線東)、大15.1三河鉄道(→三河線)、大15.7碧海電鉄(→西尾線、昭3.10降圧)、昭4.1愛電常滑線、昭4.12三河鉄道(大樹寺～門立·元岡崎電軌区間)　昭6.4知多鉄道(→河和線)

昭19.9東西連絡線(金山橋以東)、昭23.5連絡線(金山橋以西)·名岐(本線西)・犬山・一宮・津島線、昭27.12尾西線、昭28.12豊川線、昭30.1岩倉支線、昭34.7蒲郡線、昭35.3西尾線、昭37.6竹鼻線、昭39.3各務原線、昭39.10小牧線、昭40.3広見線、昭53.3瀬戸線

名鉄電車の制御器

直流モーターの回転力（加速力）は電流に比例し、回転数（速度）は電圧に比例するので、電車をスムーズに運転するためには、モーターへの電流と電圧をうまく制御する必要がある。これが制御器の役割である。

電流･電圧を制御するため、昭和時代までは抵抗器を使い、抵抗器を順に短絡することにより、加速度が安定するようにしていた。モーターが複数ある場合は、直並列切り替え制御も行い、高速域まで加速力を維持した。更にモーターの界磁電流を減らす（弱め界磁）ことにより、高速域の加速力を発揮する制御も行った。

ブレーキについても、4輪単車の時代（大正初期まで）はハンドルを手で回して、車輪にブレーキシューを押しつけて停まる手ブレーキ方式だったが、ボギー車の時代からは圧縮空気を使った空気ブレーキ式になり、昭和30年代からは駆動用のモーターを発電機として作用させ制動力を得る、電気ブレーキも併用するようになった。発電した電気を抵抗器で消費するのを発電ブレーキ、架線へ送り返すのを回生ブレーキと呼ぶ。電気ブレーキを併用するようになって、制御器の役割はますます重要になり、大型化し制御装置になった。

名鉄では昭和50年代後半まで抵抗制御車の時代が続いた（7500系のみ他励界磁制御･回生ブレーキ付き）が、半導体技術の進歩により、1983（昭和58）年製の6500系から界磁チョッパ制御（4両組成以上）に、1986（昭和61）年製の5300系（全M車）と翌年の6800系（2両組成）で界磁添加励磁制御を採用、1993（平成5）年以降の通勤車（3500系等）は全て交流モーター＋ＶＶＶＦ（可変電圧可変周波数）インバータ制御、特急車も1999（平成11）年製の1600系以降は全てＶＶＶＦ制御車になった。1983年以降の新車は全て回生ブレーキ付き。

名鉄の直接制御と間接制御（AL・HL）

電車の速度を制御するのは、初期の路面電車のように、1両単位で運転した時代には直接制御器で行った。この方式は運転士の横に大きなドラムコントローラー（制御器・通称ドラコン）があり、運転士がハンドルを回すと直接ドラムの中の600V回路の接点を切り替え、速度を制御し、ものによっては電気ブレーキも動作させることができた。

やがて連結運転が始まると、1箇所で何台もの車両（モーター）を制御する必要が生じた。そのため低圧電源による制御回路を設け、間接制御をすることになった。運転士は小型のマスターコントローラー（主幹制御器･通称マスコン）を動かし、電動車の床下の主制御器を動作させ、主回路（モーターへの電流回路）を切り替えた。その機器はメーカーにより様々な違いはあるが、抵抗制御の時代には、基本的には抵抗器を順番に短絡させて、モーター電流･電圧を制御することであり、そのノッチ進段を手動で行うか、限流継電器（主回路電流が減ったことを検知して動作するリレー）などを介して自動で行うかの違いがあった。

名鉄では旧愛電系の車両は手動進段で、旧名電系の車両は自動進段であった。それで社内では前者をHL車、後者をAL車と称した。HはHand（手動）、AはAuto（自動）、LはLineの略で制御電源をバッテリーやＭＧ電源を使用せず、抵抗で電圧を落として低圧回路を確保した名残であった。名鉄ではMG電源装備後もHL、ALの呼称が残った。愛電･三河の戦前のHL車は、デハ3300系まで多数が同一システムで統一され、戦後の鋼体化HL3700系の母体となった。

デホ･デハ○○○→モ○○○の改称時期

名岐鉄道（名岐）と愛知電気鉄道（愛電）が合併して２代目名古屋鉄道が誕生したのは1935（昭和10）年８月。当時、車両の形式称号は、名岐はデホ･デセホ○○○で、愛電はデハ･サハ○○○だった。合併した時点で改称は行われなかった（線路がつながっていなかったので支障はなかったか？）が、その後、電動車は「モ」、制御車は「ク」と呼ばれるようになり1941（昭和16）年に全体を改称した。

<ruby>名古屋鉄道<rt>なごやてつどう</rt></ruby>

名古屋鉄道

戦前編1935〜1945(昭和10〜20)年

名古屋発展のため、名岐鉄道と愛知電気鉄道を合併させようと、名古屋商工会議所が斡旋に乗り出し、名古屋市長が合併勧告を行った。それを受けて両社で折衝を行い、1935(昭和10)年８月１日に名岐と愛電が合併し、現在に続く名古屋鉄道が誕生した。営業キロは360.6kmになった。合併時の名岐と愛電の会社の規模は同程度で、対等合併であったが、存続会社が名岐で、愛電は解散した。合併はしたが、名岐と愛電の線路はつながっておらず、旧名岐の路線を西部線、旧愛電の路線を東部線と呼んだ。西部線は押切町から市内線の柳橋まで乗り入れていたので、基本は単行運転で連結運転用の制御車は所有していなかった。

1941(昭和16)年に枇杷島〜新名古屋(名鉄名古屋)間の新線が開通し、念願の名古屋駅前乗入れを達成した。その年の12月に太平洋戦争が始まり、戦時体制が強化され1944(昭和19)年３月までに愛知・岐阜県下の大部分の鉄道会社を合併し営業キロは575.0kmになった。同年９月に新名古屋〜神宮前間の東西連絡線が開通し、線路がつながった。ただし、西部線は600V、東部線は1500Vで、直通運転はできず金山橋(金山)で乗換えが必要だった。

名古屋鉄道新発足時の形式別車両数

車	種	東部線(愛電)	西部線(名岐)
ボギー客車	電動車	計　48	計　104
		デハ1010　3	K1　8
	600V車→	デハニ1020　2	デホ　100　8
	600V車→	デハ1030　1	デホ　200　5
	600V車→	デハ1040　8	デホ　250　2
	複電圧車→	デハ1060　5	デホ　300　3
		デハ1066　9	デホ　350　7
		デハ3080　9	デホ　400　7
		デハ3090　1	500　4
		デハ3300　6	510　5
		デハ3600　4	520　6
			デホ　600　7
			デホ　650　16
			デセホ　700　10
			デセホ　750　10
			800　5
			特別客車　1
	制御車	計　16	
		サハ2000　6	
		サハニ2010　2	
		サハ2020　1	
		サハニ2030　2	
		サハ2040　5	ガソリンカー↓
	気動車	—	キボ　50　10
四輪客車	電動車	—	95
	付随車	—	4
客車計		64	213
電動貨車 電気機関車		計　15	計　30
		デワ　350　1	デワ　1　13
		デキ　360　1	デワ　50　2
		デキ　361　2	600　2
		デキ　370　9	デホワ1000　6
	2両は複電圧車	デキ　400　2	デホワ1500　2
			デキ　1　1
			デキ　100　4
散水車		—	3

600V対応車

新発足当時の車両　客車277両で　旧名岐・愛電の車両がそれぞれ西部線・東部線所属となった　西部線車両は　市内乗入れの関係もあって　一般に小型であり　原則として全電動車であった

名鉄発足時の形式別車両数。©『写真が語る名鉄80年』より

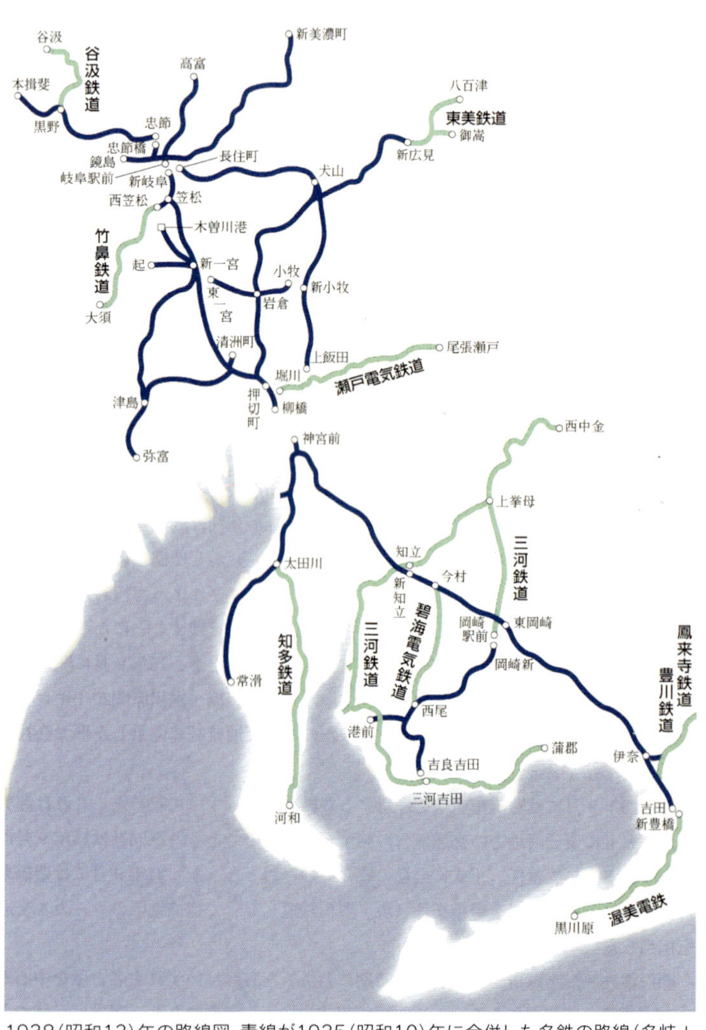

1938(昭和13)年の路線図。青線が1935(昭和10)年に合併した名鉄の路線(名岐＋愛電)、薄緑線は1939(昭和14)〜1944(昭和19)年に合併した路線。ただし豊川・鳳来寺鉄道は晩年、名鉄系の会社になったが、国の方針で国有化され、会社整理のための合併。©『名古屋鉄道百年史』より

(1) モ850形ークク2350形851−2351、852−2352（4両）
1937〜1988（昭和12〜63）年　600→1500V車

合併後最初に西部線（旧・名岐路線）用に新製した車両である。モ800形をベースに　東部線用の3400系に対応した600V線用の流線形車両で全長18.4m、クロスシート、Mc－Tcセットで1937（昭和12）年２月に日本車輌で製造した。この流線形は日車型とも言われ、気動車や満鉄車両にも似たスタイルがある。合併後ではあるが、名岐鉄道の意地で、愛電設計の3400系より約２週間早く完成させたと言われている。当初はTc車にもパンタを搭載していた。戦時輸送に伴いロングシート化され、戦後1948（昭和23）年５月の西部線主要路線昇圧の際に昇圧改造された。正面妻上部の３本の白帯から、「なまず」の愛称で知られた。1965（昭和40）年にはモ830形を組み３両編成で活躍し、ひげを外した後もワイパーの自動化、前照灯のシールドビーム化などの改造を受けた。1979（昭和54）年に852-2352が廃車され、851-2352も1988（昭和63）年に廃車された。

モ850形851。西部線（押切町〜新岐阜）の特急用に新造された流線形車両。正面上部のヒゲから「なまず」の愛称で呼ばれた。このヒゲは戦後も長く残っていたが、昭和40年代に消された。◎押切町　1937（昭和12）年頃

ク2350形は末期には台車交換が頻繁に行われ3780系の登場時にはD-16を譲りTR台車を履き1971（昭和46）年にはD-16にもどっている

ク2350形2351。モ850形と編成を組んだ同形状の制御車。当初は制御車にもパンタを付けていた。正面の車号表記に特徴。◎東笠松　戦前

モ852-モ832-ク2352の3連。一時期、中間に830形を組み込み3両編成になった。◎神宮前　昭和40年代

(2) ク2300形2301・2302（2両）　1937〜1980（昭和12〜55）年　600→1500V車
→（昭和17年）モ830形831・832

モ800形用の片運転台制御車ク2300形として1937（昭和12）年2月に製造されたが、1942（昭和17）年に電装改造されモ830形となり、翌年製造のク2180形とペアとなった。クロスシート車だったがロング化された。両運転台の800形に対し、830形は最初から片運転台であったが、後に800形の大部分が片運転台化され、差がなくなった。1948（昭和23）年に昇圧化されAL車の一員として活躍した。

1965 〜 69（昭和40 〜 44）年にはモ850形-ク2350形の中間に組み込まれ３両編成で活躍した時期もあったが、最後は831-2501、832-2502の編成で1979 〜 80（昭和54 〜 55）年に廃車となった。

モ830形831。ク2300形として登場、戦時中に電動車化改造しモ830形となった。800形と同形状で、両運転台の800形に対し片運転台版が830形。◎神宮前　1955(昭和30)年代　撮影:福島隆雄

(3) モ3400形ーク2400形3401ー2401、3402ー2402、3403ー2403（6両）
1937〜2002（昭和12〜平成14）年　1500V車

合併後東部線の新鋭車として1937（昭和12）年３月に登場したのは、戦前の名鉄を代表する流線形3400系である。外国の雑誌にも紹介された車両は、全長19.0mで、運転席後ろまでクロスシートが並び、外幌、スカートでカバーされた足回りなどのスタイルだけでなく、150ｋｗモーター（以後の標準）装備、コロ軸受のD-16台車、AL車で回生制動の試用などの新技術にも取り組んだ。回生制動用に制御車にもパンタを付けた。当時の東部線は愛電以来のHL車全盛だったがAL車で登場した。塗装も濃淡緑色のツートンカラーで登場、当時の名鉄電車の標準色は茶色だったので、非常に目立つ車両で、色とスタイルから「いもむし」と呼ばれた。

モ3400形-ク2400形。東部線（神宮前〜吉田（豊橋））の特急用に登場。戦前の名鉄を代表する流線形車両。登場時は緑色濃淡塗装で、「いもむし」の愛称がついた。◎伊奈　1937（昭和12）年

折から開催された「汎太平洋博覧会」への豊橋方面からの観客輸送では大活躍をした。戦時中にはモ3401も被災したが、運転中機銃掃射を受けた乗務員の話では床下に逃げられず、「怖かった」と聞いた。

戦後も1950（昭和25）年12月に中間電動車モ3450形を組み込み３両組成化、1953（昭和28）年８月に付随車サ2450形を組み込み４両組成化された。台車はD-18、ＦＳ-13と変化したが外観を揃え、増結され4両固定で復興期の名鉄ロマンスカーの一員として活躍した。パノラマカー登場後も、名鉄の代表車両として人気を集めたが、1967（昭和42）年９月から車体更新が行われ正面窓形状が変わった。1984（昭和59）年以降は連結化工事により、他のＡＬ車と連結運用が始まり、栄光の座をおりた。

3400系3連。1950（昭和25）年に中間車モ3450形を組み込み3両編成化。1953（昭和28）年には中間車サ2450形を組み込み4両編成化した。◎新名古屋〜山王　1952（昭和27）年頃

1988（昭和63）年に3402-2452-3452-2402、3401-2451-3451-2401と3403編成の中間車2453-3453の計10両が廃車になり、最後に残った3403-2403の２両を保存車両としてしばらく残すことになり、3401-2401と車号変更を行った。

1993（平成５）年に鉄道友の会からエバーグリーン賞を受賞し、塗装を登場時の濃淡緑ツートン色に塗り替えた。1994（平成６）年には冷房改造も行い、名鉄創業100周年記念で各支線をイベント走行した。2002（平成14）年８月限りで引退した。新製以来65年であった。

3400系4連は当初豊橋特急で運用されたが、のちに豊橋急行にも運用された。車体更新前の4両編成時代が一番美しかった。◎国府　昭和30年代

1967（昭和42）年から車体更新が行われて正面窓形状が変わったが、流線形とスカートは維持された。1975（昭和50）年以降はスカートも含め赤一色になった。◎鳴海工場　1986（昭和61）年

モ3401-ク2401の晩年の姿。1993(平成5)年に鉄道友の会からエバーグリーン賞を受賞し、それを機に登場時の塗装を復刻。翌年には冷房化も行った。◎尾西線上丸渕～森上　1994(平成6)年

モ3400系流線形の新システム

名岐・愛電が合併して最初に手掛けた車両が3400系流線形車両である。この車両は単にスタイルだけではなく、それまでＨＬ制御方式の車輛に統一してきた旧愛電がＡＬ方式の車両に踏み切ったことでも特筆される。しかも今までにない多段制御器。台車には輸入品のローラーベアリグを採用。しかもメーカーや国鉄でも開発途上の回生制動を併用するなど初めてづくめの機能を装備した。両方式の違いはいろいろあるが、将来の高速化にはＡＬ方式に分があるとは言え、思い切った選択だった。思うにこれには個人的には当時、電鉄部品の開発に熱心だった東洋電機製造の上遠野専務取締役が前社長亡き後、実質上の社長である専務となり、しかも本人は元名電社長の上遠野富之助社長の長男であり、かつ弟が合併後の名古屋鉄道役員の一人であったことが関係していたのではと思えてならない。いずれにせよ当時破格の車両が生まれた背景には物語があったのだろう。

(4) サ2310形2311～2315 (5両)　1938～1988 (昭和13～63) 年　600→1500V車
→ (昭和21～23年) ク2310形2311～2315

1938 (昭和13) 年10月に付随車サ2310形として製造された。車体形状はモ800形とほぼ同じで、将来800形の制御車になることを念頭に置いて製造されたが、当初は輸送力の逼迫していた各務原線で600Vの電動車に牽引される姿も見られた。1946 ～ 48 (昭和21 ～ 23) 年に制御車化改造されク2310形2311 ～ 2315となり、モ800形とコンビを組み801-2311 ～ 805-2315の末尾番号を揃えた編成を組んで活躍した。800形と共に1948 (昭和23) 年に1500Vへ昇圧した。

1969 (昭和44) 年803が東芝へ試験車車両として転出したので、コンビを組んでいた2313を805のペアにして、モ805-ク2313とした。同時に2315は福井鉄道へ転出した。

802-2312が802の両運転台化 (→811) に伴い1981 (昭和56年) 年2312を廃車、805-2313が1983 (昭和58) 年廃車 (豊田市鞍ヶ池公園保存)、804-2314と801-2311が1988 (昭和63) 年廃車で姿を消した。

ク2310形2313。付随車で登場し600Vの各務原線の輸送力増強に使用されたが、戦後に制御車化され、モ800形とコンビを組み活躍した。◎東岡崎　昭和30年代　撮影:福島隆雄

ク2310形2314。ク2310形は長らくモ800形とコンビを組んだ。その最晩年の姿。前照灯や台車などは交換されているが、原形を維持していた。◎鳴海工場　1986(昭和61)年

(5) サ2070形2071（1両）　1940～1963（昭和15～38）年　1500V車
→（昭和17年）ク2070形2071　元国鉄ホユニ5070

戦時輸送に対応するため、1940（昭和15）年に国鉄（鉄道省）から全長15.3mのホユニ5070（1898/明治31年・四日市工場製）の払い下げを受け、サ2070形2071として使用した。1942（昭和17）年に制御車へ改造ク2070形2071となり1963（昭和38）年に廃車。

サ2070形2071。明治時代に製造された元国鉄ホユニ5070。戦時輸送用に譲り受けた。2071の書体は名鉄風であるが、写真は国鉄の工場と思われる。◎1940（昭和15）年

サ2070形2071。国鉄から譲り受けサ2070形として使用後、制御車ク2070形へ改造。トラス棒付きだがそのスタイルの変貌ぶりが凄い。◎昭和10年代後半

ク2070形2071。本線系の制御車として20年以上も活躍。時代とは言え、よくぞ本線運用に就いたと驚かされる。◎堀田　昭和30年代　撮影：福島隆雄

ク2090形2091。元国鉄の荷物車ホニ5910を戦時中に譲り受け、付随車を経て制御車化ク2090形となった。◎田神　昭和30年代　撮影：福島隆雄

(6) サ2090形2091（1両）　1940～1964（昭和15～39）年　1500→600V車
→ク2090形2091　元国鉄ホニ5910

戦時輸送に対応するため、1940（昭和15）年に国鉄（鉄道省）から全長16.8mのホニ5910（1902/明治35年・新橋工場製）の払い下げを受け、サ2090形2091として使用した。1942（昭和17）年に制御車へ改造ク2090形2091となり1500V線区（三河線）で使用。1958（昭和33）年から600V線用になり、各務原・小牧線などで使用し1964（昭和39）年に廃車。

(7) モ3350形－ク2050形3351～3354、2051～2054（8両）　1940～1987（昭和15～62）年
→（昭和27年）モ3600形－ク2600形（3601－2601～3604－2604）
1500V車（一時複電圧車）

Tc車ク2050形は1940（昭和15）年12月、Mc車モ3350形は翌年6月製で、共に名鉄合併後の製造だが、それまでの愛電系の形式、番号で出場した。全長18.5mのクロスシート車。Tcは片運転台、Mcは両運転台で登場。戦後1952（昭和27）年に形式称号変更でMc車モ3350→モ3600形となり、Tc車ク2050形も同時に→ク2600形に改称された。台車はMc・TcともD-16で、モーターは528-9-HM150HPで、制御器は東芝のPB-2Aという電空油圧カム軸式多段制御器を採用した戦前の最優秀車であった。

戦後は一時期、複電圧車に改造され、ロマンスカーとしてツートンカラー化、名古屋方面から西尾・蒲郡

へ直通する三河湾観光列車となり、その後600V支線区が昇圧される際には、事前教習用に入線した。スタイルも窓上部のRなど美しく、「名鉄の半流」といわれた。モ3600形は片運転台化されたが、3603を除き連結面の乗務員室扉が残っていた。1960（昭和35）年から重整備が始まり、3601･3602･3604編成は、高運転台化と全窓の上隅R直角化が行われ、優美さが失われた。

なお2052の1961（昭和16）年１月撮影の写真で扉間のクロスシートに白いカバーが掛かり、HL車の3300形と連結された姿があるが、これは当時、豊橋師団司令官の賀陽宮殿下の通勤用に使用されたと思われる。AL車であるが、TcがMcよりも約半年早く製造されたので、その間は暫定的にHLの主幹制御器を取付け、（旧愛電）3300形などのHL車と連結して走った。

廃車は、1983（昭和58）年に3604-2604、翌年3603-2603、1986（昭和61）年に3602-2602、その翌年3601-2601で全廃となり、形式消滅した。

ク2050形2051。後にク2600形となった優等車両。窓上隅のRが優雅。相棒の電動車（3350→3600形）より半年早く登場し、当初は3300形HL車と編成を組んだ。◎神宮前（終点時代、新名古屋まで開通したのは1944年）　1941（昭和16）年　撮影:大谷正春

ク2050形2052。車内のクロスシートに白カバーを付け、当時、豊橋師団勤務の皇族賀陽宮殿下の通勤用に供された。◎神宮前　1941（昭和16）年　撮影:大谷正春

モ3600形3602。モ3350形として登場したが、1951（昭和26）年にモ3600形へ改称されたので、3600形のほうが馴染み深い。流線3400形の後継で、戦前の最優秀車両。◎栄生　1955（昭和30）年代

（8）モ3650形3651･3652（2両）　1940～1988（昭和15～63）年　1500V車

モ3350形（→モ3600形・両運転台）と同時（1941/昭和16年）に製造された、同じ仕様の片運転台車両。登場して間もない頃は、片運転台の制御車ク2050形（→2600形）と編成を組んだと思われる。

1952（昭和27）年に元知多鉄道モ950形のモ3508～3510が電装解除されク2650形2651～2653となったので、3651-2651、3652-2652の番号がそろった編成が誕生した。

1987（昭和62）年に3651-2651、3652-2652は廃車となった。

モ3650形3652最晩年の姿。シールドビーム化されても最後まで窓上隅のRは維持され、3600形由来の好スタイルを守った。◎鳴海工場　1985（昭和60）年

モ3650形3652。モ3600形（両運転台）の片運転台車両。スタイルは3600形とほぼ同じ。◎金山橋　昭和30年代

(9) ク2080形2081・2082（2両）　1941～1964（昭和16～39）年　1500V車

戦時輸送用に、1941（昭和16）年に木造車体を自社鳴海工場で製造した。全長16.0mのHL制御車で、手持ちの台車（42-84MCB-１）を使用。

一見愛電タイプの車両で、東部線（1500V）で使用。戦後も使用を続け1964（昭和39）年９月廃車され鋼体化の種車となった

ク2080形2082。戦時輸送用に自社鳴海工場で製造された木造車。台枠むき出し、トラス棒付きと戦時の産物である証拠。◎金山橋　昭和30年代　撮影：福島隆雄

ク2230形2239。自社新川工場製のク2100形は、付随車化された後に再度制御車化。ク2230形に組み込まれて2239（1500V用）となった。◎三河線知立（三河知立）　昭和30年代前半　撮影：福島隆雄

(10) ク2100形2101（1両）　1941～1958（昭和16～33）年　600→1500V車
→（昭和23年）サ2100形2101→（昭和24年）サ2230形2239→（昭和28年）ク2230形2239

1941（昭和16）年にモ650形と同形状の木造車体を自社新川工場で製造した。全長15.0mで、手持ちの台車（住友ST）を使用。

モ650形が1942（昭和17）年、15両のうち8両を制御車化しク2230形に、1948（昭23）年に付随車化され、サ2230形になり1500V線区へ、1951～54（昭和26～29）年に再度制御車化しク2230形2131～2138となった。

このク2100形2101も西部幹線昇圧の1948（昭和23）年に付随車化サ2101となり1500V線で使用、翌年2230形に統合され、付随車サ2239を経て、1953（昭和28）年にク2230形2239となった。戦後のク2230形は、2231～2237が600V用の制御車、2238・2239が1500Vの三河線の制御車として使われた。2239も第一次鋼体化の対象となり1958（昭和33）年に廃車となった。

(11) モ90形91～93（3両）　1942～1954（昭和17～29）年　600V車
→（昭24年）モ140形（141～143）→（昭和29年）豊橋鉄道

1942（昭和17）年２月、渥美線用に日本車輌で製造された半鋼製4輪単車。全長8.7mの小型車で定員58人。ブリル21-E台車を履き、車体はスマートだがメカは路面電車である。もともと旧名古屋電気鉄道のデワの上に新造車体を乗せた車両である。1949（昭和24）年の改番の際140形140～142となり、140と141は永久連結化され、142はトレーラ代用となっていた。1954（昭和29）年に渥美線は豊橋鉄道へ譲渡され、この車両も転籍したが、あまり使用されることなく解体された。

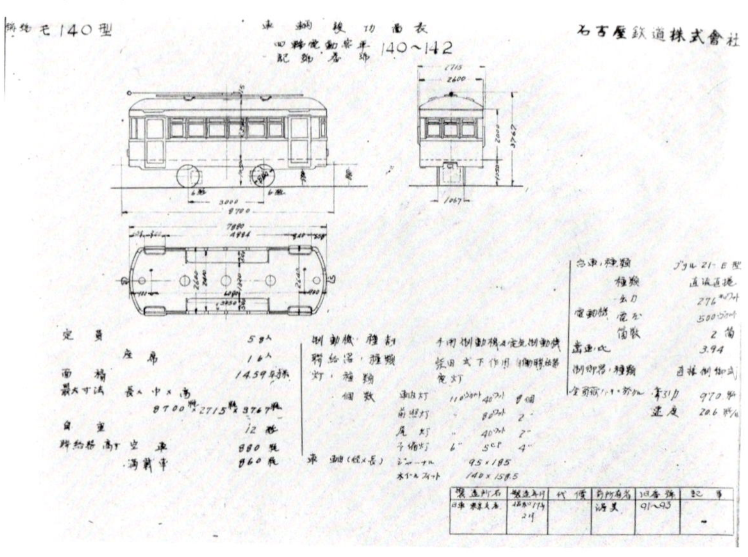

モ140形図面。渥美線用に戦時中に製造された4輪単車モ90形は、改番でモ140形となり渥美線とともに豊橋鉄道へ。全長8.7メートルの小型車。

(12) サ50形51〜58 (8両)　1942〜1957 (昭和17〜32) 年

戦火拡大による資材不足で、電動貨車デワ1〜8の8両を廃車にし、その台車·台枠を再利用したサ50形(51〜58)8両が1942(昭和17)年に自社新川工場で製造された。木造4輪単車で全長8.2m。各務原線で使用後、築港線で使用されたが52・54·55·57は戦災で大破し廃車に、残り4両は1957(昭和32)年に廃車となった。

サ50形51。電動貨車デワ1形の台車·台枠を再利用して戦時輸送用に8両製造された客車。築港線等の戦時輸送人員増化がうかがえる。晩年も築港線で使用。◎大江　1955(昭和30)年頃　撮影:福島隆雄

(13) サ2170形2171 (1両)　1942〜1960 (昭和17〜35) 年

1942(昭和17)年日本車輌製の木造車で車体長10.7mと小型である。デキ50形から外した台車(C-12)に木造の車体を乗せ、当初は工員輸送用に東部線所属とされ、1500V区間で使用されたが、晩年は竹鼻線の大須に常駐し、入換機デキ1の世話になり増結用に使用された。1960(昭和35)年廃車。

サ2170形2171。戦時中にデキ50の台車を使い、木造車体を日車で急造し戦時輸送の一助としたが、最後は新川工場奥に留置された。◎新川工場　昭和30年代前半

サ2170形2171。晩年は竹鼻線のラッシュ増結用に使用され、昼間は大須で留置された。◎大須　1955(昭和30)年頃　撮影:福島隆雄

(14) モ3500形3501〜3507 (7両)　1942〜1997 (昭和17〜平成9) 年　600→1500V車
3504→事故焼失 (昭和35年) モ3560形3561
3506・3507→ (昭和28年) ク2650形2654·2655
3502・3503・3505→両運転台化 (昭和56年) モ800形812・813・814

1942(昭和17)年9月に日本車輌で製造された。最初は2扉のクロスシート車の優等車両として計画されたが、時節柄、輸送力確保が優先され3扉ロングシートに変更して登場した。全長18.4mの両運転台車で、前照灯ケースに良き時代の名残が見えるが、登場時はモーターなどの電気機器が資材不足で製造できず、制御車や付随車として使わざるを得なかった。台車は日本車輌製のD-16である。

戦時中は600Vの西部線と1500Vの東部線に分散配置され、戦後の1946(昭和21)年末に電動車化され、1948(昭和23)年の西部線昇圧時に、全車1500V車となった。

1951(昭和26)年2扉車に改造された。このため中央の2窓は幅がやや狭い。1953(昭和28)年に3506・3507は制御車ク2650形2654・2655に改造された。

3504は1960(昭和35)年5月踏切事故で焼失。車

モ3500形3501。太平洋戦争末期には、多くの車両が制御器·モーターなどが調達できず、未電装、3扉で登場した。写真はそのときの姿。◎新川工場　1945(昭和20)年頃

モ3500形3504。未電装、3扉で登場したが、戦後の電動車化、2扉化によって計画時の3500形となった。3504-2561の編成。◎金山橋　昭和30年代前半　撮影：福島隆雄

モ3560形3561。モ3504は1960（昭和35）年に車体焼失。当時製造していたHL3700形と同じ車体を新造モ3561となった（編成を組んでいた2561と番号を揃え3561とした）。◎犬山　昭和40年代

モ3500形3505。クロスシート化改造されて、ストロークリーム+赤帯に塗装された。◎金山橋　昭和40年代　撮影：福島隆雄

ク2650形2655。モ3500形3507は1953（昭和28）年に制御車化されてク2655となった。◎金山橋　昭和30年代　撮影：福島隆雄

体を新造し3560形3561として復旧した。この車体は、当時鋼体化を進めていたHL車のモ3700形と同じ。

1962（昭和37）年にはMc-Tcの固定編成化が進んだので、連結面（岐阜方）の運転室は機器のみ撤去した。その後、クロスシート化改造と、一部車両の高運転台化改造も行った。

特筆すべきは3501号車が1951（昭和26）年７月、運輸省の研究補助対象となった東芝製の試作台車ゲルリッツ型のＴＴ－１形直角カルダン車と東芝製の電動機ＳＥ―507（110ｋｗ･750Ｖ･2000ｒｐｍ）を付け、高速回転モーターと合わせて試験した。翌年にはモ3851で住友製ＦＳ－201台車の試験も行われた。しかし試験中に推進軸の折損事故もあり、名鉄では実用化されず、中空軸平行カルダン台車を採用した。1981（昭和56）年に単行運転用車両が必要になり、連結面に運転室の残っていた3502・3503･3505の３両を両運転台化改造し、800形812･813･814とした。

モ800形812。812～814の3両は、運転室跡が残っていた3500形3両に運転台を復活させ、両運転台車両800形とした。◎鳴海工場　1986（昭和61）年

廃車年は、1979（昭和54）年に3501、1981（昭和56）年に2654（元3506）･2655（元3507）、1988（昭和63）年に3561（元3504）、1989（平成元）年に813（元3503）･814（元3505）、1997（平成９）年に812（元3502）で全廃。

なお、3500形とほぼ同時期に、知多鉄道のク950形3両が同じ仕様で製造され、戦後電動車化により3500形に組み込まれ3508～3510になった。（→知多鉄道950形参照）

(15) ク2500形2501～2503（3両）　1942～1980（昭和17～55）年　1500V車

モ3500形と同時（1942/昭和17年）に、同様な経緯と仕様で３両製造された全長18.4mの片運転台の制御車。東西直通の長距離運転を見据えて連結部車端にはトイレと洗面所が設置された。しかし水タンクは設置され

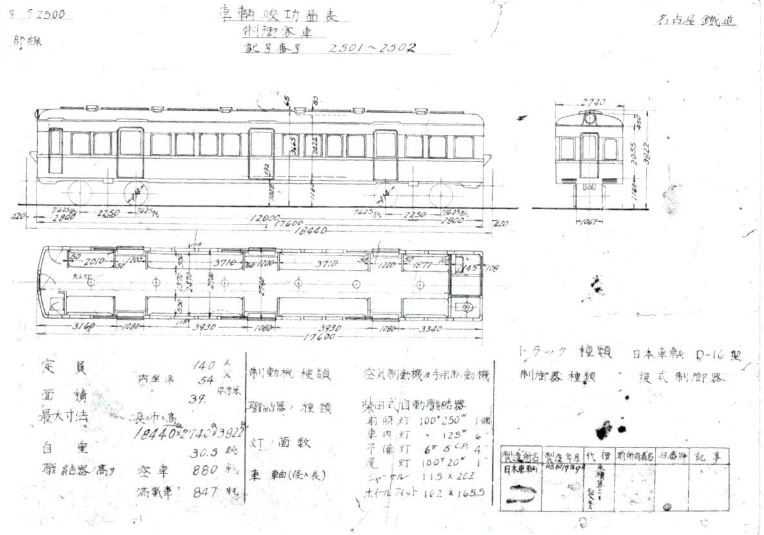

ク2500形竣工図。車端にトイレと洗面所が記載されている。実際にトイレ・洗面所付きで登場したが、床下に水タンクが設置されず、結局使用されることはなかった。

ク2500形2503。連結部車端の窓が白板になっているところがトイレ。◎昭和20年代と思われる。撮影：福島隆雄

ク2500形2501。AL車をはじめ既存の一部車両が踏切事故対策で高運転台化改造された。ク2501もその対象となった。◎金山橋　昭和30年代

ず、実際に使用されることはなく撤去された。３扉ロングシート車で、3500形とペアを組んでいたが、3500形がクロスシート改造された後、組成替えが行われ、800・830形とペアを組んだ。廃車は、1979年（昭和54）年に808-2503、831-2501、翌年832-2502で全廃された。

(16) モ180形181～186（6両）　1943～1973（昭和18～48）年　600V車　元琴平急行
186→（昭40年）ク2160形2161

戦時廃線となった琴平急行電鉄が1929（昭和４）年の創業時に日本車輌で製造した車両を1943（昭和18）年に購入した。全長11.8mながら半鋼製のボギー車でまとまったスタイルであった。台車は日車D-12だがモーターは名鉄では珍しい日立製のＨＳ-254-Ｄであった。尾西線→揖斐線と移り、そこで直接制御からAL制御に改造された。この時、直接制御器はモ574・575、モ580形に転用された。1956（昭和40）年12月に186は制御車化され、ク2160形2161となった。181～185は1970（昭和45）年、複電圧車モ600形の新製に際し台車を履き替え、181，183はブリル27-ＭＣＢ-1に、182は住友ＳＴ-９になった。この時2161は台車を600形用に提供し、廃車。1973（昭和48）年には全車廃車となった。

モ180形183。戦時廃線の琴平急行電鉄デ1形6両を譲り受け、輸送力増強策とした。最後は揖斐線で使用。◎黒野　昭和30年代　撮影：福島隆雄

モ180形186。モ186は1965(昭和40)年に予備品確保のため制御車化してク2161になった。名鉄では珍しい日立製の車両だった。◎忠節　昭和30年代　撮影:福島隆雄

ク2160形2161。186号を制御車化した。この後モ180形はモ600形の制作時に2161も含め台車、部品の多くを提供した。◎忠節　1966(昭和41)年頃

(17) モ770形771·772 (2両)　1943〜1973 (昭和18〜48) 年　600−1500V車
→(昭和23年) サ770形771・772→(昭和24年) モ770形771・772→
→(昭和44年) ク2170形2171·2172　竹鼻鉄道発注車

竹鼻鉄道が発注し、日鉄自動車で製造され1943(昭和18)年に完成したときは、名鉄合併後だった。全長15.9mの半鋼製車で台車はＳＴ-31。600Ｖ電動車として入線。両運転台車で771は岐阜側、772は豊橋側に貫通路を持ち、反対側は非貫通である。

1948(昭和23)年に一旦付随車化されたが、翌年には1500V車として再電装されHL車となる。主に豊川線など支線区で使用されMc-Mcで運用されていた。1966(昭和41)年には600Vの制御車化され揖斐線用ク2170形となる。1973(昭和48)年５月に休車となり、間もなく廃車された。

モ770形771。770形は竹鼻鉄道が発注し、完成したのは名鉄合併後。◎一宮線花岡町〜東一宮　1954(昭和29)年　撮影:権田純朗

モ770形771。771の岐阜側は貫通扉付き、豊橋側は非貫通だった(772は逆方向)。◎豊田市　1960(昭和35)年頃　撮影:福島隆雄

(18) ク2180形2181·2182 (2両)　1943〜1978 (昭和18〜53) 年　1500−600V車

1943(昭和18)年、日本鉄道自動車製の半鋼製制御車で、台車はＮＴ-31。一応、名鉄スタイルではある。長い間1500V用の制御車としてモ830形と組んで活躍したが、他のAL制御車の全長18m台に比べ16.8mと短く異端の存在だった。最初運転台側は非貫通だったが1956(昭和31)年に貫通化改造された。1965(昭和40)年12月モ830形とのコンビを解かれると降圧され、揖斐線に移り、扉も手動化された。入線時は揖斐線で一番の大型車だった。ク2182は1973(昭和48)年、ク2181は1978(昭和53)年に廃車された。

ク2170・2180形の並び。ク2170形はモ770形を600V用制御車に改造。ク2180形も600V用に改造。◎黒野、昭和40年代　撮影:阿部一紀

ク2180形2181。戦時中に製造された制御車で、モ830形と長らく編成を組んだ。◎犬山橋　1952（昭和27）年　撮影：権田純朗

ク2180形2181。最初は正面非貫通だったが貫通式に改造され、その後、600V用制御車に改造されて揖斐谷汲線へ移動した。◎忠節　1972（昭和47）年

(19) サ2240形2241（1両）　1943～1954（昭和18～29）年
元佐久鉄道　→（昭和29年）豊橋鉄道

戦時の車両不足の中、1943（昭和18）に名鉄が国鉄のキハ40703（元佐久鉄道53）を購入し瀬戸線でサ2241として使用した。元は1931（昭和６）年日本車輌製の全長11.8mの半鋼製気動車であった。この車両は1948（昭和23）年１月５日、瀬戸線最悪の列車事故、大森駅東の半径160mのカーブで脱線した。スピードの出し過ぎが原因だった。車両は大破し、廃車されるのが当然だったが、時節柄修理され甦り、1949（昭和24）年５月に渥美線で再起した。1954（昭和29）年10月に渥美線を豊橋鉄道へ譲渡したので、この車両も転籍し、製御車化されて使用された。その後1959（昭和34）年には２扉に改造された。1969（昭和44）５月に廃車解体。

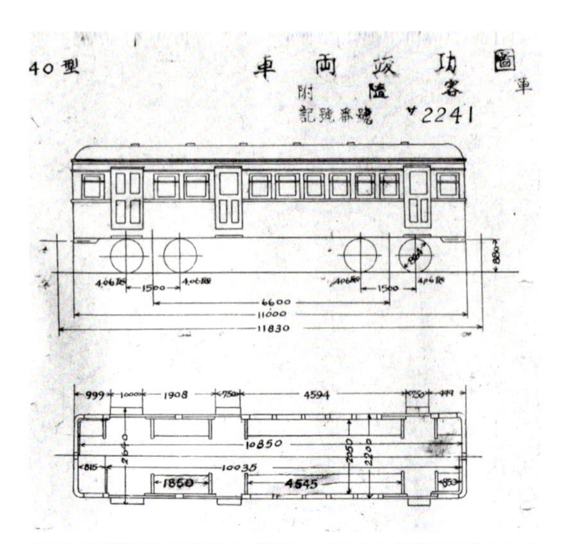

サ2240形2241の竣工図。戦時中に、元・佐久鉄道の気動車を国鉄から購入し、サ2241として使用した。

豊橋鉄道ク2241。瀬戸線でサ2241として使用後に渥美線へ移動、渥美線の分離とともに豊橋鉄道へ移り、その後に制御車化された。瀬戸線事故の復旧車。◎豊橋鉄道渥美線　1966（昭和41）年

(20) サ2210形2211 (1両)　1944～1964 (昭和19～39) 年　1500V車
→(昭和26年) ク2210形2211　旧·成田鉄道

これも戦時輸送対策の一環として1944（昭和19）年に成田鉄道（戦時、廃線）のホハ３木造客車を購入し、サ2210形付随車として使用。全長16.8m。1951（昭和26）にHL制御車へ改造され、三河線で使用。元は1926（大正15）年７月汽車会社製の３扉木造ボギー客車である。台車は国鉄型のＴＲ-13を付けており、鋼体化に使用され、1964（昭和39）年に廃車。

ク2210形2211。戦時中に成田鉄道から木造客車を購入、サ2211として使用。戦後に制御車化改造ク2211となる。◎三河線知立（三河知立）　1955（昭和30）年頃　撮影:福島隆雄

ク2210形2211。新川工場の奥に留置。台車は鋼体化車両に使用した。◎新川工場　1955（昭和30）年代後半

(21) サ2250形2253·2255 (2両)　1943～1960 (昭和18～35) 年　元近江鉄道
→改番 (昭和24年) 2251·2252

車両不足が著しいのか、近江鉄道からもクハ21形２両を1943（昭和18）年購入した。1925（大正14）年加藤車輌製で、シングルルーフのずんぐりした11.7mの車体は、一見して名鉄車両ではないと解る。窓配置もＤ112211Ｄと変わっている。

サ2250形2252。戦時中に近江鉄道からクハ21形2両購入し、客車として使用。ドイツ製リンケホフマン台車を履いていた。◎大江　昭和30年代

2251（近江23）は単台車ブリル21-Eのボギー台車改造を履き、2252（近江25）はドイツ製のリンケホフマンを履いているのも異色である。竹鼻線の増結用に使用され、最後は築港線用となり1960（昭和35）年4月廃車。

サ2250形2251。2251はリンケホフマン台車からブリル21-Eのボギー化改造台車に履き替えた。◎大江昭和30年代

（22）サ40形41～44（4両）　1944～1948（昭和19～23）年

1944（昭和19）年5月、いよいよ窮したのか、元・尾西鉄道の古い貨車ワ204～207を集めて改造し、広見線で使用した。戦後1947（昭和22）年にはワフに再改造したが翌年廃車。全長6.3mと一番短い車体であった。

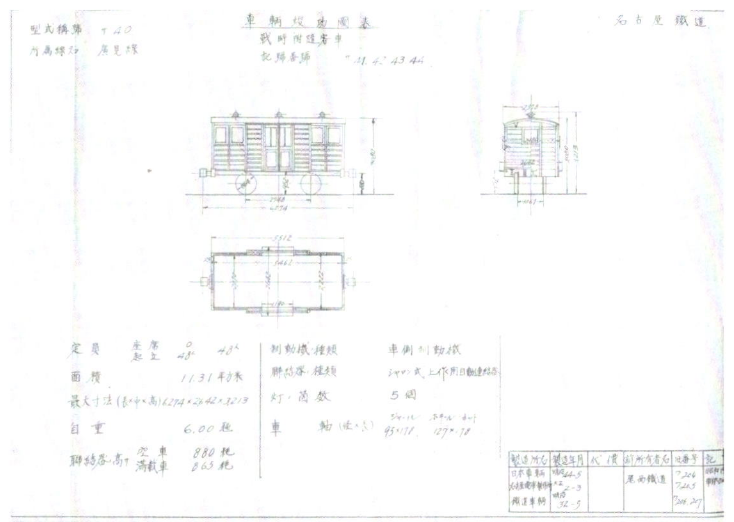

サ40形竣工図。元・尾西鉄道の明治～大正初期の貨車を4両改造したことがわかる。

サ40形。車両不足で古い貨車を改造、客車として広見線で使った。◎1945（昭和20）年頃

（23）サ60形61（1両）　1944～1948（昭和19～23）年

1944（昭和19）年6月、サ40形に続き、新川工場製で大正生まれのワフを改造した木造客車で全長8.2m、1両だけ作られた。もちろん単車である。元は名古屋電気鉄道が1912（大正元）年に製造した電動貨車を貨車に改造した車両で、これも広見線用である。サ40形と同時期（1948/昭和23年頃）に廃車となった。

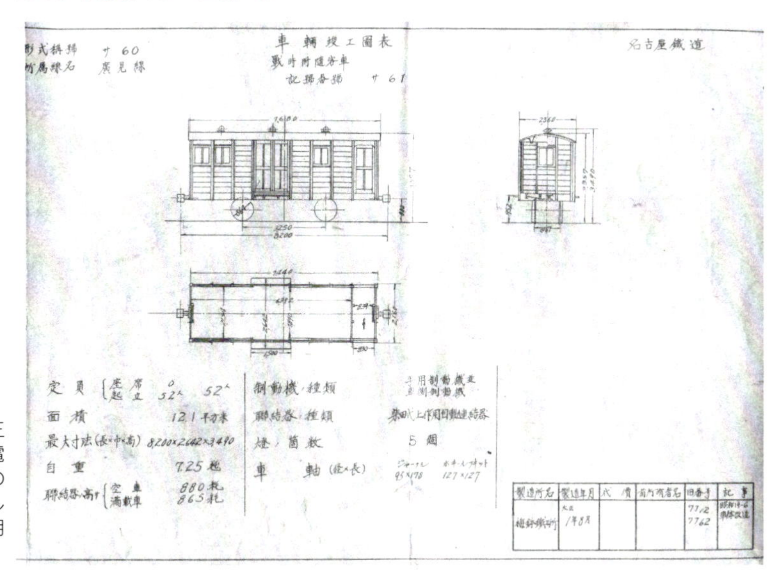

サ60形竣工図。1912（大正元）年に名電が製造した電動貨車を貨車に改造。その貨車を再度改造し、客車として戦時中から戦後の一時期使用した。

(24) モ3550形3551～3560 (10両) - ク2550形2551～2561 (11両)
1944～1988 (昭和19～63) 年 1500V車

輸送需要に対応するため、モ3550形は両運転台、ク2550形は片運転台で共に3扉ロングシートで計画された。最終的にはMc-Tc10編成+Tc1両の21両揃ったが、1944（昭和19）年の車両一覧表にはサ2550形（2557～2561）5両、サ3550形（3551～3554）4両と記されている。戦況悪化で、電車の艤装を行う資材にも不足を来していた。取り敢えず箱だけ出荷して輸送に充当したと思われる。日本車輌構内で留置されていた3550形はやっと1947（昭和22）年に未電装で出場し、11月になってまともな電車になったという。このような事情なので、名鉄の竣工図や車両諸元表では、モ3550形（3551～3560）の製造年が1947（昭和22）年9月、ク2550形（2551～2561）の製造年が1944（昭和19）年6月となっている。

3551～3555の5両は前照灯が埋め込み式だったが、その他の16両の前照灯はむき出しだった。モ3550形は、ク2550形との固定編成化が進んだことにより片運転台化された。また一部の車両は高運転台化され運転台窓が小型になった。昭和40年代から廃車までは貴重な3扉車として混雑列車に指定運用されたが、そのため台枠への負荷が大きくAL車としては早く1988（昭和63）年に全廃された。なおク2561は3550形の相棒がなくてモ3500形3504と組成を組んでいた。3504号が事故焼失して車体新造したとき、組成の番号を揃えるため、3504→3561号になった経緯がある。

3550形-2550形の廃車年は、1981（昭和56）年2561（末期は3505と組成、3505は両運転台化）、1984（昭和59）年3555-2555、3558-2558、3559-2559、3553-2553、1986（昭和61）年3557-2557、1987（昭和62）年3554-2554、3551-2551、3552-2552、3553-2553、3556-2556

モ3550形3555。資材のない戦時中に製造、まともな電車になったのは戦後の1947（昭和22）年。3扉車でラッシュ輸送に威力を発揮した。◎昭和30年代　撮影：福島隆雄

ク2550形2551。木曽川橋梁を渡る。
◎木曽川堤～東笠松　1952（昭和27）年

昭和40年代、一番混雑の激しい犬山線の朝の通勤列車には3550系が優先投入された。3550系6両を含むAL8連の通勤列車。◎犬山線　昭和40年代

モ3556-ク2556。3550形最晩年の姿。定期検査後の試運転に出発する。◎鳴海工場　1986(昭和61)年

ク2550形2561。クが1両多かったので、連結相手は車体新造したモ3561。◎西枇杷島　昭和30年代後半

【蒸気動車】

(25) キハ6400形6401 (1両)　1944～1948 (昭和19～23) 年　元国鉄蒸気動車
キハ6401←国鉄キハ6401←国鉄ジハ6006←鉄道院ホジ6014

非電化の三河線(蒲郡線)三河鳥羽～蒲郡間はガソリンカーで運行していたが、戦時下のガソリン不足のため国鉄から蒸気動車1両を1944(昭和19)年に譲り受けた。番号も国鉄時代のキハ6401号をそのまま引継いだ。しかし、あまり使用することなく休車となり1948(昭和23)年2月に廃車。その後犬山遊園(現在の名鉄犬山ホテル敷地)に保存された。国内に残る唯一の蒸気動車として、1962(昭和37)年10月には鉄道記念物20号に指定され、籍が国鉄へ戻り、名古屋工場で整備された。その後、1965(昭和40)年に開村した明治村へ貸し出

明治村に展示された蒸気動車キハ6401。明治村開村時は屋外展示、その後コンクリート覆いの中に入り、現在はリニア鉄道館へ移設された。◎明治村　1965(昭和40)年

され、展示されていたが、2009（平成21）年末に明治村から運び出され名古屋工場で整備され、2011（平成23）年３月開館のＪＲ東海のリニア鉄道館に収まり安住の地を得た。

1912（明治45）年から２年間で、当時の鉄道院が汽車製造から工藤式蒸気動車18両を購入し、関西地区を中心にローカル線で使用され、1943（昭和18）年まで在籍した。名鉄が譲り受けたのはそのうちの１両。

なお名鉄は、合併会社の瀬戸自動鉄道（瀬戸電）がセルポレー式蒸気動車を３両、三河鉄道が工藤式蒸気動車を１両所有していた。

犬山遊園地で展示された頃の蒸気動車キハ6401。機関室の扉を開けた状態。◎1955（昭和30）年頃　撮影:福島隆雄

【電気機関車】

（26）デキ500形501（１両）　元上田電鉄 1940～1970（昭和15～45）年　1500V車 →岳南鉄道

デキ500形501。上田電鉄から購入した機関車。三河線の貨物列車を牽引した。◎土橋　1967（昭和42）年

1940（昭和15）年３月に上田電鉄から購入した1928（昭和３）年・川崎造船製の機関車。川崎製150HPモーター４個の強力機だった。箱型ながら両端に機械室のある川崎造船スタイルで、小田急電鉄や西武鉄道にも同型機が存在した。主として東部線で活躍し、1970（昭和45）年４月に岳南鉄道へ譲渡された。上田電鉄と合併した丸子鉄道には1927（大正６）年に尾西鉄道から蒸気機関車・己（31）号が譲渡された因縁がある。

（27）デキ600形601～604（４両）　1943～2015（昭和18～平成27）年　1500V車

1943（昭和18）年７月東芝製の戦時私鉄標準型電気機関車である。東武鉄道など他社にも同型機がある。凸形ではあるが150HPモーターを装備している。603・604は当初、中国・海南島の日本窒素工場へ納める予定の機関車だったのを輸送できず、名鉄が購入した。戦時中は雑多な付

デキ600形601。名鉄では一番の強力機だったので、貨物列車の主力機として活躍した。◎堀田　昭和30年代　撮影:福島隆雄

"我こそは丸産・戦時型電車"

名鐵電車では決戦下輸送[illegible]強化をめざし重要物資、産業戦士の輸送に全力を注いでゐるが特に輻輳する常滑線の緩和をはかるため先に製作中の戦時型客車及び大型電氣機関車が完成したので二十日から朝夕の混雑時に四輛編成の戦時型客車を運轉することになつた、運轉時間は
△新舞子発六時八分（神宮前着七時四分）△大同前発一七時二五分（同一七時三九分）△神宮前発一八時四〇分（大野着一九時四〇分）

デキ600形、「我こそは丸産・戦時型電車」の新聞記事。戦時中、軍需工場へ産業戦士を輸送するため、デキ600形が客車4両を牽引する丸産列車が運転された。

デキ600形602。東芝製戦時私鉄標準型の凸型機関車で、名鉄では一番の強力機だった。1965(昭和40)年から前面ゼブラ塗装が始まった。◎尾西線日比野　1967(昭和42)年頃

デキ600形604。1992(平成4)年に特別整備で車体を更新し、青色塗装に変更。貨物営業廃止後も、工事列車用に残された。◎新川検車区　2008(平成20)年

随車を牽引して、工員輸送に従事したという。強力機の利点を生かし、東部線の貨物列車牽引の主力機として使用されたが、名鉄の貨物輸送は1983(昭和58)年末で終了した。その後はデキ400形と共に、線路保守用のレール·砕石輸送の工事列車牽引用として残された。1992(平成4)年に特別整備を実施し、車体を更新して青色のデキとなった。後継のEL120形登場により2015(平成27)年7月に4両とも廃車。

(28) デキ800形801～803 (3両)
1944～1966(昭和19～41)年　1500V車

1944(昭和19)年、鳴海工場製の1500V用機関車。デキ600形をモデルにしたという凸形車体は木製であった。製造時の機器は旧碧海電鉄のモ1011～1013を電装解除して捻出したドイツ製のアルゲマイネの50ｋｗモーターを転用した。台車はブリル27-ＭＣＢ-1、その後801はＴＤＫ516-Ｅの80ｋｗに換装した。戦後801は西部線用、802は鳴海工場入換、803は築港線用とされたが、1960(昭和35)年に803は廃車、801は新川工場入換用になる。1965～66(昭和40～41)年には801、802も廃車となった。

デキ800形803。デキ600形をモデルに戦時中鳴海工場で製造した木造機関車。電車の機器を再利用したので、力は強くなかった。◎東名古屋港　1955(昭和30)年頃　撮影:福島隆雄

(29) デキ850形851 (1両)
1944～1954 (昭和19～29) 年　600V車
→ (昭和29年) 豊橋鉄道

800形と同じ戦時の1944(昭和19)年、新川工場製の木造電機。600Ｖの西部線用であった。車体はほぼ800形と同じであるが1952(昭和27)年の諸元表ではWHの546-Ｊのモーターを装備している。台車は日車C-12である。1954(昭和29)年12月豊橋鉄道へ移籍し、1966(昭和41)年3月に廃車された。直制御器装備だったという。

デキ850形851。デキ800と同時期に新川工場で製造した600Vの木造機関車。◎犬山　昭和20年代　1954(昭和29)年に豊橋鉄道へ移籍した。

築港線のガチャと呼ばれた列車。元気動車などの客車の両側に電気機関車を連結し、プッシュプルで運転した。手前がデキ901。
◎大江　昭和30年代

(30) デキ900形901 (1両)　1944～1965 (昭和19～40) 年　1500V車

戦時製造の日鉄自動車製の機関車だが、車体は全鋼である。国電モハ１形の機器を利用し台車はＴＲ-14でモーターはＧＥ製という35ｔの小型凸形機関車である。制御器はWH272-G-6である。軽量のためコンクリートの死重を載せ、粘着重量を増していた。晩年は大江駅に常駐し、築港線でデキ803と共にプッシュプルの客車列車（通称：ガチャ）の牽引に従事した。1960（昭和40）年に廃車された。

デキ900形901。戦時中に導入された小型凸型機関車。築港線に常駐し、ガチャや貨物を牽引した。◎東名古屋港　1955(昭和30)年頃　撮影:福島隆雄

【蒸気機関車】

(31) 蒸機３ (1両)　1941～1944 (昭和16～19) 年　元熊延鉄道 → (昭和19年) 武蔵野鉄道

1923（大正12）年に熊本の熊延鉄道が、雨宮製作所で製造した18.3ｔの小型蒸気機関車。雨宮タイプと呼ばれた標準的なスタイル。名鉄は1941（昭和16）年６月に購入し、蒲郡線で使用したが余り活躍しなかった。戦時中1944（昭和19）年に武蔵野鉄道（現・西武鉄道）の東久留米側線の中島飛行機工場の入換用に売却されたという。

３号蒸気機関車。熊延鉄道から購入して蒲郡線で使用されたが、すぐに売却。後方に流線形気動車(三河キ80形→名鉄キ250形)が見える。◎西浦　1943(昭和18)年頃

(32) 蒸機10形13 (1両)　1943〜1959 (昭和18〜34) 年　元豊川鉄道

豊川鉄道が1897 (明治30) 年に英国ナスミス・ウイルソンから３両輸入した機関車。豊川鉄道は1943 (昭和18) 年に国有化され、１号機も国鉄買収され1280形となった。３号機は国有化前に廃車となり、1943年に名鉄が購入し、名鉄では10形13号となった。東名古屋港の入換や、尾西線森上の三興引込線で使用された。森上の引込線には1951 (昭和26) 年に三興製紙がＣ351蒸気機関車を導入したが、予備機がなかったので13号機などが時々応援に駆けつけた。1954 (昭和29) 年に国鉄から蒸気機関車２両の払い下げを受けたので、13号機は1959 (昭和34) 年７月に廃車された。

13号蒸気機関車。戦時中に豊川鉄道から購入。東名古屋港の入換などに活躍した。◎東名古屋港　1955 (昭和30) 年頃

13号蒸気機関車。尾西線森上駅からの三興製紙引込線でも使われた。◎森上　1955 (昭和30) 年頃

名鉄電車の色（戦前編）

名鉄＝赤い電車というイメージが強いが、名鉄に赤い電車が登場したのは1961（昭和36）年のパノラマカーからであり、全部の電車を赤くしたのは1975（昭和50）年以降である。

昔の電車の色は？と聞かれても、1965（昭和30）年頃までは白黒写真しか残っていない。戦前から活躍されていた鉄道研究家の記憶（記録）を頼りに、名鉄の車体色の歴史を振り返ってみたい。

名古屋電気鉄道

1898（明治31）年の開業から1912（明治45）年に製造された、名古屋市内線用の電車1 ～ 167号の色は、腰板の上部が茶色、窓周りと腰板下部が白（明治村京都市電と類似）それ以後は茶色になったようである。

1912（大正元）年に開業した郡部線（一宮·犬山線）用の電車168 ～ 205号（後にデシ500形と改称）の色は、前面·側面の腰周りは赤茶色で側面窓下に青帯、上部は薄黄色で、縁取りなどは金色に。

1920（大正9）年に製造された最初のボギー車1500形（後の300·350形）は茶色で、その後、（旧）名鉄時代·名岐時代も茶色だった。

愛知電気鉄道

1912（明治45）年の開業用の電車·電１形の色は茶色で、その後製造された電車も茶色だった。

名鉄合併後、終戦まで　1935～1945（昭和10～20）年
【本線系】

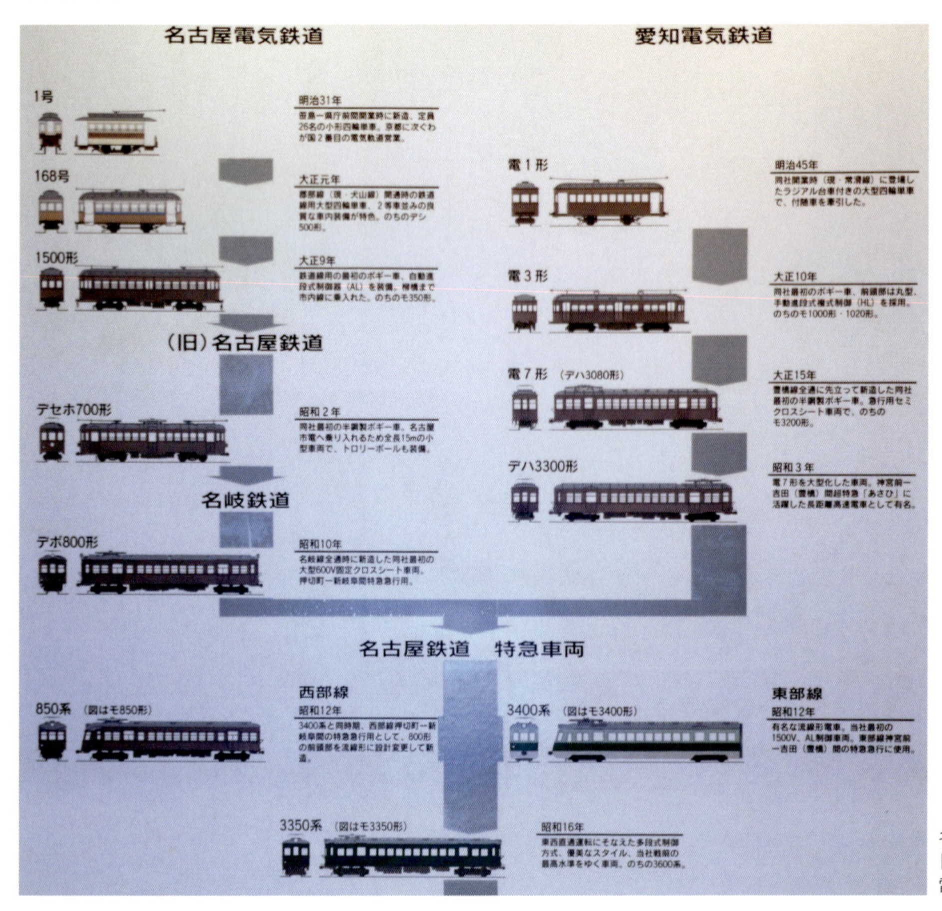

名鉄資料館に展示してある
「車両の歴史パネル」
電車の色の歴史がわかる

○1935（昭和10）年に合併した名岐・愛電共に電車の色は茶色だった。従って、合併しても電車の色に関しては問題なかった。全国的に見ても、戦前の鉄道車両（電車·客車）の標準色は茶色だった。
○1937（昭和12）年に登場した流線型の3400系は緑色濃淡のツートン色で登場し、スタイルも色も非常に目立ったはずである。
○戦時中に、電車の色を茶色から濃緑色に変更し始めた。これは戦闘機用の塗料が濃緑色だったので、その塗料が大量生産され、鉄道車両にも使うようになったといわれている。1942（昭和17）年に登場した3500形は、最初から濃緑色に塗られていた。その頃から少しずつ濃緑色に塗り替え始め、５年くらい掛けて全部の電車（3400系と路面電車を除く）が濃緑色になったようである。

岐阜の電車

○美濃電の開業当初の写真（絵葉書）を見ると、色の塗り分けは当時の京都·名古屋の市内電車とよく似ている。茶色と白の塗り分けだったと思われる。その後、オレンジ一色に塗り替えられ、1925（昭和10）年頃はオレンジ一色だった。
○1937·38（昭和12·13）年頃から、上半が薄青灰色+腰回り青のツートン色になった。
○戦時中にクリーム+緑のツートン色になった。終戦後に製造された570·580・590形もクリーム+緑のツートン色だった。

名鉄資料館に展示してある美濃電520形の模型

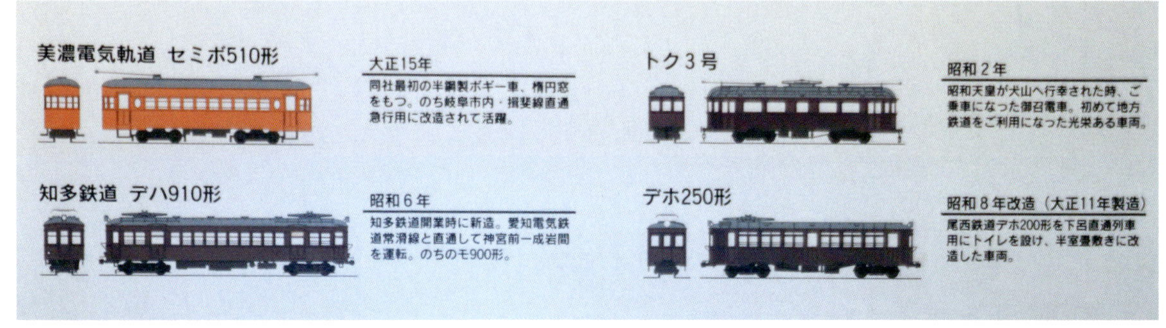

名鉄資料館に展示してある「車両の歴史」パネル

瀬戸線の電車

○瀬戸電の初期（明治時代）の写真を見ると、名古屋の市内電車と同じ塗り分けで、茶色と白の塗装だったと思われる。大正の中頃から、一般的な茶色一色になったと思われる。
○２両在籍していたガソリンカーはツートン色の写真が残っている（色は国鉄気動車の標準色だった黄褐色+群青色？）。
○名鉄合併（1939/昭和14年）後は、名鉄の本線系からの中古車の転入が多く、本線系と同じ色で、戦時中から順次、緑色化された。

1940（昭和15）年の名岐線・津島線の列車ダイヤ（一部） 所蔵：名鉄資料館

新名古屋（名鉄名古屋）駅が開業する1941（昭和16）年８月までは、名鉄の西部線（名岐・犬山・津島線）のターミナルは押切町駅で、押切町から名古屋市内線に直通して柳橋駅まで乗り入れた。

1935（昭和10）年に名古屋～岐阜間の特急用に製造されたデボ800形は大型車両で、市内線乗入れができなかったので、押切町で折り返すダイヤになっていた。

上図の列車ダイヤで、太線・列車番号１、２から始まる列車が名岐特急、その他の太線が急行列車と思われる。

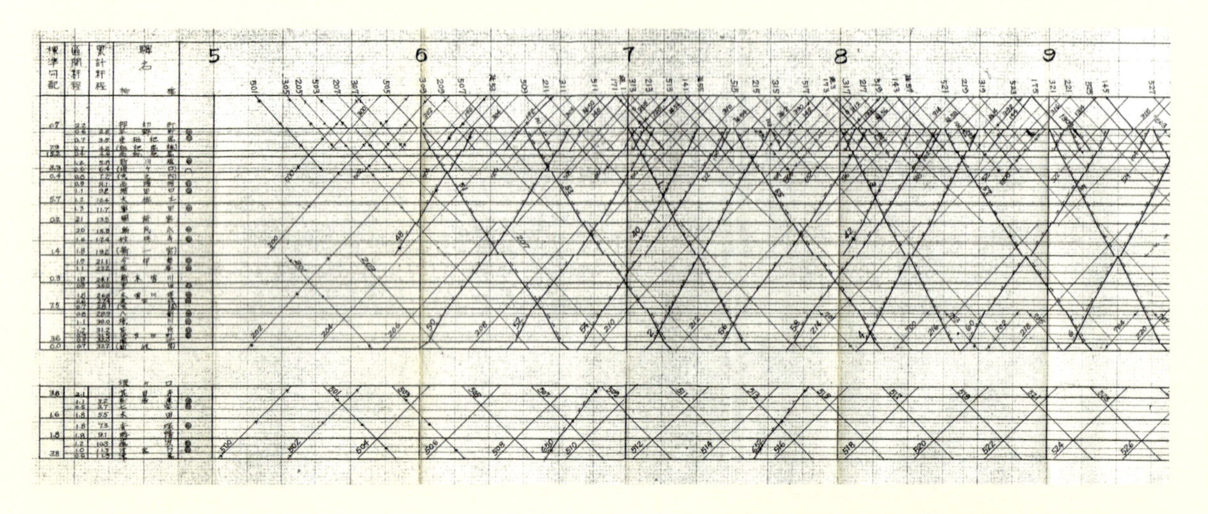

1941(昭和16)年8月に、名鉄は念願の名古屋駅前乗入れを果たした。枇杷島橋～新名古屋(図の赤線部分)が昭和16年8月に開業。それに伴い枇杷島橋～押切町(青線区間)が廃止され、柳橋への市内線乗入れも廃止された。

新名古屋(名鉄名古屋)駅開業40年後に復刻された、名古屋駅地下乗入れ(昭和16年8月12日)のポスター。

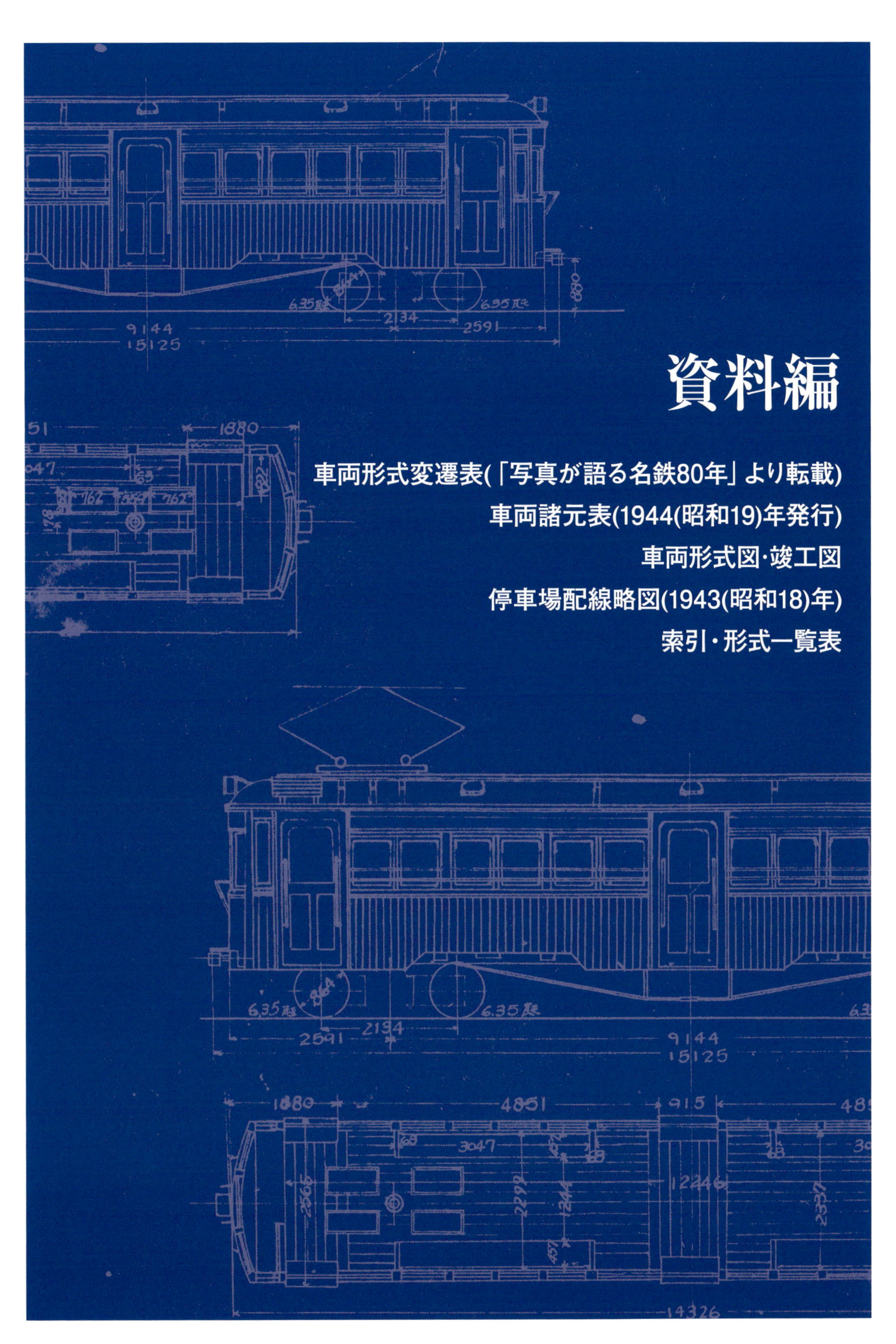
9144
15125
2134
2591
1880
2591
2134
9144
15125
1880
4851
915
14326

資料編

車両形式変遷表（「写真が語る名鉄80年」より転載）

1. 当社および合併会社・譲受会社に在籍する車両の全形式をとり上げた。
2. 形式のないものは、適宜グループにまとめた。
3. 掲載順序は、名古屋電気鉄道――名古屋鉄道――名岐鉄道――名古屋鉄道を当社沿革上の中心事業として、新造、合併あるいは譲受の順によった。
4. 車体製造年月は、同一形式あるいはグループ中の最初のものとした。
5. 車体メーカーの表記は次のように略記した。
   井上＝井上工場、日車＝日本車輌製造、名電＝名古屋電車製作所、梅鉢＝梅鉢鉄工所、天野＝天野工場、丹羽＝丹羽製作所、藤永田＝藤永田造船、田中＝田中車輌、東車＝東洋車輌、木南＝木南車輌製造、日鉄＝日本鉄道自動車、汽車＝汽車製造、川崎＝川崎車輌、帝車＝帝国車輌、日立＝日立製作所、広瀬＝広瀬車輌、近車＝近畿車輌、野上＝野上製作所、川崎造＝川崎造船、三菱＝三菱造船、東芝＝東京芝浦電気、名工＝国鉄名古屋工場、新橋工＝国鉄新橋工場、神工＝国鉄神戸工場、鳴工＝当社鳴海工場、新工＝当社新川工場、松島工＝伊那電気鉄道松島工場、名車＝名古屋車両工業、東洋＝東洋電機製造、四工＝国鉄四日市工場

チャートの見かた

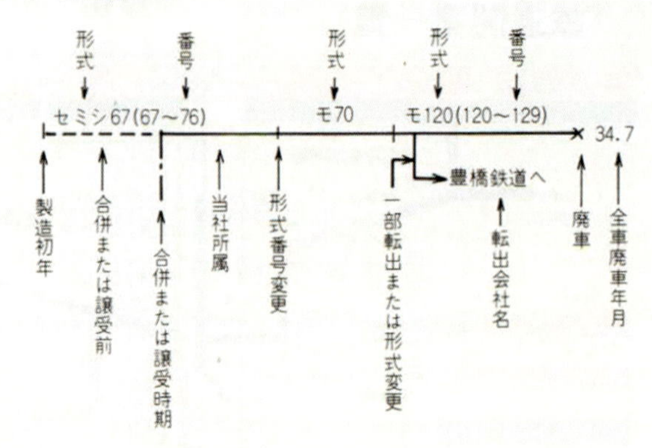

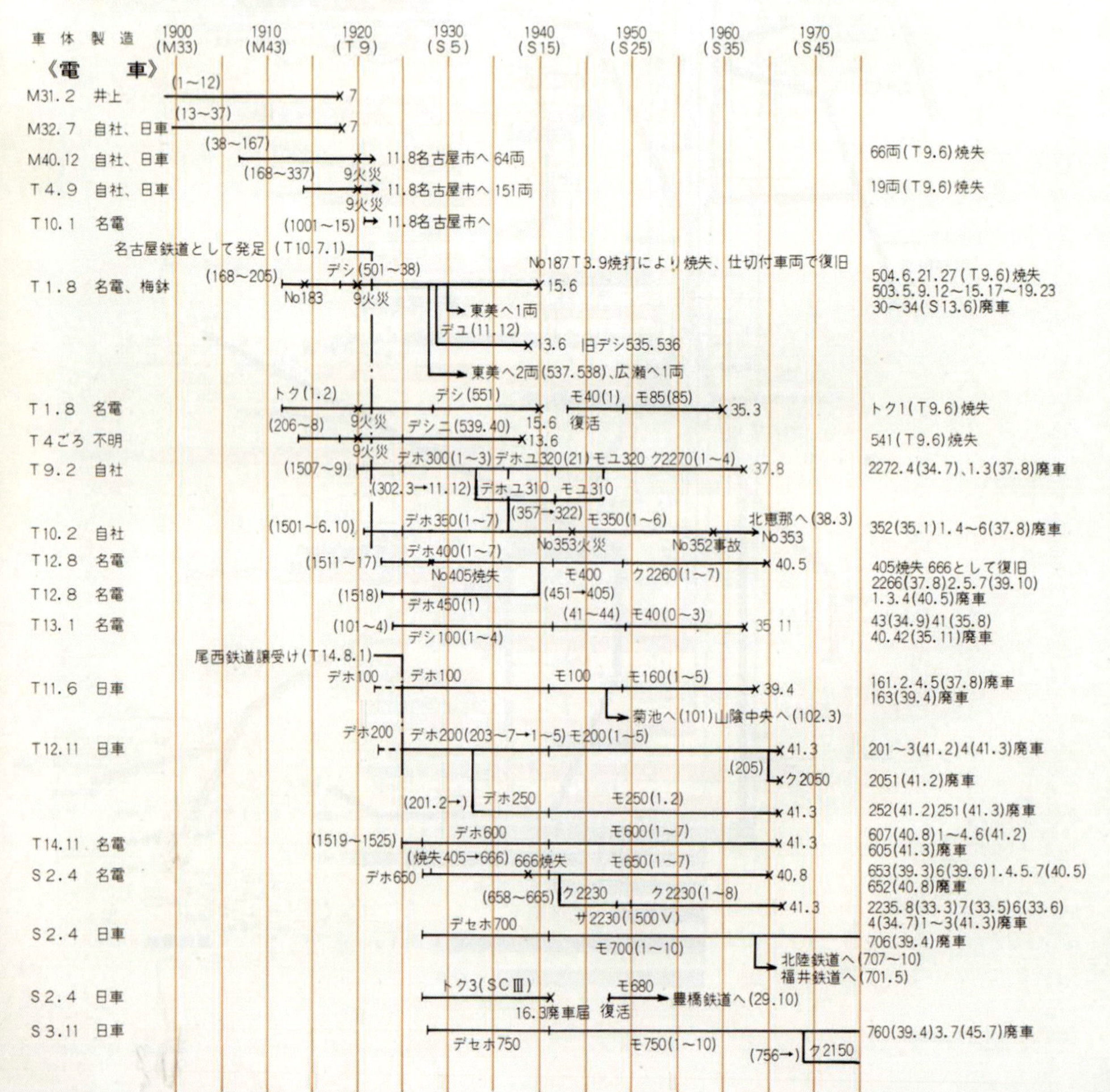

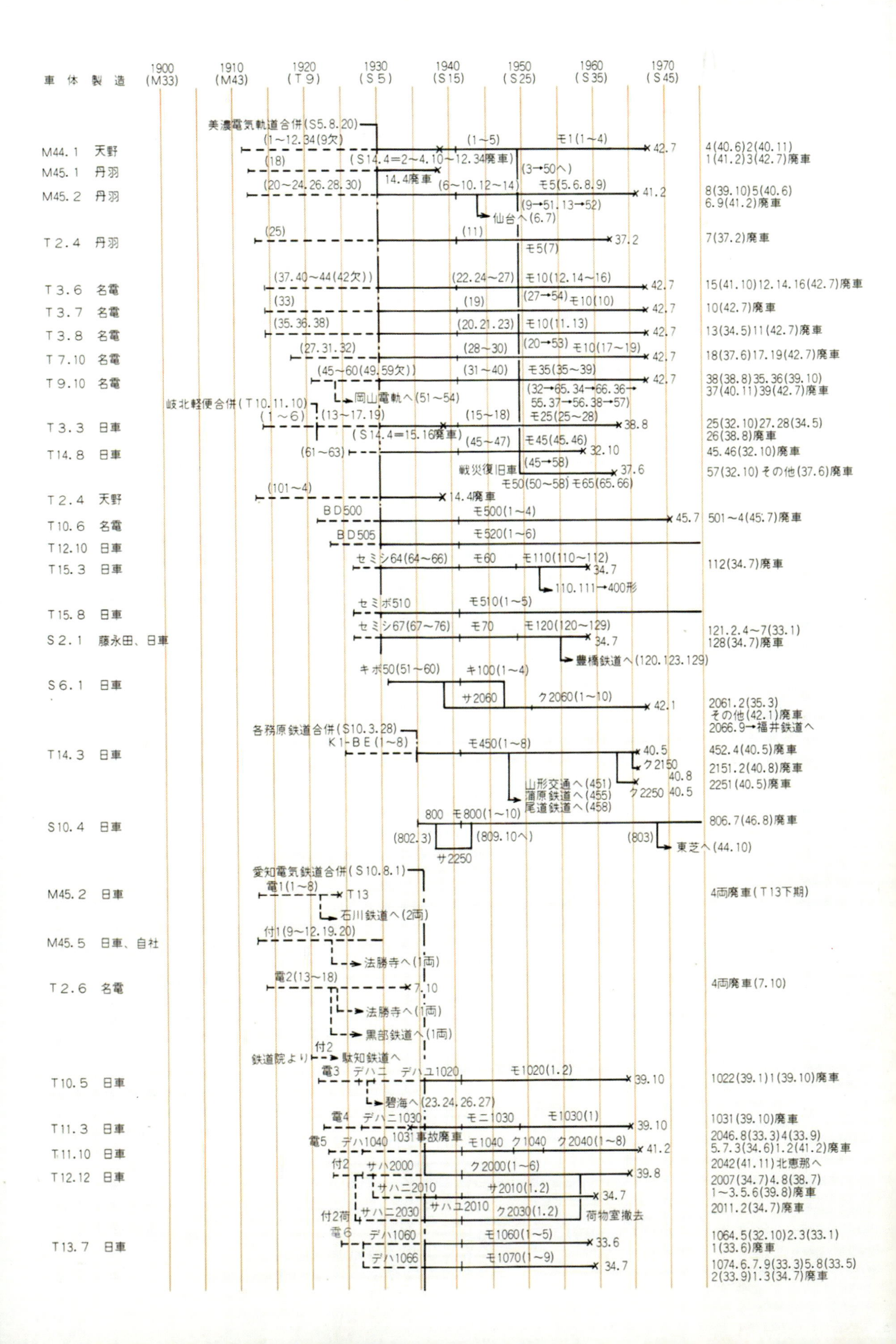

車体製造
1900 (M33)
1910 (M43)
1920 (T9)
1930 (S5)
1940 (S15)
1950 (S25)
1960 (S35)
1970 (S45)
美濃電気軌道合併(S5.8.20)
M44.1 天野
M45.1 丹羽
M45.2 丹羽
T2.4 丹羽
T3.6 名電
T3.7 名電
T3.8 名電
T7.10 名電
T9.10 名電
岐北軽便合併(T10.11.10)
T3.3 日車
T14.8 日車
T2.4 天野
T10.6 名電
T12.10 日車
T15.3 日車
T15.8 日車
S2.1 藤永田、日車
S6.1 日車
各務原鉄道合併(S10.3.28)
T14.3 日車
S10.4 日車
愛知電気鉄道合併(S10.8.1)
M45.2 日車
M45.5 日車、自社
T2.6 名電
T10.5 日車
T11.3 日車
T11.10 日車
T12.12 日車
T13.7 日車
4(40.6)2(40.11)
1(41.2)3(42.7)廃車
8(39.10)5(40.6)
6.9(41.2)廃車
7(37.2)廃車
15(41.10)12.14.16(42.7)廃車
10(42.7)廃車
13(34.5)11(42.7)廃車
18(37.6)17.19(42.7)廃車
38(38.8)35.36(39.10)
37(40.11)39(42.7)廃車
25(32.10)27.28(34.5)
26(38.8)廃車
45.46(32.10)廃車
57(32.10)その他(37.6)廃車
501~4(45.7)廃車
112(34.7)廃車
121.2.4~7(33.1)
128(34.7)廃車
2061.2(35.3)
その他(42.1)廃車
2066.9→福井鉄道へ
452.4(40.5)廃車
2151.2(40.8)廃車
2251(40.5)廃車
806.7(46.8)廃車
4両廃車(T13下期)
4両廃車(7.10)
1022(39.1)1(39.10)廃車
1031(39.10)廃車
2046.8(33.3)4(33.9)
5.7.3(34.6)1.2(41.2)廃車
2042(41.11)北恵那へ
2007(34.7)4.8(38.7)
1~3.5.6(39.8)廃車
2011.2(34.7)廃車
1064.5(32.10)2.3(33.1)
1(33.6)廃車
1074.6.7.9(33.3)5.8(33.5)
2(33.9)1.3(34.7)廃車
(1~12.34(9欠)
(1~5)
モ1(1~4)
(S14.4=2~4.10~12.34廃車)
14.4廃車
(3→50へ)
(20~24.26.28.30)
(6~10.12~14)
モ5(5.6.8.9)
(9→51.13→52)
仙台へ(6.7)
モ5(7)
(37.40~44(42欠))
(22.24~27)
モ10(12.14~16)
(27→54)
モ10(10)
(35.36.38)
(20.21.23)
モ10(11.13)
(20→53)
モ10(17~19)
(27.31.32)
(28~30)
(45~60(49.59欠))
(31~40)
モ35(35~39)
(32→65.34→66.36→55.37→56.38→57)
岡山電軌へ(51~54)
(1~6)
(13~17.19)
(15~18)
モ25(25~28)
(S14.4=15.16廃車)
(45~47)
モ45(45.46)
(61~63)
(45→58)
戦災復旧車
モ50(50~58)
モ65(65.66)
(101~4)
BD500
モ500(1~4)
BD505
モ520(1~6)
セミシ64(64~66)
モ60
モ110(110~112)
110.111→400形
セミボ510
モ510(1~5)
セミシ67(67~76)
モ70
モ120(120~129)
豊橋鉄道へ(120.123.129)
キボ50(51~60)
キ100(1~4)
サ2060
ク2060(1~10)
K1-BE(1~8)
モ450(1~8)
ク2150
ク2250
山形交通へ(451)
蒲原鉄道へ(455)
尾道鉄道へ(458)
800
モ800(1~10)
(802.3)
(809.10へ)
サ2250
(803)
東芝へ(44.10)
電1(1~8)
T13
石川鉄道へ(2両)
付1(9~12.19.20)
法勝寺へ(1両)
電2(13~18)
黒部鉄道へ(1両)
付2
鉄道院より
駄知鉄道へ
電3
デハニ
デハユ1020
モ1020(1.2)
碧海へ(23.24.26.27)
電4
デハニ1030
モニ1030
モ1030(1)
1031事故廃車
電5
デハ1040
モ1040
ク1040
ク2040(1~8)
サハ2000
ク2000(1~6)
サハニ2010
サ2010(1.2)
付2荷
サハニ2030
サハユ2010
ク2030(1.2)
荷物室撤去
電6
デハ1060
モ1060(1~5)
デハ1066
モ1070(1~9)

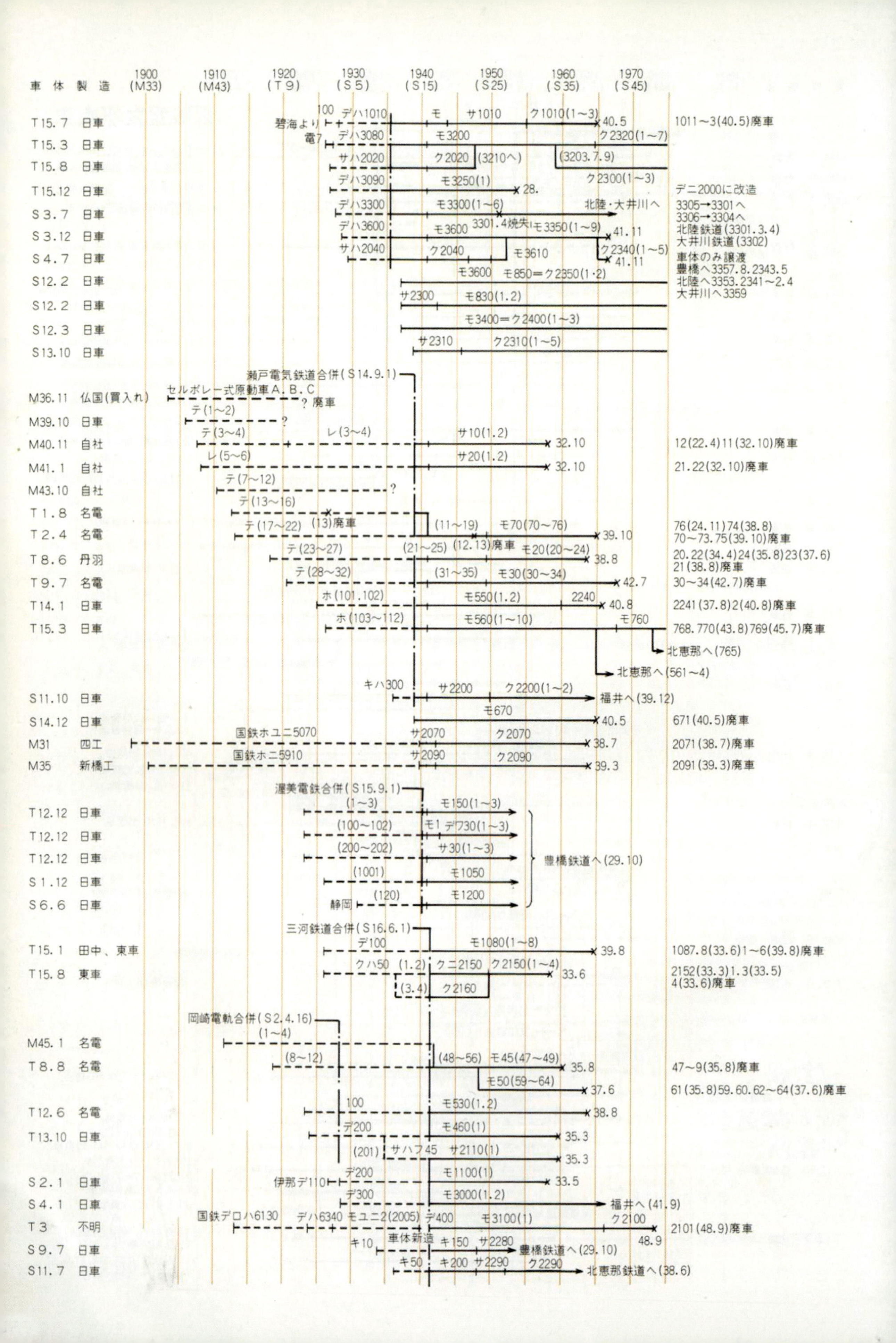

車体製造
1900 (M33)
1910 (M43)
1920 (T9)
1930 (S5)
1940 (S15)
1950 (S25)
1960 (S35)
1970 (S45)
T15.7 日車
T15.3 日車
T15.8 日車
T15.12 日車
S3.7 日車
S3.12 日車
S4.7 日車
S12.2 日車
S12.2 日車
S12.3 日車
S13.10 日車
碧海より 100 デハ1010 モ サ1010 ク1010(1〜3) 40.5
1011〜3(40.5)廃車
電7 デハ3080 モ3200 ク2320(1〜7)
サハ2020 ク2020 (3210へ) (3203.7.9)
デハ3090 モ3250(1) 28. ク2300(1〜3)
デニ2000に改造
デハ3300 モ3300(1〜6) 北陸・大井川へ
3305→3301へ
3306→3304へ
デハ3600 モ3600 3301.4焼失 モ3350(1〜9) 41.11
北陸鉄道(3301.3.4)
大井川鉄道(3302)
サハ2040 ク2040 モ3610 ク2340(1〜5) 41.11
車体のみ譲渡
豊橋へ3357.8.2343.5
モ3600 モ850=ク2350(1・2)
北陸へ3353.2341〜2.4
サ2300 モ830(1.2)
大井川へ3359
モ3400=ク2400(1〜3)
サ2310 ク2310(1〜5)
瀬戸電気鉄道合併(S14.9.1)
M36.11 仏国(買入れ)
M39.10 日車
M40.11 自社
M41.1 自社
M43.10 自社
T1.8 名電
T2.4 名電
T8.6 丹羽
T9.7 名電
T14.1 日車
T15.3 日車
セルポレー式原動車A.B.C ? 廃車
テ(1〜2) ?
テ(3〜4) レ(3〜4) サ10(1.2) 32.10
12(22.4)11(32.10)廃車
レ(5〜6) サ20(1.2) 32.10
21.22(32.10)廃車
テ(7〜12) ?
テ(13〜16) (13)廃車
テ(17〜22) (11〜19) モ70(70〜76) 39.10 (12.13)廃車
76(24.11)74(38.8)
70〜73.75(39.10)廃車
テ(23〜27) (21〜25) モ20(20〜24) 38.8
20.22(34.4)24(35.8)23(37.6)
21(38.8)廃車
テ(28〜32) (31〜35) モ30(30〜34) 42.7
30〜34(42.7)廃車
ホ(101.102) モ550(1.2) 2240 40.8
2241(37.8)2(40.8)廃車
ホ(103〜112) モ560(1〜10) モ760
768.770(43.8)769(45.7)廃車
北恵那へ(765)
北恵那へ(561〜4)
S11.10 日車
S14.12 日車
M31 四工
M35 新橋工
キハ300 サ2200 ク2200(1〜2) 福井へ(39.12)
モ670 40.5
671(40.5)廃車
国鉄ホユニ5070 サ2070 ク2070 38.7
2071(38.7)廃車
国鉄ホニ5910 サ2090 ク2090 39.3
2091(39.3)廃車
渥美電鉄合併(S15.9.1)
T12.12 日車
T12.12 日車
T12.12 日車
S1.12 日車
S6.6 日車
(1〜3) モ150(1〜3)
(100〜102) モ1 デ730(1〜3)
(200〜202) サ30(1〜3)
(1001) モ1050
静岡 (120) モ1200
豊橋鉄道へ(29.10)
三河鉄道合併(S16.6.1)
T15.1 田中、東車
T15.8 東車
デ100 モ1080(1〜8) 39.8
1087.8(33.6)1〜6(39.8)廃車
クハ50 (1.2) クニ2150 ク2150(1〜4) 33.6
(3.4) ク2160
2152(33.3)1.3(33.5)
4(33.6)廃車
岡崎電軌合併(S2.4.16)
M45.1 名電
T8.8 名電
T12.6 名電
T13.10 日車
S2.1 日車
S4.1 日車
T3 不明
S9.7 日車
S11.7 日車
(1〜4)
(8〜12) (48〜56) モ45(47〜49) 35.8
47〜9(35.8)廃車
モ50(59〜64) 37.6
61(35.8)59.60.62〜64(37.6)廃車
100 モ530(1.2) 38.8
デ200 モ460(1) 35.3
(201) サハフ45 サ2110(1) 35.3
伊那デ110 デ200 モ1100(1) 33.5
デ300 モ3000(1.2) 福井へ(41.9)
国鉄デロハ6130 デハ6340 モユニ2(2005) デ400 モ3100(1) ク2100 48.9
2101(48.9)廃車
キ10 車体新造 キ150 サ2280 豊橋鉄道へ(29.10)
キ50 キ200 サ2290 ク2290 北恵那鉄道へ(38.6)

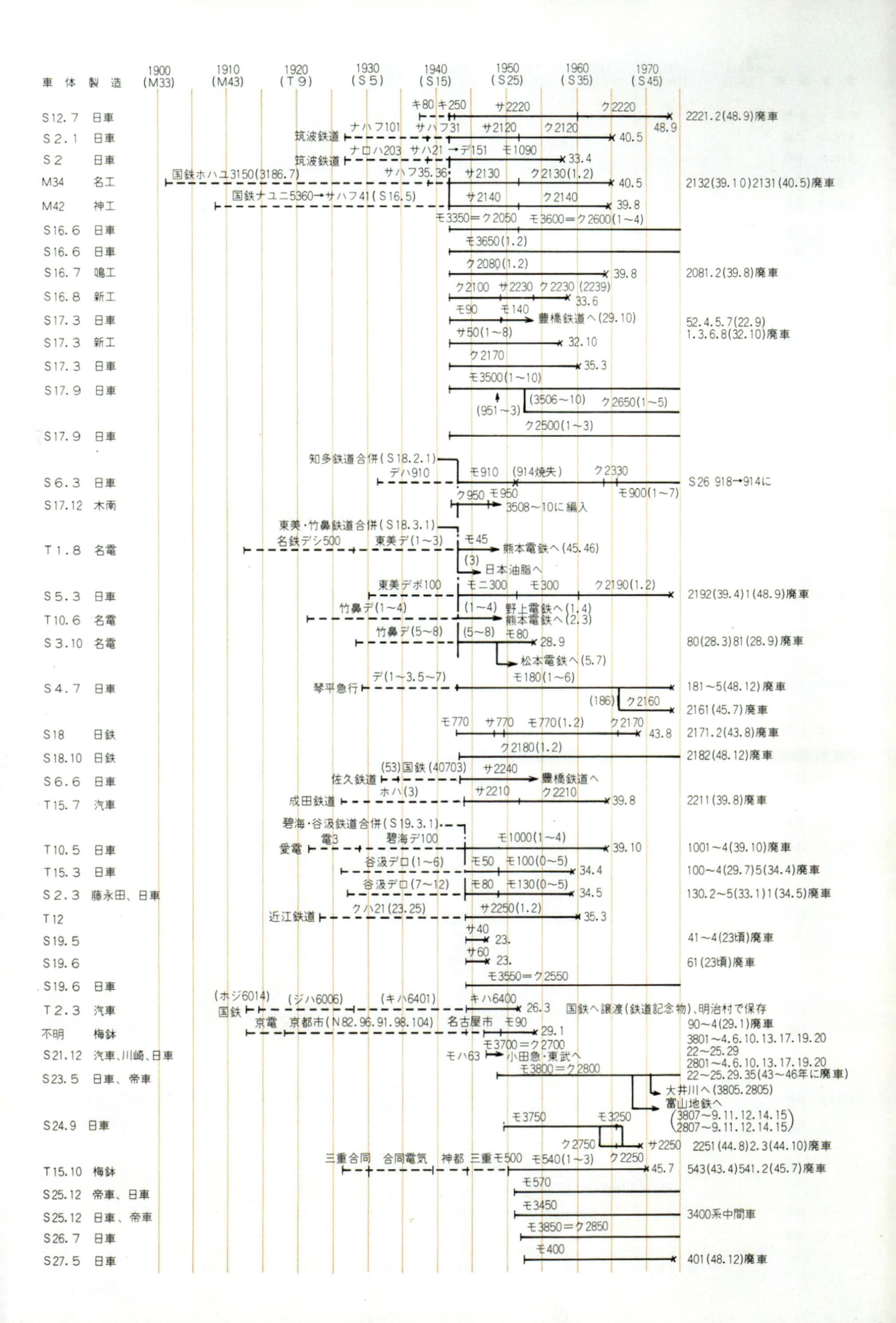

車体製造
1900 (M33)
1910 (M43)
1920 (T9)
1930 (S5)
1940 (S15)
1950 (S25)
1960 (S35)
1970 (S45)
S12.7 日車
キ80 キ250 サ2220 ク2220
48.9
2221.2(48.9)廃車
S2.1 日車
筑波鉄道 ナハフ101 サハフ31 サ2120 ク2120 40.5
S2 日車
筑波鉄道 ナロハ203 サハ21 →デ151 モ1090 33.4
M34 名工
国鉄ホハユ3150(3186.7) サハフ35.36 サ2130 ク2130(1.2) 40.5
2132(39.10)2131(40.5)廃車
M42 神工
国鉄ナユニ5360→サハフ41(S16.5) サ2140 ク2140 39.8
S16.6 日車
モ3350＝ク2050 モ3600＝ク2600(1〜4)
S16.6 日車
モ3650(1.2)
S16.7 鳴工
ク2080(1.2) 39.8
2081.2(39.8)廃車
S16.8 新工
ク2100 サ2230 ク2230 (2239) 33.6
S17.3 日車
モ90 モ140 豊橋鉄道へ(29.10)
52.4.5.7(22.9)
1.3.6.8(32.10)廃車
S17.3 新工
サ50(1〜8) 32.10
S17.3 日車
ク2170 35.3
S17.9 日車
モ3500(1〜10)
(951〜3) (3506〜10) ク2650(1〜5)
S17.9 日車
ク2500(1〜3)
知多鉄道合併(S18.2.1)
S6.3 日車
デハ910 モ910 (914焼失) ク2330 モ900(1〜7)
S26 918→914に
S17.12 木南
ク950 モ950 3508〜10に編入
東美・竹鼻鉄道合併(S18.3.1)
T1.8 名電
名鉄デシ500 東美デ(1〜3) モ45 熊本電鉄へ(45.46)
(3) 日本油脂へ
S5.3 日車
東美デボ100 モニ300 モ300 ク2190(1.2)
2192(39.4)1(48.9)廃車
T10.6 名電
竹鼻デ(1〜4) (1〜4) 野上電鉄へ(1.4) 熊本電鉄へ(2.3)
S3.10 名電
竹鼻デ(5〜8) (5〜8) モ80 28.9
松本電鉄へ(5.7)
80(28.3)81(28.9)廃車
S4.7 日車
琴平急行 デ(1〜3.5〜7) モ180(1〜6)
181〜5(48.12)廃車
(186) ク2160
2161(45.7)廃車
S18 日鉄
モ770 サ770 モ770(1.2) ク2170 43.8
2171.2(43.8)廃車
S18.10 日鉄
ク2180(1.2)
2182(48.12)廃車
S6.6 日車
佐久鉄道 (53)国鉄(40703) サ2240 豊橋鉄道へ
T15.7 汽車
成田鉄道 ホハ(3) サ2210 ク2210 39.8
2211(39.8)廃車
碧海・谷汲鉄道合併(S19.3.1)
T10.5 日車
愛電 電3 碧海デ100 モ1000(1〜4) 39.10
1001〜4(39.10)廃車
T15.3 日車
谷汲デロ(1〜6) モ50 モ100(0〜5) 34.4
100〜4(29.7)5(34.4)廃車
S2.3 藤永田、日車
谷汲デロ(7〜12) モ80 モ130(0〜5) 34.5
130.2〜5(33.1)1(34.5)廃車
T12
近江鉄道 クハ21(23.25) サ2250(1.2) 35.3
S19.5
サ40 23.
41〜4(23頃)廃車
S19.6
サ60 23.
61(23頃)廃車
S19.6 日車
モ3550＝ク2550
T2.3 汽車
国鉄 (ホジ6014) (ジハ6006) (キハ6401) キハ6400 26.3 国鉄へ譲渡(鉄道記念物)、明治村で保存
不明 梅鉢
京電 京都市(N82.96.91.98.104) 名古屋市 モ90 29.1
90〜4(29.1)廃車
S21.12 汽車、川崎、日車
モ3700＝ク2700
モハ63 小田急・東武へ
3801〜4.6.10.13.17.19.20
22〜25.29
2801〜4.6.10.13.17.19.20
22〜25.29.35(43〜46年に廃車)
S23.5 日車、帝車
モ3800＝ク2800
大井川へ(3805.2805)
富山地鉄へ
(3807〜9.11.12.14.15)
(2807〜9.11.12.14.15)
S24.9 日車
モ3750 モ3250
ク2750 サ2250
2251(44.8)2.3(44.10)廃車
T15.10 梅鉢
三重合同 合同電気 神都 三重モ500 モ540(1〜3) ク2250 45.7
543(43.4)541.2(45.7)廃車
S25.12 帝車、日車
モ570
S25.12 日車、帝車
モ3450
3400系中間車
S26.7 日車
モ3850＝ク2850
S27.5 日車
モ400
401(48.12)廃車

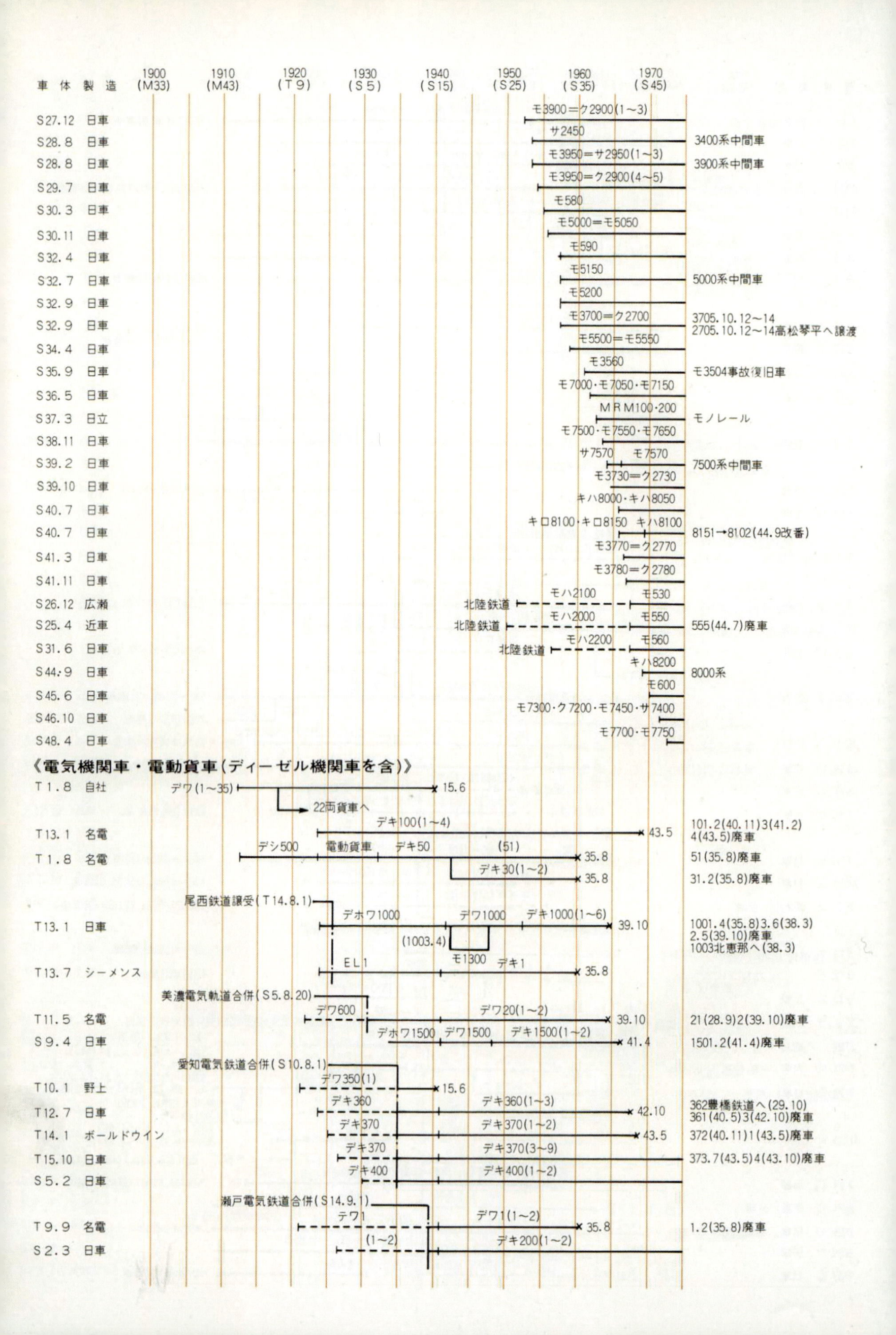
車体製造
1900 (M33)
1910 (M43)
1920 (T9)
1930 (S5)
1940 (S15)
1950 (S25)
1960 (S35)
1970 (S45)
S27.12 日車 モ3900＝ク2900(1～3)
S28.8 日車 サ2450 3400系中間車
S28.8 日車 モ3950＝サ2950(1～3) 3900系中間車
S29.7 日車 モ3950＝ク2900(4～5)
S30.3 日車 モ580
S30.11 日車 モ5000＝モ5050
S32.4 日車 モ590
S32.7 日車 モ5150 5000系中間車
S32.9 日車 モ5200
S32.9 日車 モ3700＝ク2700 3705.10.12～14
2705.10.12～14高松琴平へ譲渡
S34.4 日車 モ5500＝モ5550
S35.9 日車 モ3560 モ3504事故復旧車
S36.5 日車 モ7000・モ7050・モ7150
S37.3 日立 MRM100・200 モノレール
S38.11 日車 モ7500・モ7550・モ7650
S39.2 日車 サ7570 モ7570 7500系中間車
S39.10 日車 モ3730＝ク2730
S40.7 日車 キハ8000・キハ8050
S40.7 日車 キロ8100・キロ8150 キハ8100 8151→8102(44.9改番)
S41.3 日車 モ3770＝ク2770
S41.11 日車 モ3780＝ク2780
S26.12 広瀬 北陸鉄道 モハ2100 モ530
S25.4 近車 北陸鉄道 モハ2000 モ550 555(44.7)廃車
S31.6 日車 北陸鉄道 モハ2200 モ560
S44.9 日車 キハ8200 8000系
S45.6 日車 モ600
S46.10 日車 モ7300・ク7200・モ7450・サ7400
S48.4 日車 モ7700・モ7750
《電気機関車・電動貨車(ディーゼル機関車を含)》
T1.8 自社 デワ(1～35) 15.6
22両貨車へ
T13.1 名電 デキ100(1～4) 43.5 101.2(40.11)3(41.2)
4(43.5)廃車
T1.8 名電 デシ500 電動貨車 デキ50 (51) 35.8 51(35.8)廃車
デキ30(1～2) 35.8 31.2(35.8)廃車
尾西鉄道譲受(T14.8.1)
T13.1 日車 デホワ1000 デワ1000 デキ1000(1～6) 39.10 1001.4(35.8)3.6(38.3)
2.5(39.10)廃車
(1003.4) 1003北恵那へ(38.3)
T13.7 シーメンス EL1 モ1300 デキ1 35.8
美濃電気軌道合併(S5.8.20)
T11.5 名電 デワ600 デワ20(1～2) 39.10 21(28.9)2(39.10)廃車
S9.4 日車 デホワ1500 デワ1500 デキ1500(1～2) 41.4 1501.2(41.4)廃車
愛知電気鉄道合併(S10.8.1)
T10.1 野上 デワ350(1) 15.6
T12.7 日車 デキ360 デキ360(1～3) 42.10 362豊橋鉄道へ(29.10)
361(40.5)3(42.10)廃車
T14.1 ボールドウイン デキ370 デキ370(1～2) 43.5 372(40.11)1(43.5)廃車
T15.10 日車 デキ370 デキ370(3～9) 373.7(43.5)4(43.10)廃車
S5.2 日車 デキ400 デキ400(1～2)
瀬戸電気鉄道合併(S14.9.1)
T9.9 名電 テワ1 デワ1(1～2) 35.8 1.2(35.8)廃車
S2.3 日車 (1～2) デキ200(1～2)

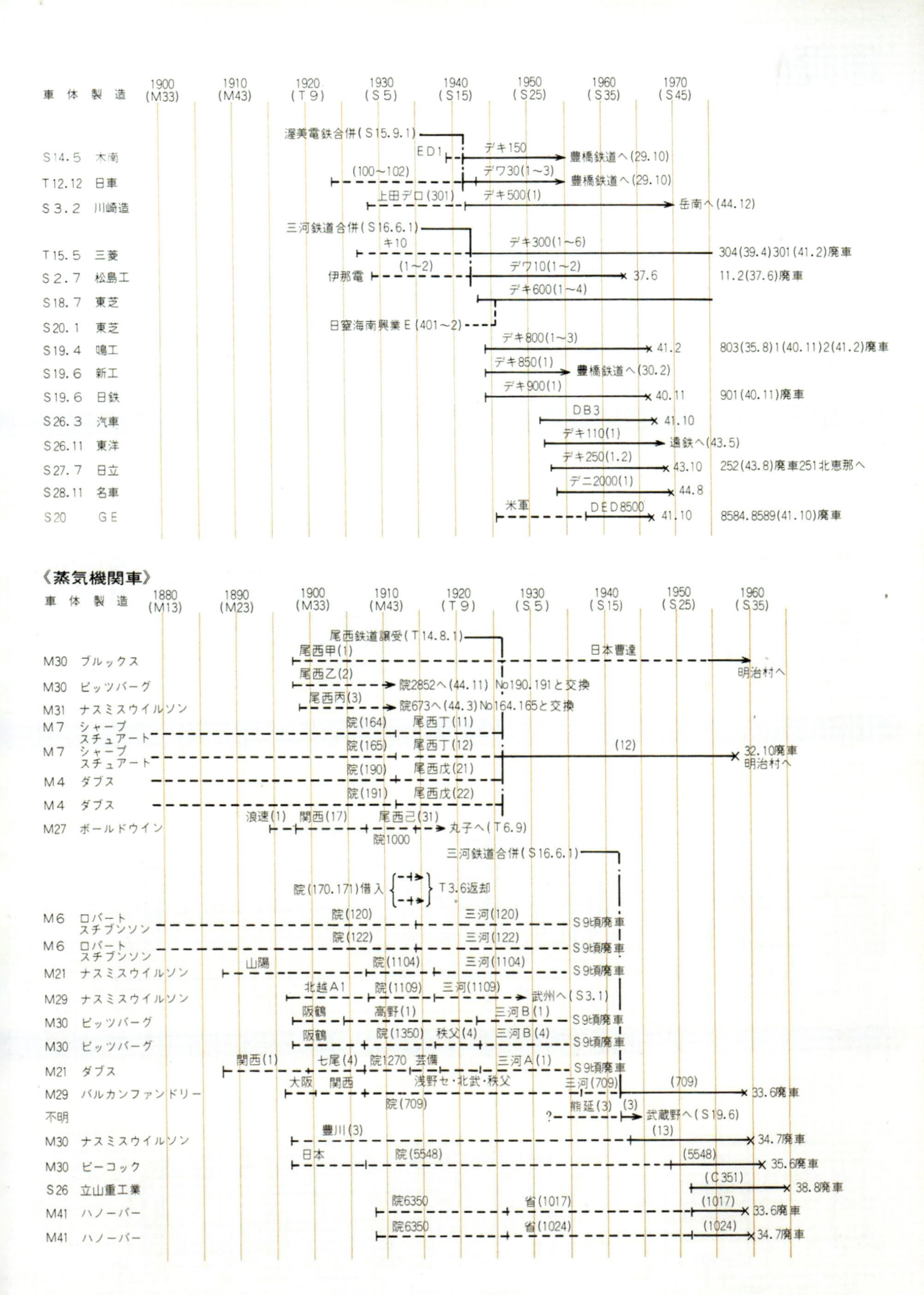

※このほか、西尾鉄道で活躍したエーボンサイド製SL、東美鉄道のSL、同じく瀬戸電気鉄道のSL、および他社から借り入れ一時的に使用したSLについては、資料不足のため掲載を取りやめました。また同様に尾西鉄道、西尾鉄道、三河鉄道などで使用した客車も掲載を取りやめました。

車両諸元表（1944（昭和19）年発行）

電動車(モ)

車種				モ15			モ31							デ1	デ5
型式															
車輛番號	1〜5	8〜11	12〜14	15〜18	19〜27	28〜30	31〜34	35	~~46~~ 36〜40	41〜44	45〜47	48〜~~51~~ 50	~~52~~ 51〜56	1〜4	5〜8
輛數	5	4	3	4	9	3	4	1	5	4	3	~~4~~ 3	~~5~~ 6	4	4
所屬	岐阜市内	〃	〃	16 鏡島 15.17.18 ソ東	岐阜市内	〃	高富	岐阜市内	〃	ソ東	岐阜市内	岡崎市内	〃	竹鼻	〃
製造年月	明44-1	明45-2 大2-4	明45-2	大3-3	大3-4.7.8	大7-10	大9-10	〃	〃	大13-1	大14-8	明45-1	大11-6	大10-6	昭3-10
車体 製造所	京都天野	京都天野丹羽	〃	日本車輌	名古屋電車	〃	〃	〃	〃	〃	日本車輌	名古屋電車	〃	〃	〃
車体 最大寸法 長	8230	8026	〃	9754	8585	〃	〃	〃	〃	8077	8382	8331	8534	〃	9234
車体 最大寸法 巾	2134	〃	〃	〃	2184	〃	〃	〃	〃	2267	2184	2133	2286	2489	2642
車体 最大寸法 高	3407	3415	〃	3454	3504	〃	3534	〃	3518	3621	3518	3607	3838	3635	4250
車体 鋼木別	木	〃	〃	〃	〃	〃	〃	〃	〃	〃	〃	〃	〃	〃	〃
車台 製造所	ブリル	〃	〃	〃	〃	〃	〃	〃	〃	〃	〃	名古屋電車	〃	ブリル	〃
車台 ボ單別	單	〃	〃	〃	〃	〃	〃	〃	〃	〃	〃	〃	〃	〃	〃
車台 型式	21-E	〃	〃	〃	〃	〃	〃	〃	〃	〃	〃	〃	〃	〃	〃
車台 車輪直径	838	787	838	〃	〃	〃	〃	〃	〃	813	838	812 (50) 762	838	〃	〃
電動機 製造所	DK	SS 3.10.11 (DK)	DK	〃	〃	〃	〃	〃	TDK. DK	三菱	TDK	〃	〃	〃	〃
電動機 型式	13-A	45 (13A)	13A	〃	13B (13A)	〃	13A	〃	13D, 13A	MB-82-A	30B	TDK 13D DK 3A SS	TDK 13A TDK 13D	530B	〃
電動機 電圧	500	〃	〃	〃	〃	〃	〃	〃	〃	600	500	550	〃	500	〃
電動機 馬力	30	25	30	〃	40	〃	〃	〃	〃	35	40	25	25 30	40	〃
電動機 個数	2	〃	〃	〃	〃	〃	〃	〃	〃	〃	〃	〃	〃	〃	〃
電動機 齒車比	71:15	93:15	71:15	〃	〃	〃	〃	〃	〃	89:14	71:15	68:14 71:15	71:15	70:14	〃
制御器 製造所	TDK 〃	TDK SS DK	DK TDK	DK	〃	TDK DK	〃	〃	TDK	WH	TDK			TDK	〃
制御器 型式	DB1K4 DB1K8	DB1K4 DB1G	DB1G DB1KG	〃	DB1K4	〃	〃	〃	〃	T1C	DB1K4	SSON GE-B-18 DB-1-K4	DB-1 K-4-C	DB-1-K4	〃
制御器 種類	ダイレクト	〃	〃	〃	〃	〃	〃	〃	〃	〃	〃	〃	〃	〃	〃
制動機 製造所	アクレー	〃	〃	〃	〃	〃	〃	〃	〃	〃	〃	〃	〃	〃	〃
制動機 型式															
制動機 種類	手. 電	〃	〃	〃	〃	〃	〃	〃	〃	〃	〃	〃	〃	〃	〃
聚電装置	トロリーポール	〃	〃	〃	〃	〃	〃	〃	〃	〃	〃	〃	〃	〃	
連結器	中央緩衝	〃	〃	〃	〃	〃	〃	〃	〃	〃	〃	〃	〃	〃	
其他設備															
自重	6.1			6.6	6.61	〃	6.6	6.61	〃	10.16	6.61	5.30	6.6	8.64	9.15
定員（座席）	40 (10)	〃 (〃)	〃 (〃)	46 (12)	46 (10)	〃 (〃)	〃 (〃)	〃 (〃)	〃 (〃)	42 (10)	46 (10)	42 (14)	50 (10)	42 (22)	50 (24)
荷重															
前所有者															
旧番號	1.5.6.7.8	20〜25	26.28.30	13.14.17.19	33.35-38	27.31.32	45〜48	50	55〜58.60	701-104	61〜63	1.2.3.~~4~~ 7	8〜12		
記事		6.7 仙台市電へ			40.41.43 44 19, T.DK30B	30, TDK 30B						48.49 53,25,25HP 50 TDK,13B,30HP 51 DK,8A,36HP	52-54 TDK,13B,30HP 55 DK,13D,50HP 56 TDK,13,A,40HP		
登場時の会社→	美濃1期	美濃2期	美濃2期	岐北1	美濃3期	美濃4期	美濃5期	美濃5期	美濃5期	初代名鉄 デシ100	美濃6期	岡崎	岡崎	竹鼻1	竹鼻5

（美濃と岡崎は上欄の旧番号が登場時の番号、岐北は除く）

美濃：美濃電軌、岐北：岐北軽便、岡崎：岡崎電軌、竹鼻：竹鼻鉄道

電動車(モ)

車種	モ10	〃	〃	モ20	モ30	モ40	モ45	モ50	〃	モ60	モ70	〃	〃	
型式														
車輛番號	11	12~13	14~19	21~25	31~35	41	45~46	51~52	53~56	61~63	71~74	75	76	77~79
輛数	1	2	6	5	5	1	2	2	4	3	4	1	1	3
所属	瀬戸	〃	〃	〃	〃	西尾	東美	揖斐谷汲	谷汲	揖斐	〃	豊川市内	大曽根	豊川市内
製造年月	大1-8	〃	大2-4	大8-6	大9-7	昭17-11	大1-8	大15-3	〃	大15-3	昭2-1	〃	〃	〃
車体 製造所	名古屋電車	〃	〃	京都円羽	名古屋電車	新川工場	名古屋電車	日本車輌	〃	〃	藤永田日車	〃	〃	〃
車体 最大寸法 長	8902	〃	〃	7924	8496	10248	10573	9855	〃	9906	9942	9144	9906	9144
車体 最大寸法 巾	2622	〃	2609	2260	2609	2640	2438	2629	〃	2616	〃	〃	〃	〃
車体 最大寸法 高	3327	〃	3479	3498	3486	4095	4290	3740	〃	3816	4244	3758	4244	3758
車体 鋼木別	木	〃	〃	〃	〃	〃	〃	〃	〃	半鋼	〃	〃	〃	〃
車台 製造所	ブリル	〃	〃	〃	〃	英マウンテンギブソン	〃	日本車輌	〃	〃	藤永田日車	〃	〃	〃
車台 ボ単別	単	〃	〃	〃	〃	〃	〃	〃	〃	〃	〃	〃	〃	〃
車台 型式	21-E	〃	〃	〃	〃	ワーナーラジアル	〃							
車台 車輪直径	864	〃	〃	〃	〃	〃	〃	〃	〃	〃	〃	〃	〃	〃
電動機 製造所	BWH	GE	WH	GE	三菱	BWH	〃	GE(TDK)	〃	TDK	DK	〃	〃	〃
電動機 型式	EC-221	58	54C	58	MB-50	EC-221	〃	30B(30B)	〃	〃	30C	〃	〃	〃
電動機 電圧	500	〃	600	500	〃	〃	〃	600(500)	〃	〃	〃	〃	〃	〃
電動機 馬力	50	37	65	37	50	〃	〃	〃(40)	〃	〃	60	〃	〃	〃
電動機 個数	2	〃	〃	〃	〃	〃	〃	〃	〃	〃	2	〃	〃	〃
電動機 歯車比	69:16	69:17	72:15	67:17	83:16	69:16	〃	69:15	〃	70:14	69:15	〃	〃	〃
制御器 製造所	GE	〃	WH	GE	〃	WH	〃	DK	〃	〃	〃	〃	〃	〃
制御器 型式	B-18	〃	B54C	B-18	〃	T1C	〃	DB1K3C	M15C	DB1KC	M15C	〃	〃	〃
制御器 種類	ダイレクト	〃	〃	〃	〃	〃	〃	〃	カムシャフト	ダイレクト	カムシャフト	〃	〃	〃
制動機 製造所						ナショナル			DK		DK	〃	〃	〃
制動機 型式						GE-CP-27			M8H		M8H	〃	〃	〃
制動機 種類	手,電	〃	〃	〃	〃	空手電	手,電	手	手,電	〃	〃	〃	〃	〃
集電装置	トロリーポール	〃	〃	〃	〃	TDK-Bパンタ	〃	トロリーポール	〃	〃	TDK-Bパンタ	トロリーポール	TDK-Bパンタ	トロリーポール
連結器	坂田上	〃	アライアンス上		アライアンス上	柴田下	シャロン下	中央緩衝	〃	〃	柴田下	中央緩衝	柴田下	中央緩衝
其他設備														
自重	6.19	〃	6.62	6.10	6.4	14.0	13.0	12.71	13.21	12.5	14.22	13.7	14.22	13.7
定員(座席)	40(10)	〃(〃)	〃(〃)	〃(〃)	40(10)	50(20)	50(32)	56(28)	〃(〃)	52(20)	52(26)	〃(〃)	50(20)	52(20)
荷重														
前所有者														
旧番號	14	15.16	17.19	23~27	28~32		デ1,2	3.4	1.2.5.6	64~66				
記事	昭18-3 ザ代用		昭16-4 M変更	昭17-5 M/ケ増		西部線より廻入	東美鉄道				71.74 TDK.13P3-T 60HP			
登場時の会社→	瀬戸テ13	瀬戸テ13	瀬戸テ13	瀬戸テ23	瀬戸テ28	名電トク2	名電デシ500	谷汲デロ1	谷汲デロ1	美濃セミシ64	美濃セミシ67	美濃セミシ67	美濃セミシ67	美濃セミシ67

瀬戸：瀬戸電鉄、 名電：名古屋電気鉄道、 谷汲：谷汲鉄道、 美濃：美濃電軌

軌道線の単車には昭和23年まで形式がなく追番で1～56を付番

電動車(モ)

車種		モ80	モ90		モ100	〃	〃	モ150	モ180	モ200	モ250	モ300	モユ310	モユ320	〃
型式												荷	〃	郵	郵
車輛番號	80	81~86	91~93	82,90,91,98,104	101~102	103	104~108	151~153	181~186	201~205	251~252	301~302	311~312	321	322
輛数	1	6	3	5	2	1	5	3	6	5	2	2	2	1	1
所属	揖斐	81,85,86 揖斐 92,84 大曽根	高師		廣見	尾西	107~108 瀬戸 104~106 尾西	渥美	西部	〃	〃	東美	西部		
製造年月	昭2-1	昭2-3	昭17-3		大11-7	〃	大14-3	大12-12	昭4-7	大12-11	〃		大9-2	〃	大10-2
車体 製造所	藤永田	藤永田日車	日本車輌	梅鉢鉄工	日本車輌	〃	〃	〃	〃	〃	〃	〃	名古屋電車	〃	〃
車体 最大寸法 長	9906	〃	8700	7645	11714	〃	11740	12522	11849	15125	〃	13460	14173	〃	〃
車体 最大寸法 巾	2616	〃	2715	2045	2584	〃	2594	2438	2560	2680	〃	2600	2642	〃	〃
車体 最大寸法 高	3816	〃		4000	4013	〃	4064	3728	3901	4166	〃	4230	4115	〃	〃
車体 鋼木別	半鋼	〃	〃	木	〃	〃	〃	〃	半鋼	木	〃	半鋼	木	〃	〃
車台 製造所	藤永田	〃	ブリル	〃	米ブリル	〃	ブリル	〃	日本車輌	米ブリル	〃	日本車輌	米ブリル	〃	〃
車台 ボ單別	單	〃	〃	〃	ボ	〃	〃	〃	〃	〃	〃	〃	〃	〃	〃
車台 型式			21-E	〃			27MCB1	MCB-1	D-12	27MCB-2	〃		27MCB1	〃	〃
車台 車輪直径	864	〃	838	800	864	〃	〃	838	864	〃	〃	864	838	〃	〃
電動機 製造所	DK(TDK)	GE	〃	GE	TDK	WH	〃	TDK	日立	WH	〃	TDK	GE	〃	〃
電動機 型式	30C1	30C1	GE58	800	516-A	546-J	〃	13S	HS-254-D	546-J	〃	31S	244	〃	〃
電動機 電圧	600	〃	500	〃	600		〃	〃	〃	〃	〃	〃	〃	〃	〃
電動機 馬力	60	50	37	25	85	65	〃	〃	〃	〃	〃	75	100	〃	〃
電動機 個数	2	〃	〃	〃	〃		〃	4	2	4	〃	2	2	〃	〃
電動機 歯車比	69:15	〃	67:17	67:14	61:23	69:18	〃	68:18	71:16	69:18	〃	66:18	59:25	〃	〃
制御器 製造所	DK	〃	WH	GE	WH	〃	〃	TDK		WH	〃	TDK	GE	〃	〃
制御器 型式	M15C	〃	T1C		B53C	〃	K68A	DB3-B		HL	〃		PC-6	〃	〃
制御器 種類	カムシャフト	〃	ダイレクト	〃	〃	〃	〃	〃	〃	マルチプルユニット	〃	ダイレクト	マルチプル カムシャフト	〃	〃
制動機 製造所	DK	〃	アックレー	〃	WH	〃	〃	DH25,WH		WH	〃		GE	〃	〃
制動機 型式	M8H	〃			ナショナルエアー SM-3	〃	〃	SM-3		SME	〃		CP-27	〃	〃
制動機 種類	手,電	〃	〃	〃	直通	〃	〃	〃	直通	非常直通	〃	空,手	非常直通	〃	〃
集電装置	トロリーポール	〃	〃	〃	WH,TDK パンタ	WHパンタ	〃	トロリーポール	パンタ	WHパンタ	〃	NTBパンタ	TDKパンタ	〃	〃
連結器	中央緩衝	〃	柴田下	中央緩衝	シャロン下	〃	〃	〃	〃	〃	柴田下	シャロン下	〃	〃	〃
其他設備															
自重	13.72	〃		6.604	15.24	〃	16.26	22.5	21.1	25.41	25.66	25.5	19.82	〃	〃
定員(座席)	52(20)	52(26)	58(16)	38(20)	60(40)	〃(〃)	〃(〃)	76(24)	70(30)	100(0)	100(22)	60(28)	66(32)	52(28)	54(28)
荷重												1.0	2.0	3.0	〃
前所有者				京都電燈					琴平急行						
旧番號	67							1~3		203~207	201,202	デボ101~102	302,303	301	357
記事		81,85,86 TDK,30B,40HP 70:14		記載されているが使用開始は戦後と思われる	DH-16				18-6受						昭18-2 M取除
登場時の会社→	美濃 セミシ67	谷汲デロ7	名電デワ	京都N電	尾西100	尾西100	尾西100	渥美1	琴平急行	尾西200	尾西200	東美100	名電1500	名電1500	名電1500

美濃：美濃電軌、 谷汲：谷汲鉄道、 名電：名古屋電気鉄道、 尾西：尾西鉄道、 渥美：渥美電鉄、 東美：東美鉄道

京都N電・琴平急行は旧所有者

電動車(モ)

車種	モ350	モ400	モ450	〃	モ460	モ500	モ510	モ520	モ530	モ550	モ560	〃	モ600	モ650	モ670
型式															
車輛番號	351~356	401~407	451~454	455~458	461	501~504	511~515	521~526	531~532	551~552	561~562	563~570	601~607	651~657	671
輛数	6	7	4	4	1	4	5	6	2	2	2	8	7	7	1
所屬	西部	〃	〃	〃	岡崎	美濃町	〃	〃	岡崎	瀬戸	〃	〃	西部	〃	〃
製造年月	大10-2	大12-8	大14-3	大14-11 15-5	大13-10	大14-6 10	大15-6	大12-10	大17-6	大14-1	大15-5	昭2-6 4-5	大14-11	昭2-3 3-4	昭3-7
車体 製造所	名古屋電車	〃	日本車輌	〃	〃	名古屋電車	日本車輌	〃	名古屋電車	日本車輌	〃	〃	名古屋電車	〃	新川工場
車体 最大寸法 長	14173	14630	13106	〃	12624	11786	12806	12852	11582	14173	14204	〃	14935	14961	〃
車体 最大寸法 巾	2642	〃	〃	〃	2591	2197	2203	2210	2286	2667	2641	〃	2642	〃	〃
車体 最大寸法 高	4115	〃	4156	4206	3724	3651	3778	〃	3898	3822	3876	〃	4115	〃	〃
車体 鋼木別	木	〃	〃	〃	〃	〃	半鋼	木	〃	〃	半鋼	〃	木	〃	〃
車台 製造所	米ブリル	日本車輌	ボルドウイン	日本車輌	〃	ブリル	〃	〃	名古屋電車	ブリル	日本車輌	〃	住友	〃	日本車輌
車台 ボ單別	ボ	〃	〃	〃	〃	〃	〃	〃	〃	〃	〃	〃	〃	〃	〃
車台 型式	27-MCB-1	ボルドウイン型		〃	ブリル	76E	27MCB-1	〃	ブリル76-E	77E1	〃	〃	ST	ST-27	ボルドウイン
車台 車輪直径	838	814	〃	〃	〃	838	〃	〃	〃	864	〃	〃	〃	〃	〃
電動機 製造所	GE	DK	〃	〃	TDK	〃(DK)	〃(〃)	DK	SS	BWH	〃	TDK	〃	〃	〃
電動機 型式	244	36	30C	〃	13S	1303-T(13B)	〃(〃)	1303-T	D-561	EC-221	〃	30-B	31-S	516-A	〃
電動機 電圧	600	600	600	〃	600	500	600	500	550	500	〃	600	500	〃	〃
電動機 馬力	100	90	60	〃	72	50	60	50	〃	〃	〃	〃	70	〃	〃
電動機 個数	2	2	4	〃	〃	2	〃	〃	〃	4	〃	〃	〃	〃	〃
電動機 齒車比	59:25	61:19	66:18	〃	68:16	71:15	70:14	71:15	68:19	69:16	〃	69:15	61:23	〃	〃
制御器 製造所	GE	DK	〃	〃	TDK	〃	DK	〃	SS	WH	〃	〃	DK	TDK	〃
制御器 型式	PC-6				HL	DB1K4	DB1K4C	〃	OA-6	HL	〃	〃		ES152B	〃
制御器 種類	マルチプルカムシャフト	〃	〃	〃	ユニットスイッチ	ダイレクト	〃	〃	〃	マルチプルユニット	〃	〃	カムモーター	〃	〃
制動機 製造所	GE	〃	EH125WH	〃					WH	WH	〃	〃	WH.DH-16	〃	〃
制動機 型式			SME	〃	〃				SM-3	SME	〃	〃	〃	〃	〃
制動機 種類	非常直通	〃	〃	〃	〃	空手	〃	〃	直通電	非常直通	〃	〃	〃	〃	〃
集電装置	TDKパンタ	〃	〃	日立パンタ	トロリーポール	〃	〃	〃	〃	〃	〃	〃	TDKパンタ	〃	〃
連結器	シャロッ下	〃	〃	〃	〃	中央緩衝	〃	〃	〃	シャロン下	〃	〃	〃	〃	〃
其他設備															
自重	19.82	20.33	17.5	〃	24.00	14.23	15.24	〃	15.2	20.32	22.96	23.36	25.41	〃	〃
定員(座席)	90(48)	100(44)	80(14)	〃(〃)	70(42)	70(18)	74(20)	〃(〃)	70(22)	90(22)	90(24)	〃(〃)	100(44)	〃(〃)	〃(〃)
荷重															
前所有者															
旧番號		451→405	1~4	5~8	~~201~~ 202			505~509	101,102	101,102	103,104	105~112			666
記事		=変更						内2輌 71:16		昭16-4 M変更				658-665 昭17-10 ク=改造	昭14-12 車体新造
登場時の会社→	名電1500	初代名鉄1500	各務原K1-BE	各務原K1-BE	岡崎200	美濃500	美濃510	美濃505	岡崎100	瀬戸101	瀬戸103	瀬戸103	初代名鉄1500	初代名鉄650	初代名鉄650

名電：名古屋電気鉄道、 各務原：各務原鉄道、 岡崎：岡崎電軌、 美濃：美濃電軌、 瀬戸：瀬戸電鉄

電動車(モ)

車種	モ700	モ700	モ750	〃	モ770	モ800	〃	モ830	モ850	モ910	モ1000	モ1020	モ1030	モ1040	
型式													荷		
車輌番號	701~705	706~710	751~758	759~760	771~772	801~808	809~810	831~832	851~852	911~918	1001~1004	1021~1022	1031	1041~1042	1045
輌数	5	5	8	2	2	8	2	2	2	8	4	2	1	2	1
所属	西部	〃	〃	〃	〃	〃	東部	西部	〃	東部	碧海	西尾	〃	西部	〃
製造年月	昭2-4	昭2-11	昭3-11	昭4-9	昭18-	昭10-4 11-1	昭10-4	昭12-2	〃	昭6-3	大10-5	〃	大~~13-1~~ 11-3	大11-10	〃
車体 製造所	日本車輌	〃	〃	〃	日本鉄道	日本車輌	〃	〃	〃	〃	〃	〃	〃	〃	〃
車体 最大寸法 長	15024	〃	15081	〃	15850	18340	〃	18350	18412	16852	13487	13585	15126	15062	〃
車体 最大寸法 巾	2438	〃	〃	〃	2700	2740	〃	〃	〃	〃	2642	〃	〃	〃	〃
車体 最大寸法 高	4172	〃	4210	〃	4150	4173	〃	4143	〃	4193	4191	〃	4178	4077	〃
車体 鋼木別	半鋼	〃	〃	〃	〃	〃	〃	〃	〃	〃	木	〃	〃	〃	〃
台車 製造所	日本車輌	住友	〃	〃	日本鉄道	日本車輌	〃	〃	〃	〃	ブリル	〃	〃	〃	ブリル
台車 ボ単別	〃	ボ	〃	〃	〃	〃	〃	〃	〃	〃	〃	〃	〃	〃	〃
台車 型式	ボルドウイン	ST-27	ST-56	〃	NSC-31	D-16	〃	〃	〃	〃	27MCB-2	MCB-2	〃	〃	MCB-2
台車 車輪直径	864	864	914	〃	863	914	〃	〃	〃	〃	864	〃	838	〃	〃
電動機 製造所	TDK	TDK	〃	〃	TDK	〃	〃	〃	〃	三菱	WH	〃	〃	〃	〃
電動機 型式	516-A	516-A	〃	〃	530B	528/5-F	550/3-C	〃	528/5-F	556-J-6	646-J	〃	〃	〃	〃
電動機 電圧	500	500	〃	600	500	600	750	600	〃	750	600	〃	〃	〃	〃
電動機 馬力	70	70	〃	85	40	125	150	125	〃	100	65	〃	〃	〃	〃
電動機 個数	4	4	〃	〃	4	〃	〃	〃	〃	〃	〃	〃	〃	〃	〃
電動機 歯車比	61:23	61:23	〃	〃	66:18	61:19	〃	〃	〃	[illegible]	66:21	〃	—	〃	〃
制御器 製造所	TDK	TDK	〃	〃	日本鉄道	TDK	〃	〃	〃	WH	〃	〃	TDK	WH	〃
制御器 型式	ES-152B	ES-152B	〃	〃		ES509B ES512A	〃	〃	ES509B	HL	〃	〃	Q2	HL	〃
制御器 種類	カムモーター	カムモーター	〃	〃	ユニットスイッチ	カムモーター	複式	〃	〃	ユニットスイッチ	〃	〃	ダイレクト	ユニットスイッチ	〃
制動機 製造所	WH.DH-16	WH	三菱	〃		芝浦	三菱	〃	芝浦	三菱	WH	〃	GE	WH	〃
制動機 型式	SME	SME	〃	〃		R.P.50-C	AMM	〃	〃	AMM	SME	〃	〃	〃	〃
制動機 種類	非常直通	非常直通	〃	〃	空手	自動直通	〃	〃	〃	[illegible]	〃	〃	〃	〃	〃
集電装置	TDKパンタ	TDKパンタ	〃	〃	パンタ&ポール	TDK PT-7パンタ	〃	〃	〃	[illegible]パンタ	WHパンタ	〃	〃	〃	〃
連結器	シャロン下	シャロン下	〃	〃	アライアンス下	柴田下	〃	〃	〃	シャロン下	〃	〃	〃	〃	〃
其他設備				ドアーエンヂン		ドアーエンヂン	〃 MG	ドアーエンヂン	〃	〃					
自重	25.41	25.41	〃		28.0	37.53	38.2	37.53	〃	34.50	24.90	24.69	24.57	26.61	〃
定員(座席)	100(44)	100(44)	〃(〃)	〃(〃)	100(38)	120(64)	120(64)	125(68)	114(58)	140(56)	80(36)	〃(〃)	80(40)	100(22)	〃(〃)
荷重													1		
前所有者															
旧番號							2251~2252	2301~2302		910~917	100~103	1020~1021	1030		1040
記事		DH-16					昭17-12 昇圧	昭17-10 モ=改造		915=三河へ					
登場時の会社→	初代名鉄700	初代名鉄700	初代名鉄750	初代名鉄750		名岐800	名岐800	ク2300		知多910	愛電・電3	愛電・電3	愛電・電4	愛電・電5	愛電・電5

名岐:名岐鉄道、 知多:知多鉄道、 愛電:愛知電気鉄道

電動車(モ)

車種		モ1050	モ1060	モ1070	モ1080	〃	モ1090	モ1100	モ1200	モ1300	モ3000	モ3100	モ3200	モ3250
型式														
車輛番號	1048	1051	1061~1065	1071~1079	1081~1086	1087~1088	1091	1101	1201	1301~1302	3001~3002	3101	3201~3209	3251
輛数	1	1	5	9	6	2	1	1	1	2	2	1	9	1
所属		渥美	東部	〃	三河	〃	〃	〃	渥美	西部	三河	〃	東部	〃
製造年月	大11-10	昭1-12	大13-7	大14-6	大15-1	昭2-7	昭2-	昭2-1	昭6-6	大13-1	昭4-1		大15-3	大15-12
車体 製造所	日本車輛	〃	日本車輛	〃	田中車輛	東洋車輛	日本車輛	〃		〃	〃	木南車輛	日本車輛	〃
車体 最大寸法 長	15062	14240	16028	〃	15291	15329	16520	15862	16164	11443	17594	16040	16688	16667
車体 最大寸法 巾	2642	2717	2642	〃	〃	2616	2743	2642	2620	2515	2730	2700	2641	2640
車体 最大寸法 高	4077	3829	4159	〃	4039	4064	4115	〃	3885	3975	4107	4115	4167	4122
車体 鋼木別	木	全鋼	木	〃	〃		〃	〃	半鋼	木	半鋼	〃	〃	全鋼
台車 製造所	日本車輛	ブリル	ブリル	〃	田中車輛	東洋車輛	日本車輛	〃	〃	〃	〃		ボルドウィン	〃
台車 ボ単別	ボ	〃	ボ	〃	〃	〃	〃	〃	〃	〃	〃	〃	〃	〃
台車 型式	42-84 MCB1	MCB-1	MCB-2-X	〃	省型	ボルドウィン型	TR-14	ブリル36E	NSK-D	42 84-MCB1	省型	TR-14	84-27-A	〃
台車 車輪直径	838	864	864	〃	〃	〃	〃	〃	838	864	〃	910	864	〃
電動機 製造所	WH	川崎	芝浦	WH	三菱	〃	WH	三菱	TDK	三菱	〃	GE	WH	〃
電動機 型式	646-J	K6-653-B	SE-132	556-J-6	MB-64-B	〃	546-J	MB-98-A	30S	MB-64-A	MB-98-A	省MT-4	556-J-6	〃
電動機 電圧	500	600	750	〃	〃	〃	〃	〃	600	〃	750	〃	〃	〃
電動機 馬力	65	〃	100	〃	65	〃	75	100	50	65	100	115	100	〃
電動機 個数	4	〃	4	〃	〃	〃	〃	〃	〃	〃	〃	〃	〃	〃
電動機 歯車比	68:18	76:15	67:22	〃	72:19	〃	72:15	76:16	63:21	70:19	75:16	64:20	67:22	〃
制御器 製造所	WH	川崎	WH	〃	三菱	〃	WH	三菱(船)	TDK	三菱	三菱(船)	GE	WH	〃
制御器 型式	HL	L	HL	〃	〃	〃	272-G-8	HL	MC	KR-58	HL	GE MO	HL	〃
制御器 種類	ユニットスイッチ	ダイレクト	ユニットスイッチ	〃	〃	〃	〃	〃	カムシャフト	ダイレクト	ユニットスイッチ	〃	〃	〃
制動機 製造所	WH	WH.DH-25	WH	〃	〃	〃	〃	三菱	日本エアー	WH	三菱	GE	WH	〃
制動機 型式	SME	SM-3	AMM	〃	SME	〃	〃	AMM	SME	SM3	AMM	AMJ	AMM	〃
制動機 種類	非常直通	直通	自動直通	〃	非常直通	〃	〃	自動直通	非常直通	〃	自動直通	〃	〃	〃
集電装置	WHパンタ	トロリーポール	WHパンタ	〃	〃	〃	〃	三菱Sパンタ	トロリーポール	TDKBパンタ	三菱Sパンタ	パンタ	WHパンタ	〃
連結器	シャロン下	〃	シャロン下	〃	坂田下	〃	シャロン下	〃	〃	〃	〃	〃	〃	〃
其他設備												ダイナモーター		
自重	26.61	23.5	31.16	〃	29.31	30.31	31.0	34.5	31.0	21.34	36.0	34.0	31.5	〃
定員(座席)	100(22)	100(36)	100(48)	〃(〃)	100(48)	〃(〃)	96(48)	100(52)	108(72)	80(0)	120(56)	100(40)	140(60)	〃(〃)
荷重										(10)				
前所有者							筑波鉄道	伊那電鉄						
旧番號		1001	1060~1064	1066~1074	101~106	107~108		201	120		301 302	401	3080~3089	3090
記事			D-2-N 600/1500 切換装置付				昭15-10受			昭19 デワ1003 1004改		省払下車ヲ改造		
登場時の会社→	愛電·電5	渥美1001	愛電·電6	愛電·電6	三河100	三河100	筑波鉄道 三河サハ21	伊那電鉄 三河200	静岡電鉄 渥美120	尾西デホワ	三河300	国鉄 三河400	愛電·電7	愛電3090

愛電:愛知電気鉄道、 三河:三河鉄道、 渥美:渥美電鉄、 尾西:尾西鉄道　　筑波·伊那·静岡·国鉄は旧所有者

電動車(モ)

車種	モ3300	〃	〃	モ3350	モ3400	モ3500	モ3600	モ3650
型式								
車輛番號	3301~3304	3305	3306	3351~3354	3401~3403	3501~3507	3601~3604	3651~3652
輛数	4	1	1	4	3	7	4	2
所属	東部	〃	〃	〃	〃	1,2,5 西部 4,3,6,7 東部	東部	〃
製造年月	昭3-7	〃	〃	昭16-6	昭12-3	昭17-9	昭3-12	昭16-6
車体 製造所	日本車輌	〃	〃	日本車輌	〃	〃	〃	〃
車体 最大寸法 長	18340	〃	〃	18454	19000	18840	18340	18454
車体 最大寸法 巾	2725	〃	〃	2740	2740	〃	2725	2740
車体 最大寸法 高	4249	〃	〃	4130	4100	4130	4249	4130
車体 鋼木別	半鋼	〃	〃	半鋼	〃	〃	〃	〃
車台 製造所	日本車輌	〃	ボルドウィン	日本車輌	〃	〃	ボルドウィン	日本車輌
車台 ボ單別	ボ	〃	〃	ボ	〃	〃	〃	〃
車台 型式	D-18	〃	84-30-AA	D-16	〃	〃	84-30-AA	D-16
車台 車輪直径	864	〃	914	914	〃	〃	〃	〃
電動機 製造所	WH	GE	WH	TDK	芝浦	TDK	WH	TDK
電動機 型式	556-J-6	244	〃	528/5-G	139C	550/3-C	556-J-6	528/5-G
電動機 電圧	750	750	〃	750	〃	〃	〃	〃
電動機 馬力	100	125	〃	150	〃	〃	100	150
電動機 個数	4	〃	〃	4	〃	〃	〃	〃
電動機 歯車比	67:22	59:25	〃	61:19	58:22	61:19	67:22	61:19
制御器 製造所	WH	〃	〃	芝浦	TDK	芝浦	WH	芝浦
制御器 型式	HL	〃	〃	PB-2A	AL	PB-2A	HL	PB-2A
制御器 種類	ユニットスヰッチ	〃	〃	カムシャフト	カムモーター	カムシャフト	ユニットスヰッチ	カムシャフト
制動機 製造所	WH	〃	〃	三菱	〃	〃	WH	三菱
制動機 型式	AMM	〃	〃	AMM	〃	〃	〃	〃
制動機 種類	自動直通	〃	〃	自動直通	自動直通回	自動直通	〃	〃
集電装置	WHパンタ	〃	〃	TDK PT-クパンタ	〃	〃	WHパンタ	TDK PT-クパンタ
連結器	シャロンマルコ	〃	〃	柴田下	柴田式及密着式	柴田下	シャロンマルコ	柴田下
其他設備				MG.ドアエンヂン	〃	〃		MG.ドアーエンヂン
自重	37.20	〃	36.88	38.6	40.5	38.6	36.88	38.60
定員(座席)	160(56)	〃(〃)	〃(〃)	110(60)	92(56)	140(56)	160(66)	120(64)
荷重								
前所有者								
旧番號							3600~3603	
記事				後に→モ3600			後に→モ3350	
→後の形式								
登場時の会社→	愛電3300	愛電3300	愛電3300				愛電3600	

愛電：愛知電気鉄道、知多：知多鉄道

制御車(ク)

車種	ク950	ク2000	〃	ク2010	ク2020	ク2030
型式				郵		荷
車輛番號	951~953	2001~2004	2005~2006	2011~2012	2021	2031~2032
輛数	3	4	2	2	1	2
所属	東部	〃	〃	〃	〃	〃
製造年月	昭18-1	大12-12	〃	〃	大15-8	大12-12
車体 製造所	木南車輌	日本車輌	〃	〃	〃	〃
車体 最大寸法 長	18440	16764	〃	〃	16688	16764
車体 最大寸法 巾	2740	2642	〃	〃	2641	2642
車体 最大寸法 高	3822	3607	〃	〃	3710	3607
車体 鋼木別	半鋼	木	〃	〃	半鋼	木
車台 製造所	木南車輌	ブリル	〃	〃	ボルドウィン	ブリル
車台 ボ單別	ボ	〃	〃	〃	〃	〃
車台 型式	D-16型	MCB-1	MCB-2	MCB-1	84-27-A	MCB-2
車台 車輪直径	914	838	864	838	864	〃
電動機 製造所						
電動機 型式						
電動機 電圧						
電動機 馬力						
電動機 個数						
電動機 歯車比						
制御器 製造所	三菱	WH	〃	〃	三菱	WH
制御器 型式	HL	〃	〃	〃	〃	〃
制御器 種類	総括	複式	〃	〃	〃	〃
制動機 製造所	三菱	WH	〃	〃	〃	〃
制動機 型式	ACM	ATM	〃	〃	ACM	ATM
制動機 種類	自動直通	〃	〃	〃	〃	〃
集電装置	空.手		〃	〃		
連結器	柴田下	シャロン下	〃	〃	〃	〃
其他設備						
自重	30.5	20.41	〃	〃	22.15	20.41
定員(座席)	140(56)	120(50)	140(36)	76(44)	140(60)	96(36)
荷重				2.0		2.0
前所有者						
旧番號		2000~2003		2010,2011	2020	2030,2031
記事	953制御AL 951,2 MG式					
登場時の会社	知多950	愛電·附2	愛電·附2	愛電·附2	愛電·附3	愛電·附2

制御車(ク)

車種		ク2040	ク2050	ク2070	ク2080	ク2090	ク2100	クニ2150	ク2160	ク2230	ク2350	ク2400	ク2500	ク2550	ク3550
型式								荷							
車輛番號		2041~2045	2051~2054	2071	2081~2082	2091	2101	2151~2152	2161~2162	2231~2238	2351~2352	2401~2403	2501~2503	2551~2556	3551
輛数		~~2~~ 5	4	1	2	1	1	2	2	8	2	3	3	6	1
所屬		東部	〃	〃	〃	〃	西部	三河	〃	西部	〃	東部	〃	西部	
製造年月		昭4-7	昭15-12	明31-	昭16-7	明35-	昭16-8	大15-8	〃	昭2-4 3-4	昭12-2	昭12-3	昭17-10	昭19-6	昭19-
車体	製造所	日本車輌	〃	名古屋工場	鳴海工場	新橋工場	新川工場	東洋車輌	〃	名古屋電車	日本車輌	〃	〃	〃	〃
車体	最大寸法 長	18352	18454	15254	15970	16802	14961	15329	〃	14961	18412	19000	18440	18454	18440
車体	最大寸法 巾	2714	2740	2700	2640	2650	2642	2616	〃	2642	2740	〃	〃	〃	〃
車体	最大寸法 高	3806	3822	3882	3663	3860	3670	3629	〃	4115	4143	4100	3872	〃	〃
車体	鋼木別	半鋼	〃	木	〃	〃	〃	〃	〃	木	半鋼	〃	〃	〃	〃
車台	製造所	日本車輌	〃		日本車輌		住友	東洋車輌	〃	住友	日本車輌	〃	〃	〃	〃
車台	ボ單別	ボ	〃	〃	〃	〃	〃	〃	〃	ボ	〃	〃	〃	〃	〃
車台	型式	D-16	〃		42-84 MCB-1		ST	ホールドウィンA型	〃	ST	D-16	〃	〃	D-18	〃
車台	車輪直径	864	914	864	864 838	864	〃	〃	〃	864	914	〃	〃	〃	〃
電動機	製造所														
電動機	型式														
電動機	電圧														
電動機	馬力														
電動機	個数														
電動機	齒車比														
制御器	製造所	WH	芝浦	WH	〃	〃	TDK	東洋車輌	〃	TDK	〃	〃	芝浦	TDK	芝浦
制御器	型式	HL	PB-2A	HL	〃	〃		HL	〃		ES54	AL	PB-2A	ES54	MG
制御器	種類	複式	〃	〃	〃	〃	〃	〃	〃	総括	〃	〃	〃	〃	〃
制動機	製造所	WH	三菱	〃	日本エアー		WH		〃	WH	三菱	〃	〃	〃	〃
制動機	型式	ACM	〃	PF	ACM	PF	SME	〃	〃	SME	ACM	〃	〃	〃	〃
制動機	種類	自動直通	〃	〃	〃	〃	非常直通	〃	〃	非常直通	自動直通	〃	〃	〃	〃
集電装置										TDKCパンタ	TDKパンタ	〃			
連結器		シャロンマルコ	柴田下	アライアンス下	シャロン下	〃	シャロン下	坂田上	〃	シャロン下	柴田下	柴田下 密着式	柴田下	〃	〃
其他設備			ドアエンヂン								ドアーエンヂン	〃	〃	〃	〃
自重		28.08	30.0	21.00	〃	20.0	19.4	20.75	20.73	19.4	29.5	32.0	30.5	30.0	30.5
定員(座席)		160(66)	110(64)	120(40)	120(48)	〃(〃)	100(44)	72(30)	100(46)	100(44)	114(58)	96(56)	140(56)	150(48)	140(56)
荷重								2.0							
前所有者															
旧番號		2040~2044		5070		5910		クハ51.52	クハ53.54	658-665					
記事 →後の形式		後に→モ3350	後に→ク2600	昭15-4 省ヨリ受ケ 鳴海ニテ改造 昭17-7 「ク」ニ改造		昭15-4 省ヨリ受ケ 鳴海ニテ改造				昭17-10 改造					後に→モ3550
登場時の会社→		愛電 サハ2040		国鉄ホユニ		国鉄ホニ		三河50	三河50	初代 名鉄650					

愛電：愛知電気鉄道、 三河：三河鉄道、 名鉄合併後の導入は空欄　　国鉄は旧所有者

付随車(サ)

車種		サ10	サ20	サ30	サ40	サ50	サ60	サ1010	サ2060	サ2110	サ2120	サ2130	サ2140	サ2170	サ2200
型式															
車輛番號		11~12	21~22	31~33	41~44	51~58	61	1011~1013	2061~2066	2111	2121	2131~2132	2141	2171	2201~2202
輛数		2	2	3	4	8	1	3	6	1	1	2	1	1	2
所属		11 蒲郡 12 東部	瀬戸	渥美	廣見	東部	廣見	東部	1.4.5 三河 6 東部 2.3 瀬戸	三河	〃	〃	〃	東部	三河
製造年月		明40-11	明41-1	大12-12	明44-5 大2-3 明32-5	昭17-3	大1-8	大15-7	昭6-1	大13-10	昭2-1	明34-	明42-	昭17-	昭11-10
車体	製造所	名古屋電車	〃	日本車輌	日車名電省	新川工場	梅鉄	日本車輌	〃	〃	〃	名古屋工場		日本車輌	〃
車体	最大寸法 長	9023	9350	8865	6274	8210	8200	14198	10794	12624	16520	16132	16845	10730	14066
車体	最大寸法 巾	2622	2678	2438	2642	2640	2642	2641	2500	2591	2730	2725	2718	2700	2640.8
車体	最大寸法 高	3365	3587	3531	3213	3544	3490	4099.4	3455	3724	3685	3865	3670	3753	3780
車体	鋼木別	木	〃	〃	〃	〃	〃	〃	半鋼	木	〃	〃	〃	〃	半鋼
車台	製造所					ブリル		日本鉄道	日本車輌	〃	〃	鉄道省	〃	日本車輌	〃
車台	ボ單別	單	〃	〃	〃	〃	〃	ボ	〃	〃	〃	〃	〃	〃	〃
車台	型式					21-E			BB-75	ブリル型	省型	TR-10		C-12	
車台	車輪直径	864	〃	〃	〃	〃	〃	〃	〃	〃	〃	〃	〃	〃	〃
電動機	製造所														
電動機	型式														
電動機	電圧														
電動機	馬力														
電動機	個数														
電動機	歯車比														
制御器	製造所														
制御器	型式														
制御器	種類														
制動機	製造所					アックレー									
制動機	型式														
制動機	種類	手	〃	〃	車側	手	車側	手	〃	〃	〃	〃	空.手	〃	手
集電装置															
連結器		坂田上	アライアンス上	シャロン下	シャロン上	〃	柴田上	シャロン下	柴田下	シャロン下	〃	〃	〃	柴田下	シャロン下
其他設備															
自重		5.28	8.12	8.51	6.00	9.25	7.25		11.43	18.00	24.9	18.00	21.30	17.50	17.00
定員(座席)		40(10)	50(14)	48(26)	48(0)	60(10)	52(0)	96(36)	80(28)	70(42)	100(50)	100(46)	120(54)	90(8)	100(48)
荷重															
前所有者								碧海鉄道			筑波鉄道	鉄道省	〃		
旧番號		3,4	5,6	200~202	ワ204~207		ワ1 62	1010~1012	キボ51~56		サハフ31	サハフ35,36	サハフ41		キハ301,302
記事					昭19-5改造 昭22 ワ=改造		昭19-6改造	サ=改造 機器デ800転用			筑波ナハフ	国鉄ホハユ	国鉄ナユニ		昭16-3改造
登場時の会社→		瀬戸テ3	瀬戸レ5	渥美200	尾西・貨車	名電デワ	名電デワ	碧海100	名岐キボ50	岡崎200	三河サハフ31	三河サハフ35	三河サハフ41		瀬戸キハ300

瀬戸：瀬戸電鉄、渥美：渥美電鉄、尾西：尾西鉄道、名電：名古屋電鉄、碧海：碧海電鉄、名岐：名岐鉄道、岡崎：岡崎電軌、三河：三河鉄道　筑波・国鉄は旧所有者

付随車(サ)

車種	サ2210	サ2220	サ2240	サ2250	サ2310	サ2550	サ3550
型式							
車輛番號	2211	2221-2222	2241	2253,2255	2311~2315	2557-2561	3551-3554
輛数	1	2	1	2	5	5	4
所屬	東部	三河	〃	東部	各務原	7 三河 58-61 東部	東部
製造年月	大15-7	昭12-7	昭6-6		昭13-10	昭20-	〃
車体 製造所	汽車会社	日本車輛	〃		日本車輛	〃	〃
車体 最大寸法 長	16815	14690	11890	11738	18354	18430	18440
車体 最大寸法 巾	2700	2720	2640	2616	2740	〃	〃
車体 最大寸法 高	3797	3730	3460	3626	3853	3822	〃
車体 鋼木別	木	半鋼	〃	木	半鋼	〃	〃
車台 製造所		日本車輛	〃		日本車輛	〃	〃
車台 ボ單別	〃	ボ	〃	〃	〃	〃	〃
車台 型式	省型		BB-75		D-14	D-18	〃
車台 車輪直径	〃	860	864	〃	914	〃	〃
電動機 製造所							
電動機 型式							
電動機 電圧							
電動機 馬力							
電動機 個数							
電動機 齒車比							
制御器 製造所							
制御器 型式							
制御器 種類							
制動機 製造所					三菱		
制動機 型式					SME		
制動機 種類	ナシ	空、手	手	手	非常直通	手	〃
集電装置							
連結器		柴田下	〃	シャロン下	柴田下	〃	〃
其他設備							
自重	21.4	19.3	12.4	14.0	26.0	30.0	〃
定員(座席)	130(18)	90(18)	70(30)	50(0)	140(70)	150(48)	140(56)
荷重							
前所有者	成田鉄道		鉄道省	近江鉄道			
旧番號	ホハ3	キハ81,82	キハニ40730				
記事			昭18-9從			後に→ク2550	後に→モ3550
登場時の会社→	成田鉄道 ホハ3	三河キ80	佐久鉄道 国鉄キハ	近江鉄道 クハ21			

三河:三河鉄道、 尾西:尾西鉄道、 名電:名古屋電気鉄道、 渥美:渥美電鉄

電気機関車(デキ)

車種	デキ1	デキ30	デキ50	デキ100	〃	デキ150
型式		入換	入換			
車輛番號	1	31-32	51	101-102	103-104	151
輛数	1	2	1	2	2	1
所屬	西部	〃	〃	〃	〃	渥美
製造年月	大正13-7	大正1-8	〃	大正13-1	昭3-4	昭14-5
車体 製造所	独シーメンス	名古屋電車	〃	〃	〃	木南車輛
車体 最大寸法 長	6720	10544	〃	11430	〃	9430
車体 最大寸法 巾	2450	2440	〃	2425	〃	2500
車体 最大寸法 高	4172	4130	〃	4013	〃	3750
車体 鋼木別	全鋼	木	〃	半鋼	〃	〃
車台 製造所	シーメンス	英マウンテンギブソン	日本車輛	〃	住友	ブリル
車台 ボ單別	單	〃	ボ	〃	〃	〃
車台 型式		ワーナーラディアル	C-12	ロボールドウィン		27-GE-1
車台 車輪直径	1000	864	〃	〃	〃	838
電動機 製造所	シーメンス	BWH	〃	TDK	〃	W.H
電動機 型式		EC221	〃	516A	〃	101-H
電動機 電圧	500	500	〃	600	〃	500
電動機 馬力	60	50	〃	85	〃	50
電動機 個数	2	2	4	〃	〃	〃
電動機 齒車比	134:18	69:16	71:14	69:15	〃	〃
制御器 製造所	W.H.	〃	TDK	〃	〃	G.E
制御器 型式	TIC	〃	Q2	〃	〃	K-38
制御器 種類	ダイレクト	〃	〃	〃	〃	〃
制動機 製造所	シーメンス	ナショナル	〃	WH	〃	GE
制動機 型式				SME	〃	SJ-5
制動機 種類	手	直通	〃	非常直通	〃	自動直通
集電装置	TDKBパンタ	〃	〃	TDK-Cパンタ	〃	トロリーポール
連結器	シャロン座	シャロン上	〃	〃	〃	アライアンス下
其他設備						
自重	15.25	16.2	20.0	20.33	〃	20.0
定員(座席)						
荷重				5	〃	
前所有者						
旧番號	EL1	52.53				
記事	尾西EL1	昭12改造 名電 デシ500	名電 デシ500	初代名鉄 デキ100	初代名鉄 デキ100	渥美ED1

成田・佐久・近江は旧所有者

電気機関車(デキ)

車種	デキ200	デキ300	〃	〃	デキ360	〃	デキ370	〃	〃	デキ400	デキ500	デキ600	デキ800	デキ850	デキ900
型式															
車輌番號	201-202	301-302	303-305	306	361	362-363	371-372	373-374	375-379	401-402	501	601-604	801-803	851	901
輌数	2	2	3	1	1	2	2	2	5	2	1	4	3	1	1
所属	瀬戸	三河	〃	〃	西部	碧西				東部	三河	東 1.3 西 2 三 4	東部	西部	東部
製造年月	昭2-3	大正15-5	昭2-8.3.4 4-9.5	昭3-8	大正12-7	大正14-4	大正14-1	大正15-10	昭3-7 4-4	昭5-2 7-2	昭3-2	昭17-7	昭19-4	昭19	昭19
車体 製造所	日本車輌	〃	三菱(船)	三菱	日本車輌	〃	WH	日本車輌	〃	日本車輌	川崎造船	東芝	鳴海工場	新川工場	日本鉄道
車体 最大寸法 長	10180	9420	10152	10178	9271	〃	9198	9258	〃	11052	10088	11050	10070	10070	9570
車体 最大寸法 巾	2530	2670	2678 2630	2630	2508	〃	2489	〃	〃	2700	2702	2945	2700	2700	2400
車体 最大寸法 高	3681	3645	4017	4027	3766	〃	3769	〃	〃	4120	3990	4056	4066	4120	4015
車体 鋼木別	全鋼	〃	〃	〃	半鋼	全鋼	〃	〃	〃	全鋼	〃	〃	木	木	全鋼
車台 製造所		日本車輌	三菱(船)	〃	NSK	ブリル 日車	ボールドウィン	日本車輌	〃	〃	川崎造船	東芝	ブリル	日本車輌	日本鉄道
車台 ボ単別	〃	〃	〃	〃	〃	〃	〃	〃	〃	〃	〃	〃	〃	〃	〃
車台 型式					42-58-0	76-E-1 42-58-0				EL No564			MCB1	C-1Z	
車台 車輪直径	864	〃	〃	〃	〃	838 864	864	〃	〃	914	965	1000	864	〃	914
電動機 製造所	三菱	〃	〃	〃	WH	BWH	WH	〃	〃	WH	川崎造船	東芝	独アルゲマイネ(?)	BWH	GE
電動機 型式	MB146-A	MB-98-A	〃	〃	J-646	221	550-J-F6	〃	〃	576-J-F6	KT-1303-B	SE-130C	AEG	EC221	244
電動機 電圧	600	750	〃	〃	600	500	750	〃	〃	750	〃	〃	〃	500	750
電動機 馬力	100	〃	〃	〃	65	50	65	〃	〃	125	150	110KW	50KW	50	125
電動機 個数	〃	〃	〃	〃	〃	〃	〃	〃	〃	4	〃	〃	〃	〃	〃
電動機 歯車比	67:16	76:15	〃	〃	72:15	69:16	73:16	〃	〃	67:14	73:17	79:17	74:14	71:14	64:20
制御器 製造所	三菱	〃	〃	〃	W.H.	TDK	WH	〃	〃	WH	川崎造船	東芝	WH		WH
制御器 型式	HL	〃	〃	〃	〃	〃	〃	〃	〃	HL	〃		HL		HL
制御器 種類	ユニットスイッチ	〃	〃	〃	〃	〃	〃	〃	〃	ユニットスイッチ	〃	〃	〃	ダイレクト	ユニットスイッチ
制動機 製造所		三菱	〃	〃	WH	〃	〃	〃	〃	WH	日本エヤー	東芝			WH
制動機 型式	AMM	AMF	〃	〃	SME	〃	AMF	〃	〃	AMF	EL-14				AMM
制動機 種類	〃	〃	〃	〃	非常直通	〃	自動直通	〃	〃	〃	〃	〃	〃	直通	自動直通
集電装置	〃	三菱Sパンタ	〃	〃	WHパンタ	〃	〃	〃	〃	〃	〃	芝浦パンタ	WHパンタ		WHパンタ
連結器	ラトローレウイセリー(?)	〃	柴田座	柴田座	シャロン上	シャロン座	〃	〃	〃	シャロン座	坂田座	柴田座	〃	〃	〃
其他設備		ダイナモーター													
自重	30.48	31.50	30.50	29.8	20.08	20.31	24.82	24.31	24.8	40.0	〃	40.0	28.00	20.0	35.0
定員(座席)															
荷重															
前所有者											上田電鉄				
旧番號	1.2	10.11	12-14	15		361.362	370-371	372-373	374-379 375欠	400.401					
記事												603.604 日鉄より買入(?)			
登場時の会社→	瀬戸デキ1	三河キ10	三河キ10	一畑電鉄 三河キ10	愛電 デキ360	愛電 デキ360	愛電 デキ370	愛電 デキ370	愛電 デキ370	愛電 デキ400	上田電鉄				

瀬戸：瀬戸電鉄、三河：三河鉄道、愛電：愛知電気鉄道、名鉄合併後の導入は空欄

一畑・上田は旧所有者

	電動貨車(デワ)							気動車(キハ)			蒸気動車	散水車				蒸気機関車		
車種	デワ1	デワ10	デワ20	デワ30	デワ1000	〃	デワ1500	キハ100	キハ150	キハ200	キハ6400	水				蒸		
型式																		
車輌番號	1-2	11-12	21-22	31-33	1001-1002	1005-1006	1501-1502	101-104	151-153	201-202	6401	1	2	3	4	12	13	709
輌数	2	2	2	3	2	2	2	4	3	2	1	1	1	1	1	1	1	
所属	瀬戸	岡崎市内		渥美	西部	〃	〃	大曽根	蒲郡	201 蒲郡 202 大曽根	三河	岐阜市内	〃	蘇東線	岡崎市内	三河	築港	東部
製造年月	大正9-9	昭2-7	大正11-3	大正12-12	大正13-1	大正14-12	昭9-4	昭6-7	昭9-7	昭11-7	明	大正9-8	大正15-7	昭4-9	大正11-10	明6-	明20	明29-2
車体 製造所	名古屋電車	伊奈電鉄	名古屋電車	日本車輌	〃	〃	〃	日本車輌	〃	〃	汽車会社	名古屋電車	岡谷	新川工場	岡谷	シャープスチュワード	ネースミスウィルソン	ワルカンファウンドリー
車体 最大寸法 長	7416	8255	7569	9474	11443	〃	10912	10720	10420	11974	15188	6350	〃	7912	6045	7924	7595	10050
車体 最大寸法 巾	2209	1955	2184	2636	2737	〃	2728	2480	2286	2720	2562	1829	〃	1898	1765	2445	2286	2286
車体 最大寸法 高	3432	3460	3426	3728	3975	〃	3988	3455	3745	3680	3772	3134	〃	3403	3133	3721	3429	3612
車体 鋼木別	木	〃	〃	〃	〃	〃	〃	半鋼	〃	〃	全鋼	半鋼	〃	〃	〃	全鋼	〃	ワルカンファウンドリー
車台 製造所	ブリル	伊奈電鉄	ブリル	〃	日本車輌	ブリル	日本車輌	日本車輌	〃	〃		ブリル	〃	マウンテンギブソン	岡谷			四連
車台 ボ単別	単	〃	〃	〃	ボ	〃	〃	ボ	〃	〃	動 178×305	単	〃	〃	〃			
車台 型式	21-E	ブリル型	21-E	〃	42-84-MCBI	50E1	D-14	BB-75	〃	〃	11.2 kg/cm²	21E	〃	[illegible]	ブリル型	1346	954	動1350
車台 車輪直径	838	〃	〃	〃	864	〃	〃	846	〃	〃	火床 0.41m²	838	〃	〃	762		330×457.2	汽 356×508
電動機 製造所	SS	〃	DK	TDK	三菱	WH	TDK	オーケミヤ(2A) [illegible](1A)	オーケミヤ	〃	傳熱 20.07m²	SS	BWH	〃	SS			火床 1.11m²
電動機 型式		SD-58	13D3-T	13D5	MB64-A	J-546	31/2N1	6-SRL DW-6	6SRL	〃		45	ECZZ1	〃				
電動機 電圧	500	〃	600	〃	〃	〃	〃		1500回/分	〃		500	〃	〃				
電動機 馬力	37	50	〃	65	〃	〃	85		58KW	85KW		25	50	〃	25			
電動機 個数	2	2	〃	〃	4	〃	〃	1	1	1		2	〃	〃	1			
電動機 歯車比	91:19	97:19	71:15	68:18	70:19	72:15	69:15		111×130×6筒	111×136×6		93:15	69:16	〃	68:14			
制御器 製造所	GE	S.S	TDK	〃	三菱	WH	TDK					DK	TDK	WH	SS			
制御器 型式	B-18	D.W	DB1-K4	DB3	KR58	K35-HH	QZ1BA					DB1G1	DB1K4	T1C	SS-ON II			
制御器 種類	ダイレクト	〃	〃	〃	〃	〃	〃					ダイレクト	〃	〃	〃			
制動機 製造所			アックレー	ブリル	WH	〃	三菱	日本エアー	日本車輌	〃		アックレー	〃	ピニコック				
制動機 型式					SM-3	〃	SME											
制動機 種類	手	手 電	手	〃	直通	〃	非常直通	直通	直通	〃		手	〃	〃	手 電	蒸 手	〃	
集電装置	トロリーポール	〃	〃	〃	TDK Bパンタ	〃	TDK Cパンタ					トロリーポール	〃	〃	〃			
連結器	アライアンス	自連	中央緩衝	シャロン下	シャロン	〃	シャロンマルコ	簡易自連	〃	〃					中央緩衝	シャロン座	シャロン上	柴田上
其他設備																	空17.63	
自重	5.08	9.20	6.61	11.0	21.34	〃	24.52	12.00	14.0	15.64	24.1	6.61	〃	11.18	6.50	21.34	整21.69	整38.33
定員(座席)								50(28)	52(24)	62(32)	80(38)							
荷重	3.0	5.0	3.0	5.0	10.0	〃	8.0					6.6	〃	8.6				
前所有者																	~~築港~~	鉄道省
旧番號		デワ1.2	601 602	1-3				57-60	キ11-13	キ51.52						165		
記事				31(18-8)改 32(17-12〃) 33(18-3〃)	ポール付						現在 リニア鉄道館					現在 明治村 動態保存		昭和11-5 譲受
登場時の会社→	瀬戸テワ1	三河デワ1	美濃デワ600	渥美100	尾西デホワ	尾西デホワ	名岐デホワ	気動車 名岐キボ50	気動車 三河キ10	気動車 三河キ50	国鉄 蒸気動車	美濃 散水車	美濃 散水車	美濃 散水車	岡崎 散水車	国鉄・蒸機 尾西12	豊川・蒸機	国鉄・蒸機 三河709

瀬戸：瀬戸電鉄、美濃：美濃電軌、渥美：渥美電鉄、尾西：尾西鉄道、名岐：名岐鉄道、三河：三河鉄道、岡崎：岡崎電軌　国鉄・豊川は旧所有者

車両形式図・竣工図

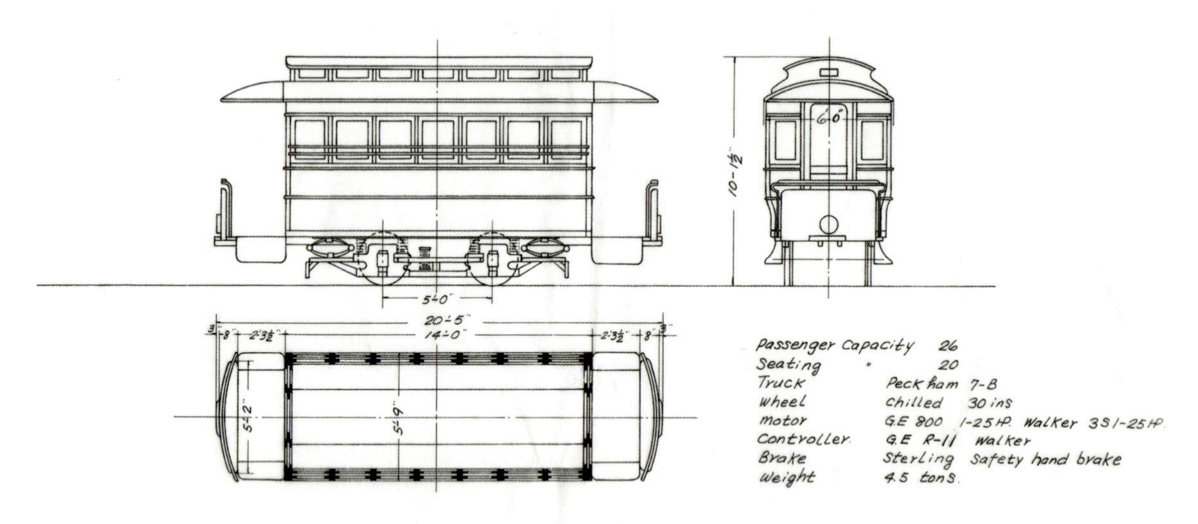

名電1形　1898(明治31)年製造　名古屋電気鉄道最初の電車

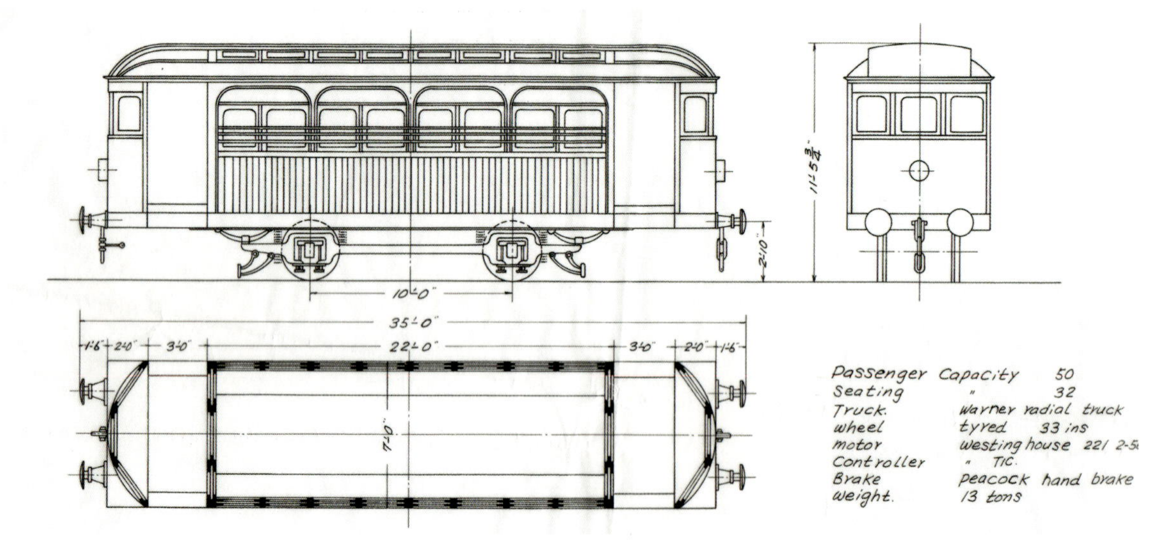

168形→デシ500形　1912(大正元)年製造　名古屋電気鉄道最初の郊外電車

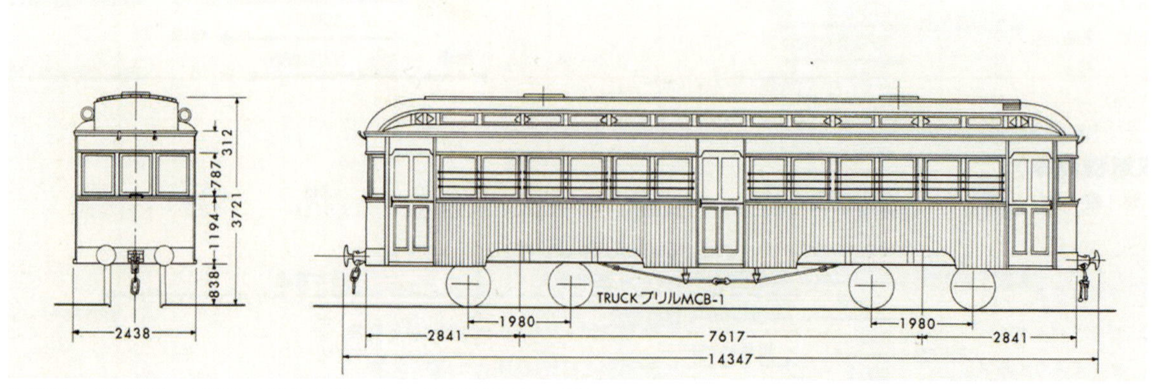

1500形→モ350形　1920(大正9)年製造　名古屋電気鉄道最初のボギー車

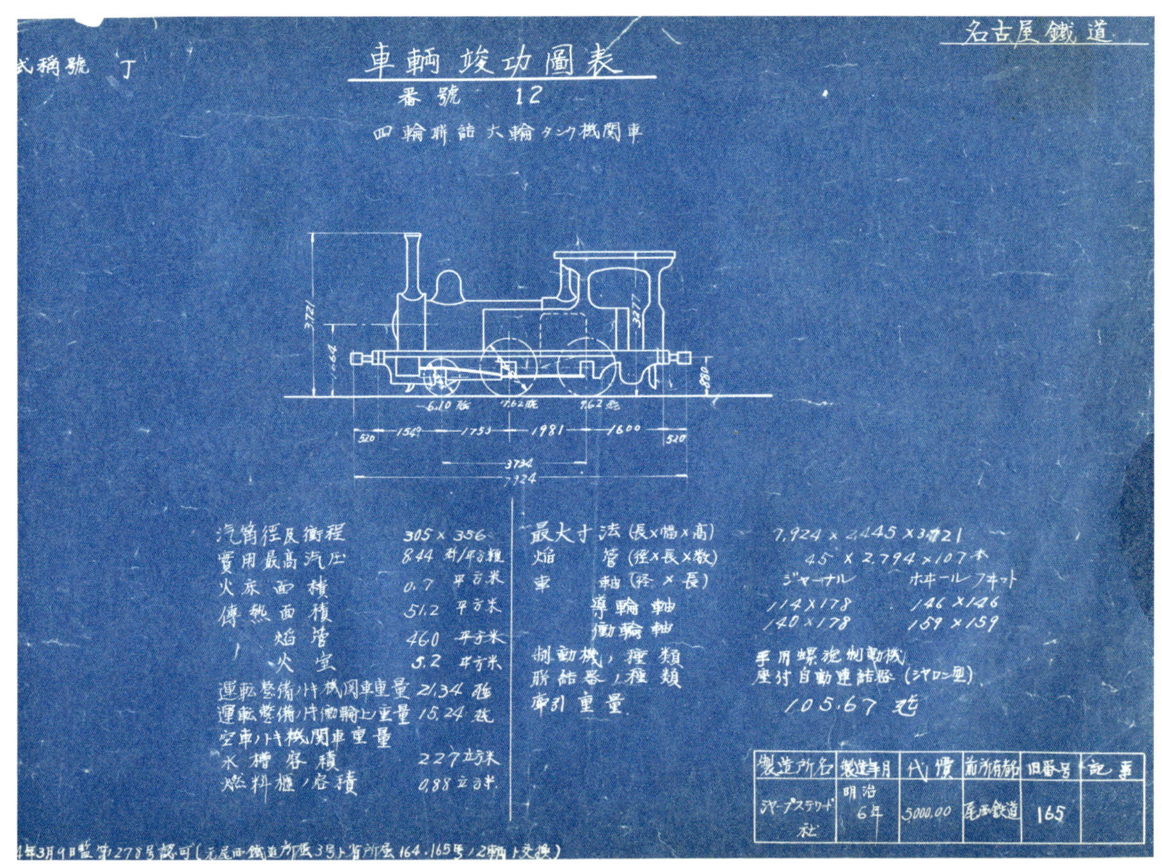
尾西鉄道 丁12号　1874(明治7)年製造　元・鉄道院165号　(明治村で動態保存)

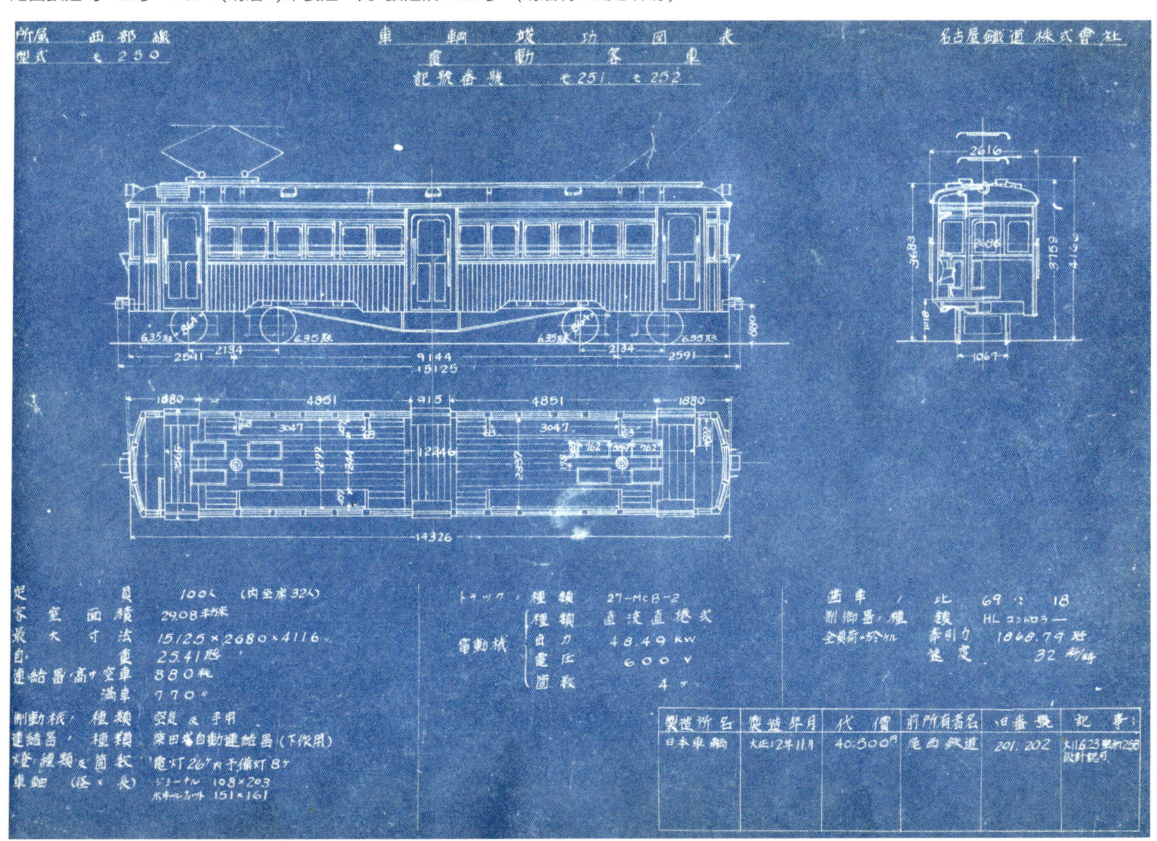
尾西鉄道200形　1923(大正12)年製造　→改造モ250形　下呂直通車に使用

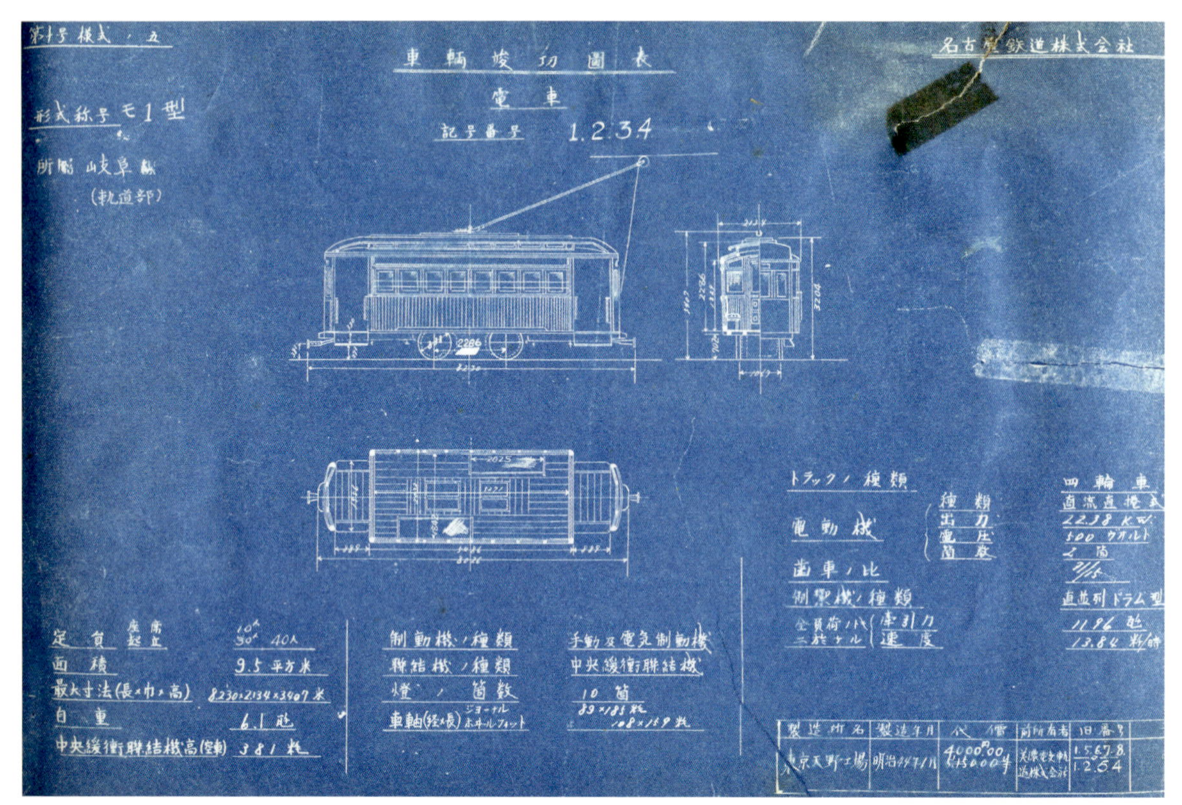

美濃電気軌道D1形　1911(明治44)年製造　→モ1形

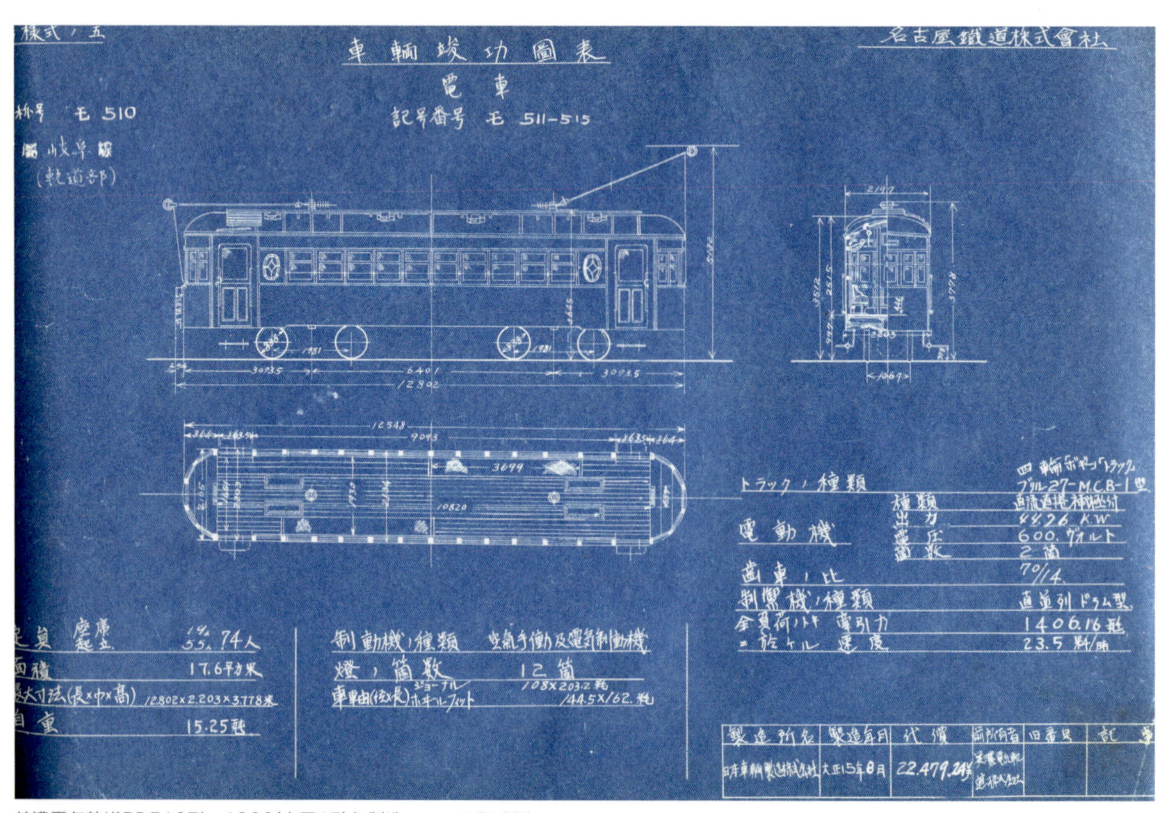

美濃電気軌道BD510形　1926(大正15)年製造　→モ510形

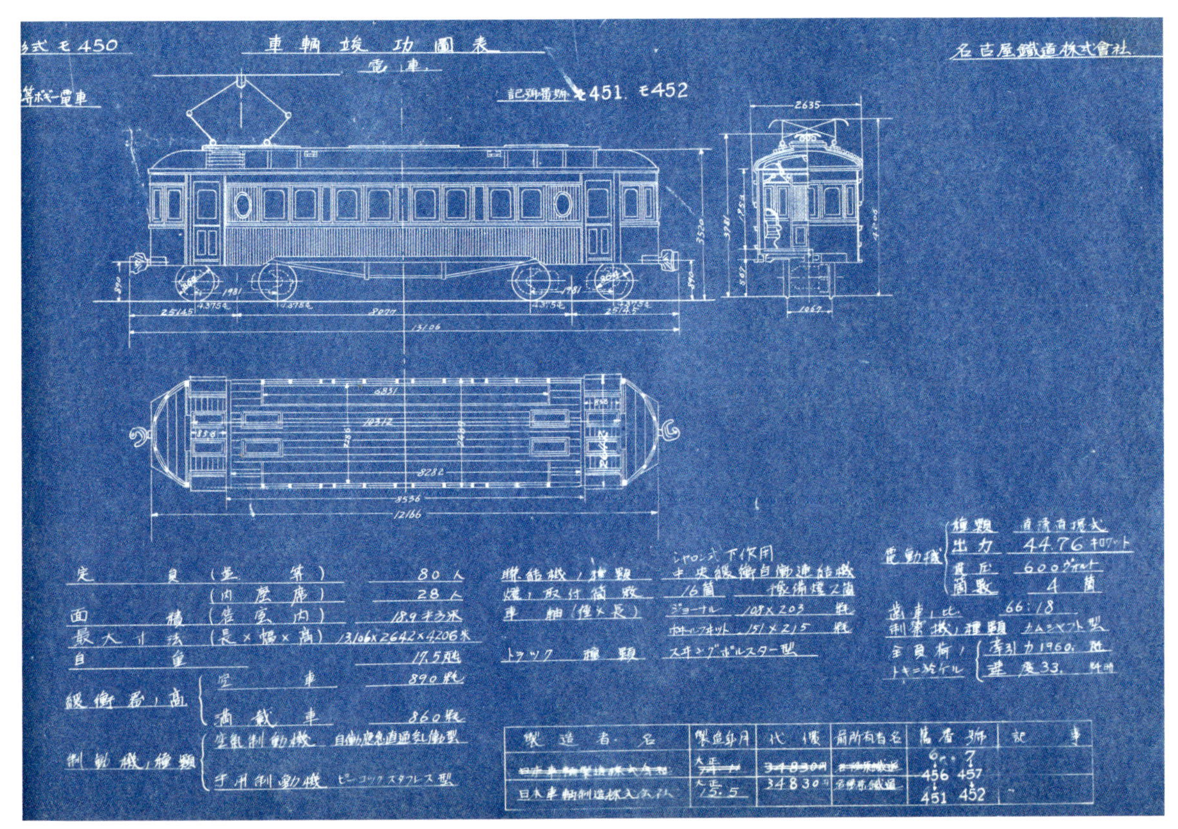
各務原鉄道K1-BE　1925(大正14)年製造　→モ450形

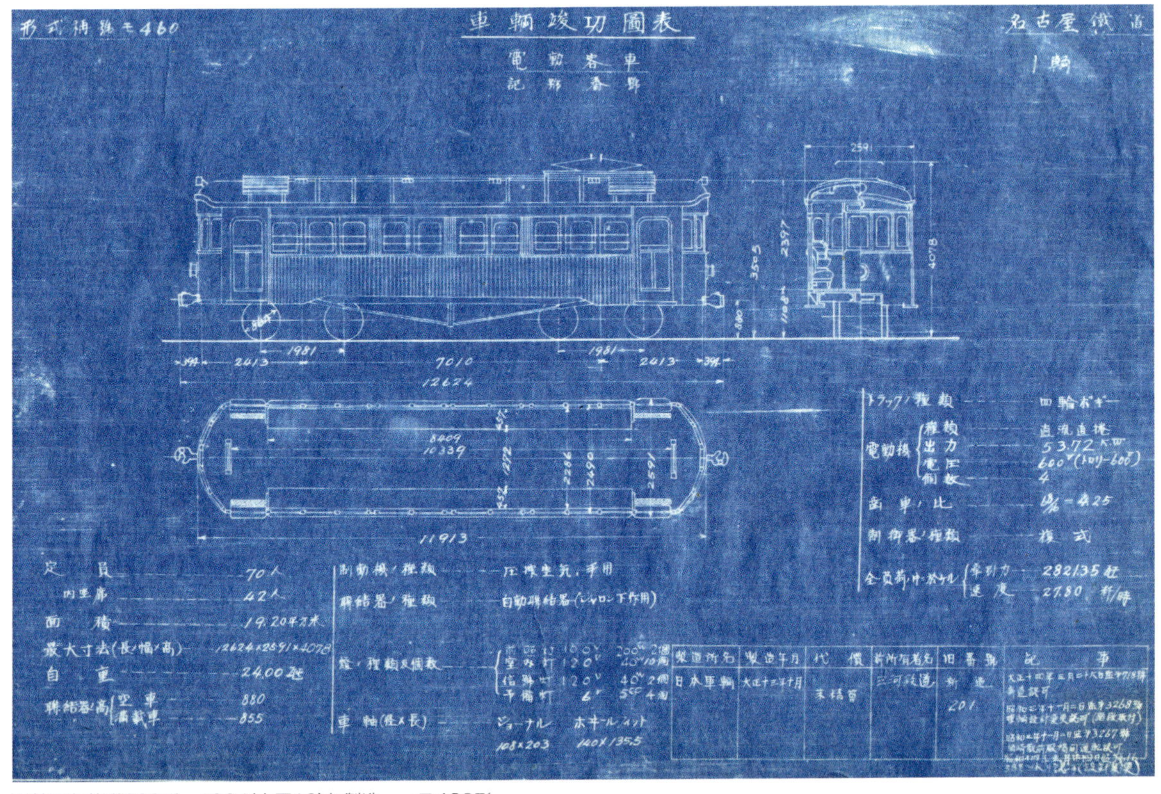
岡崎電気軌道200形　1924(大正13)年製造　→モ460形

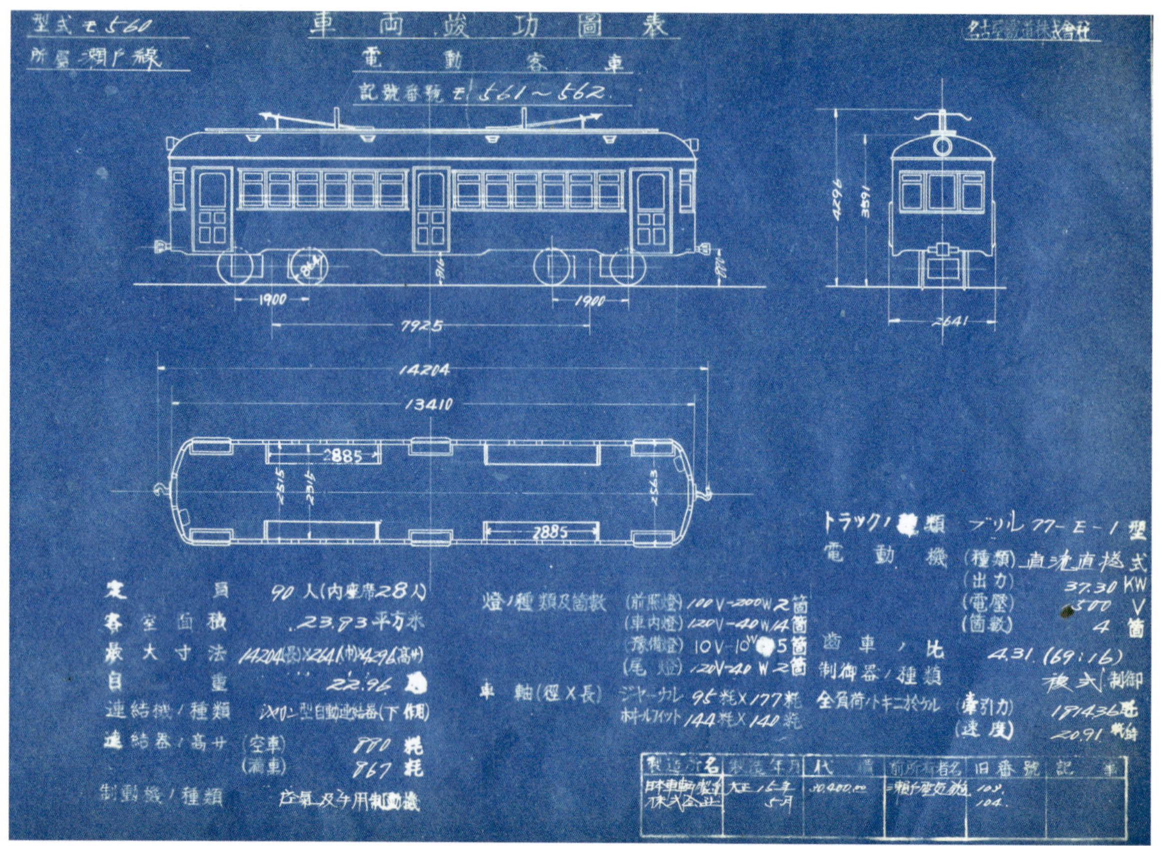

瀬戸電気鉄道ホ103形　1926(大正15)年製造　→モ560形

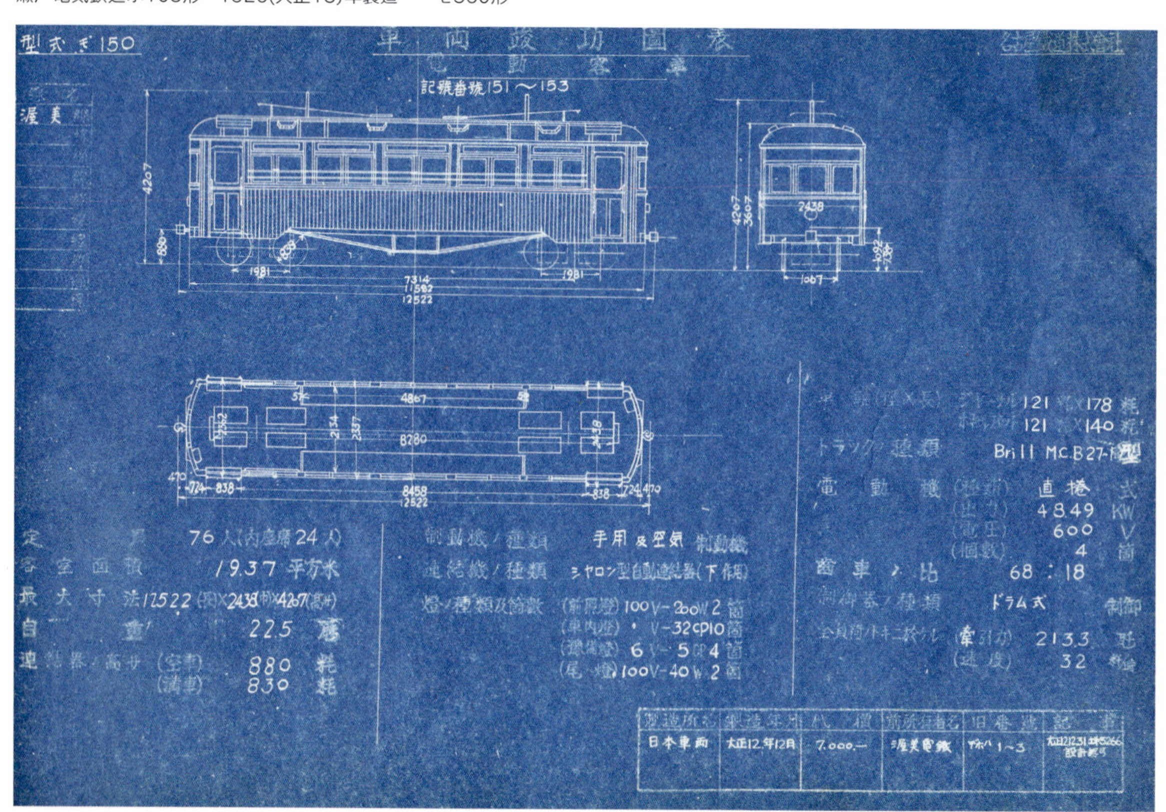

渥美電鉄1形　1923(大正12)年製造　→モ150形

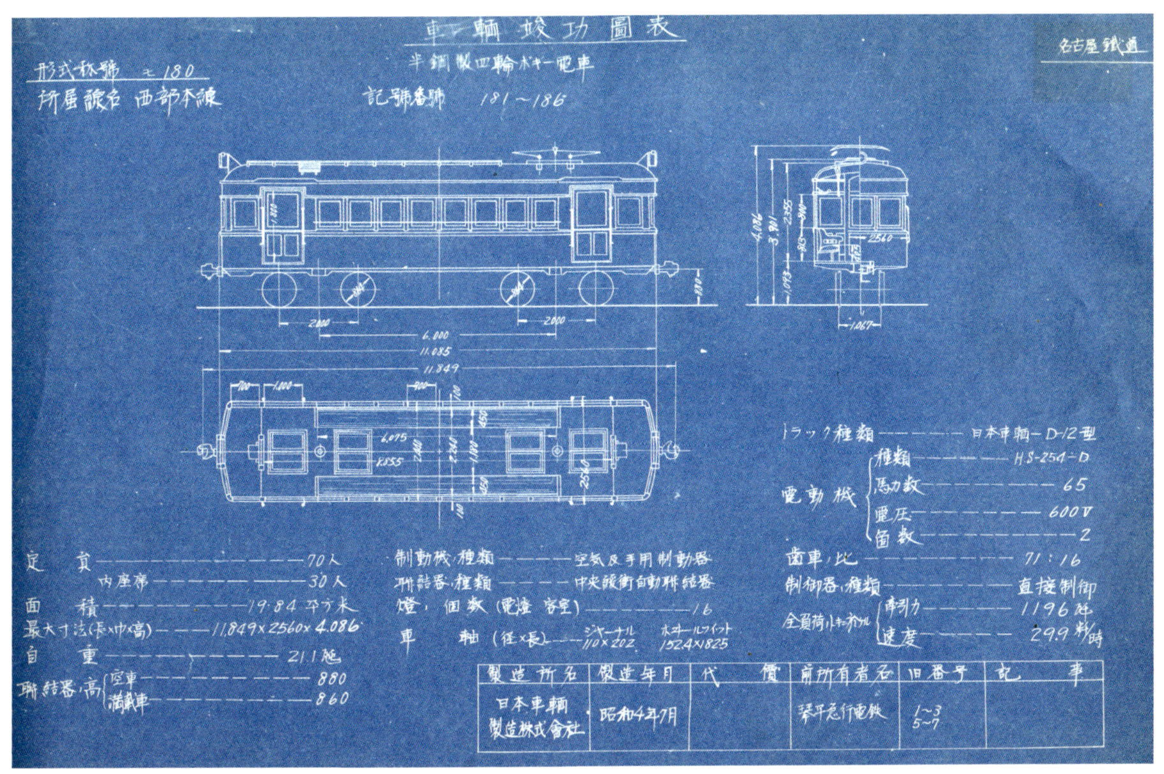

琴平急行電鉄デ1形　1929(昭和4)年製造→1943(昭和18)年転入　→モ180形

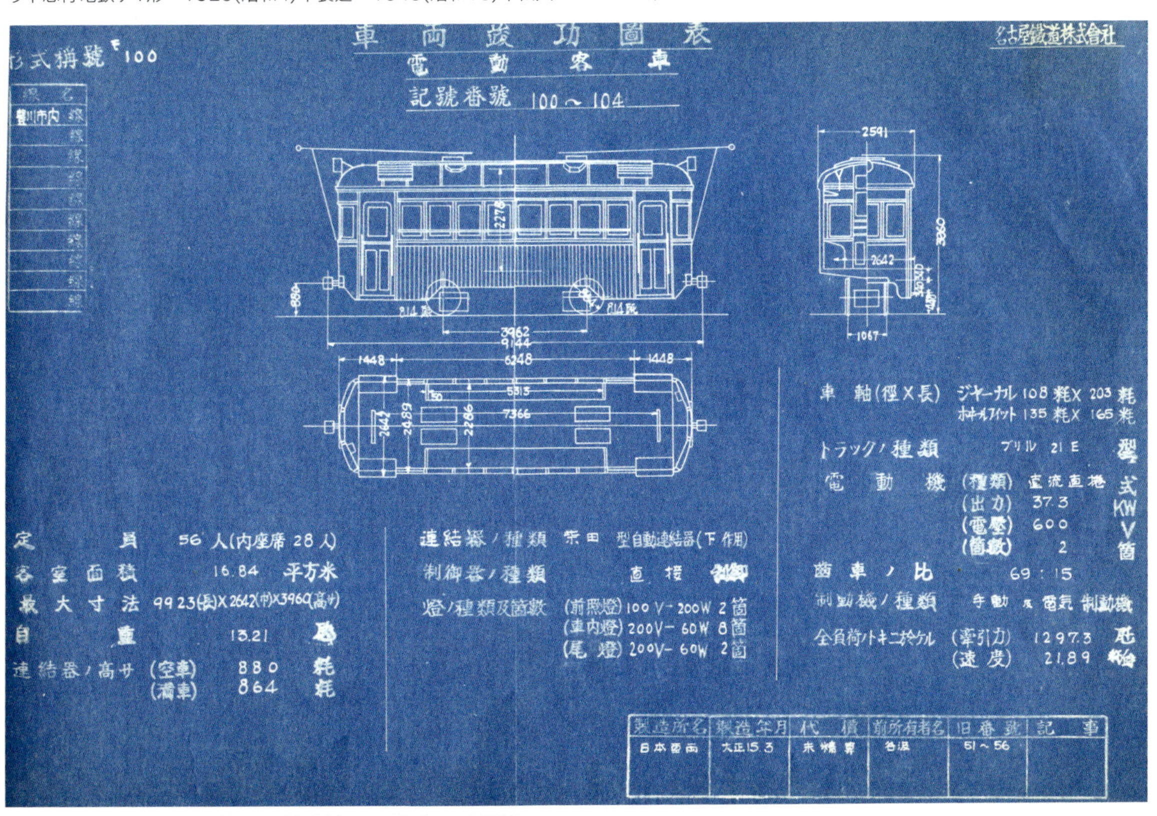

谷汲鉄道デロ1形　1926(大正15)年製造→モ50形→モ100形

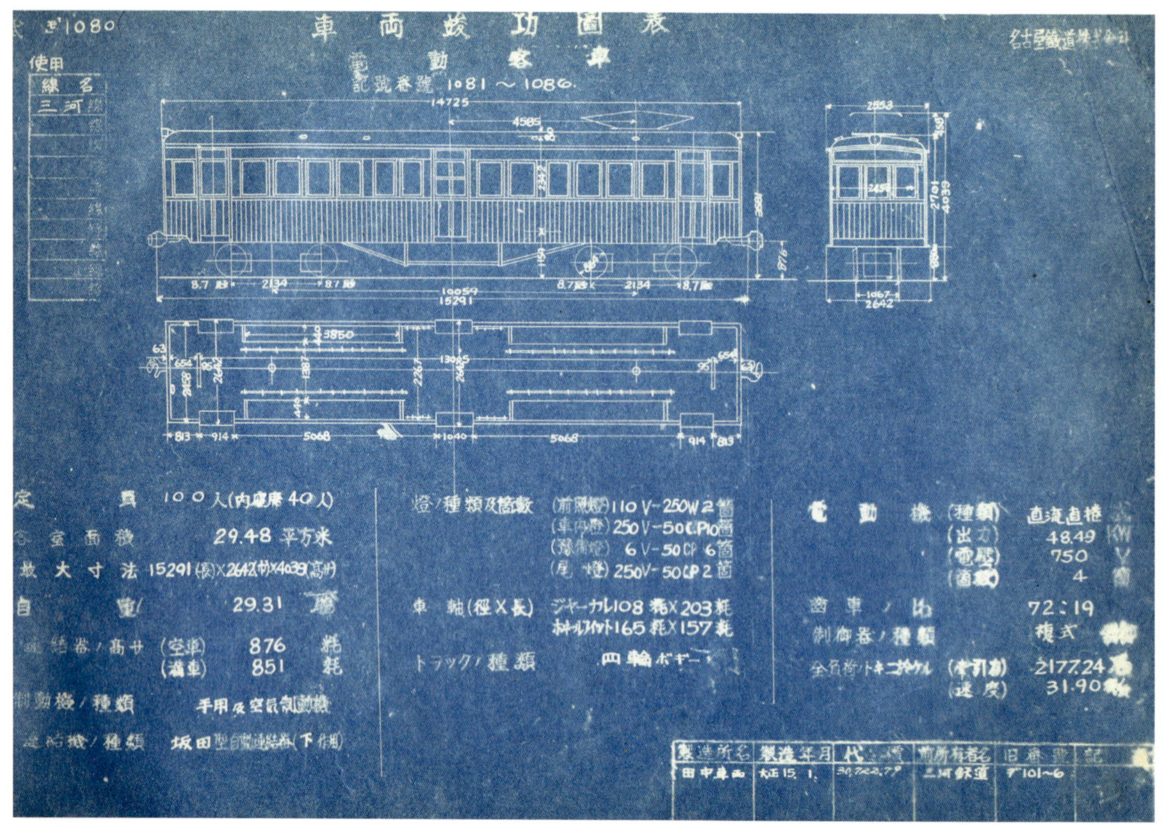

三河鉄道デ100形　1926(大正15)年製造　→モ1080形

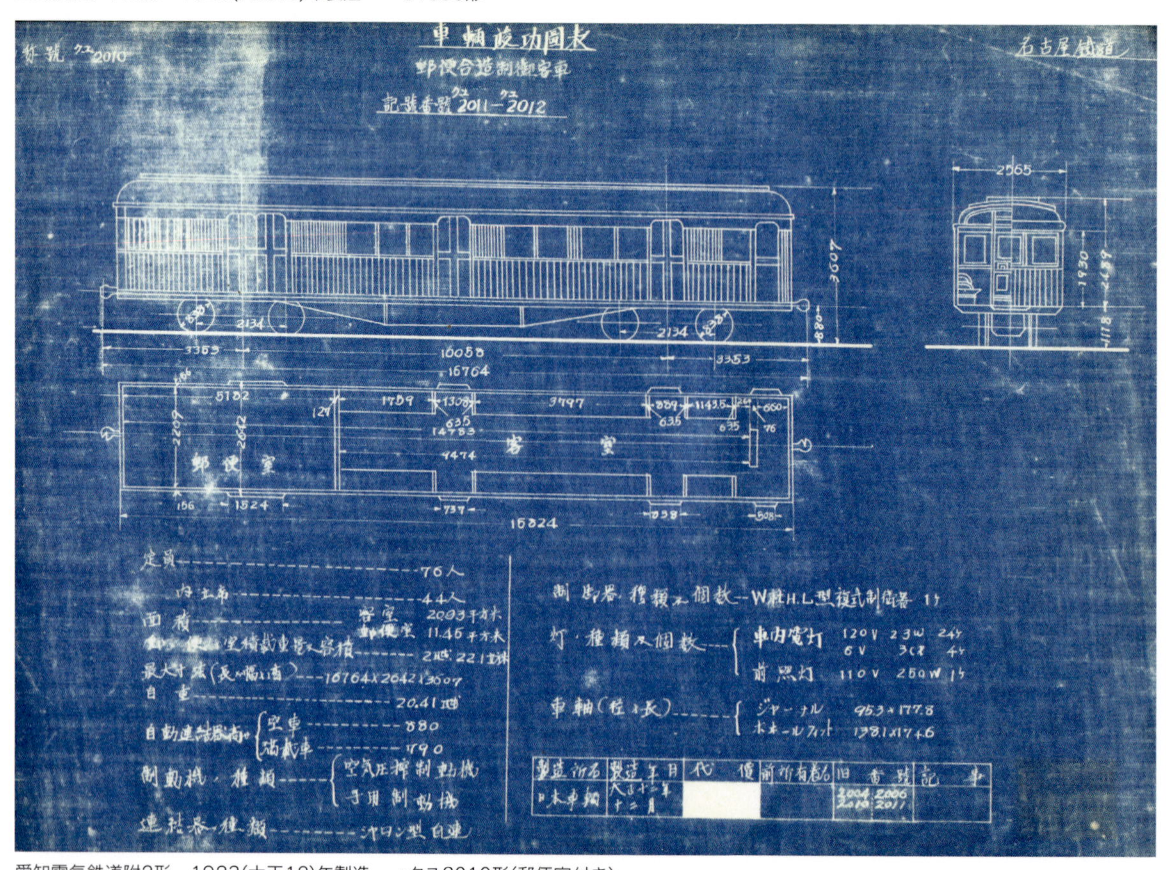

愛知電気鉄道附2形　1923(大正12)年製造　→クユ2010形(郵便室付き)

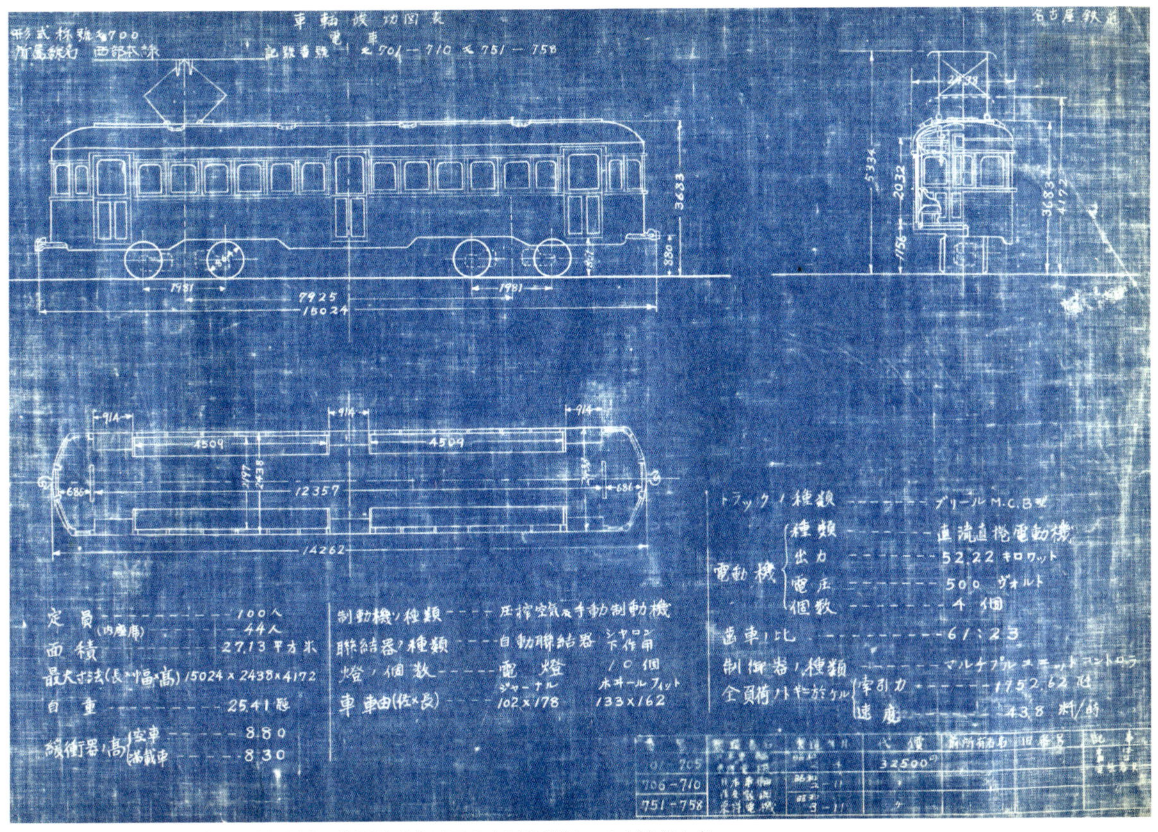

モ700・750形　1927(昭和2)年製造　瀬戸線時代は下のク2220形とコンビを組んだ

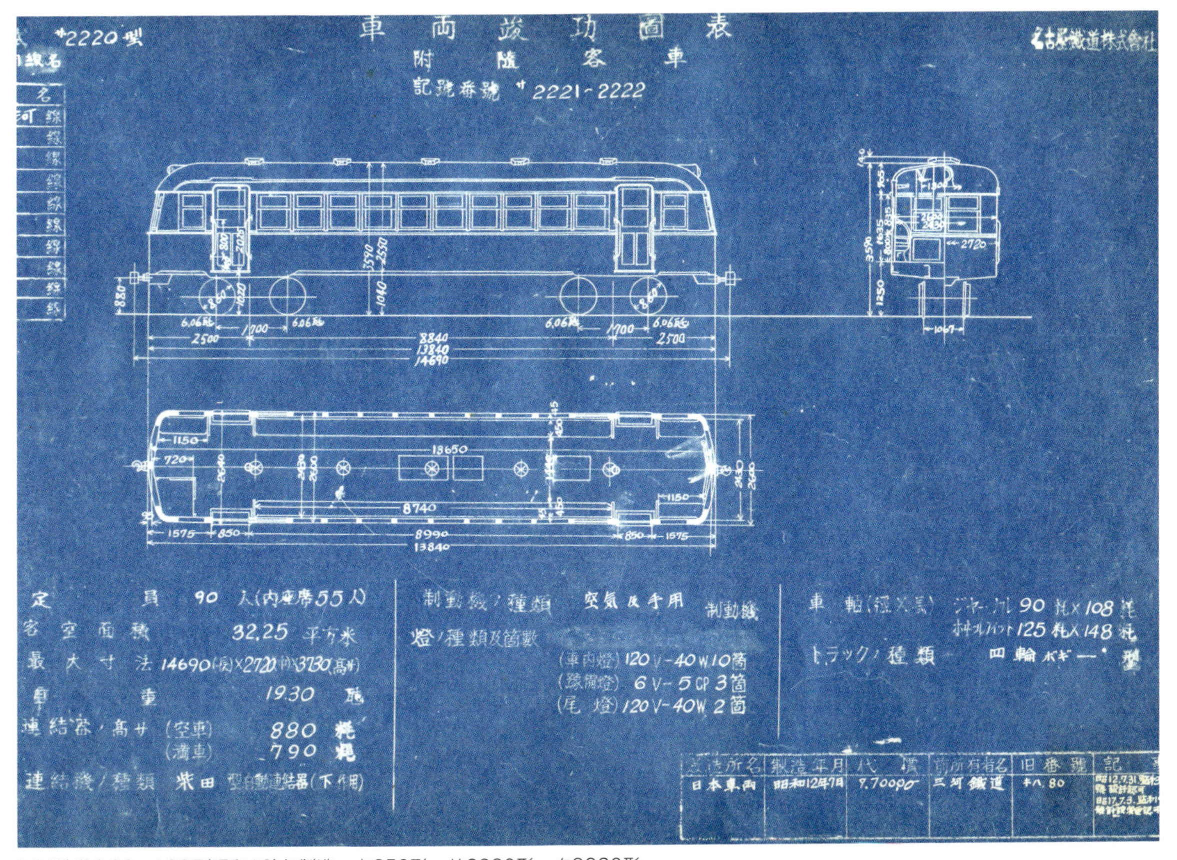

三河鉄道キ80　1937(昭和12)年製造→キ250形→サ2220形→ク2220形

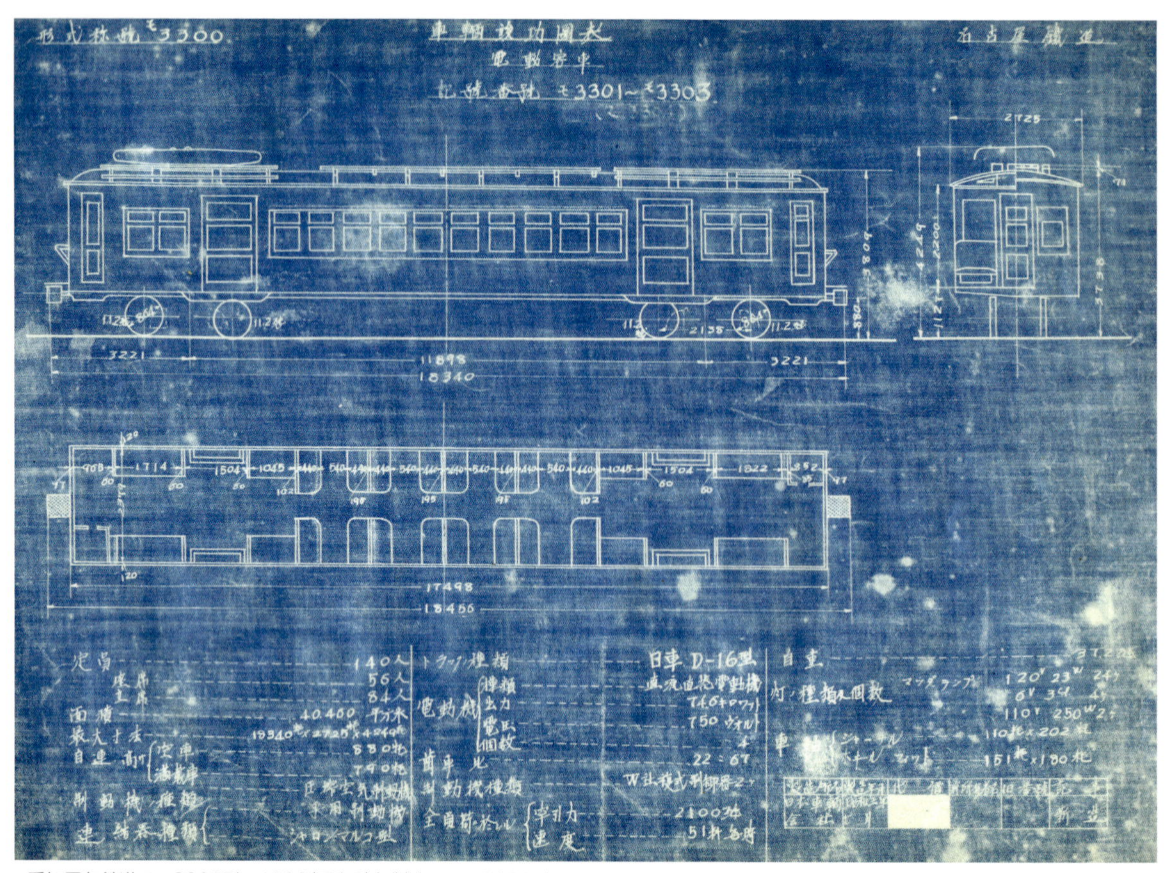

愛知電気鉄道デハ3300形　1928(昭和3)年製造　→モ3300形

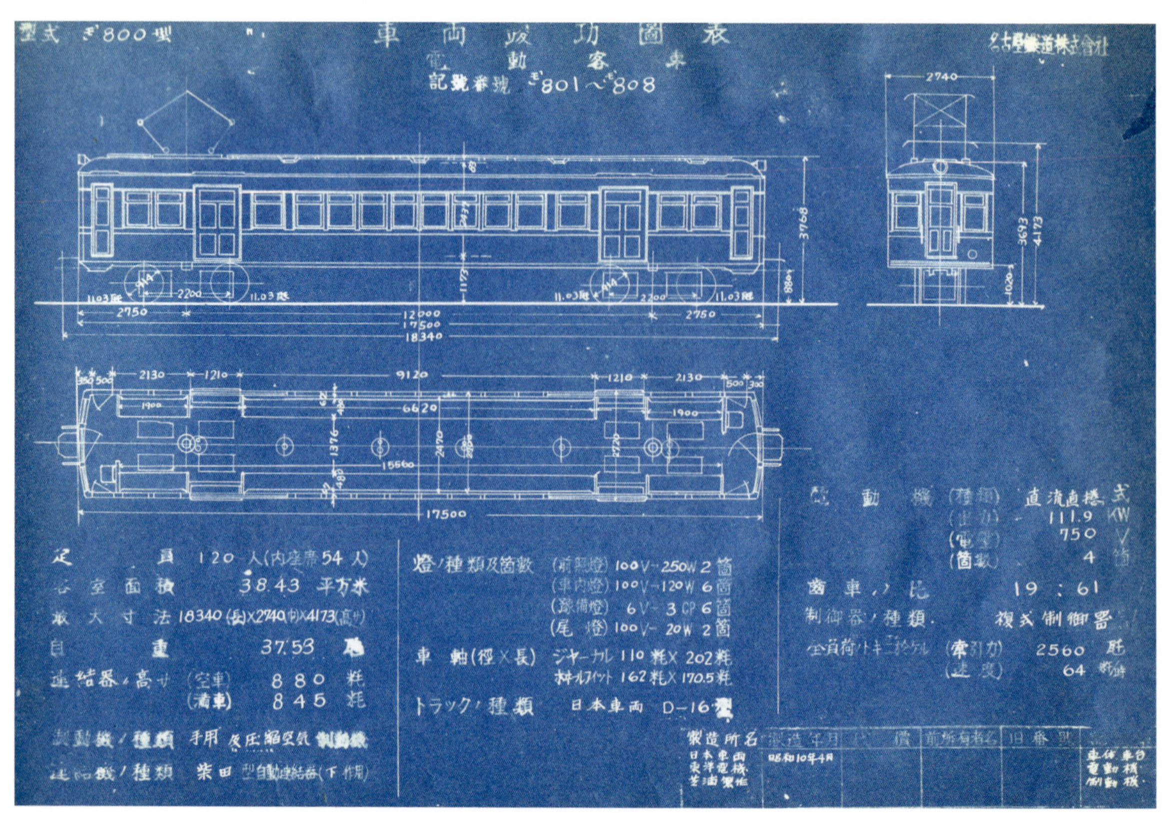

名岐鉄道デボ800形　1935(昭和10)年製造　→モ800形。登場時はセミクロスシートだった

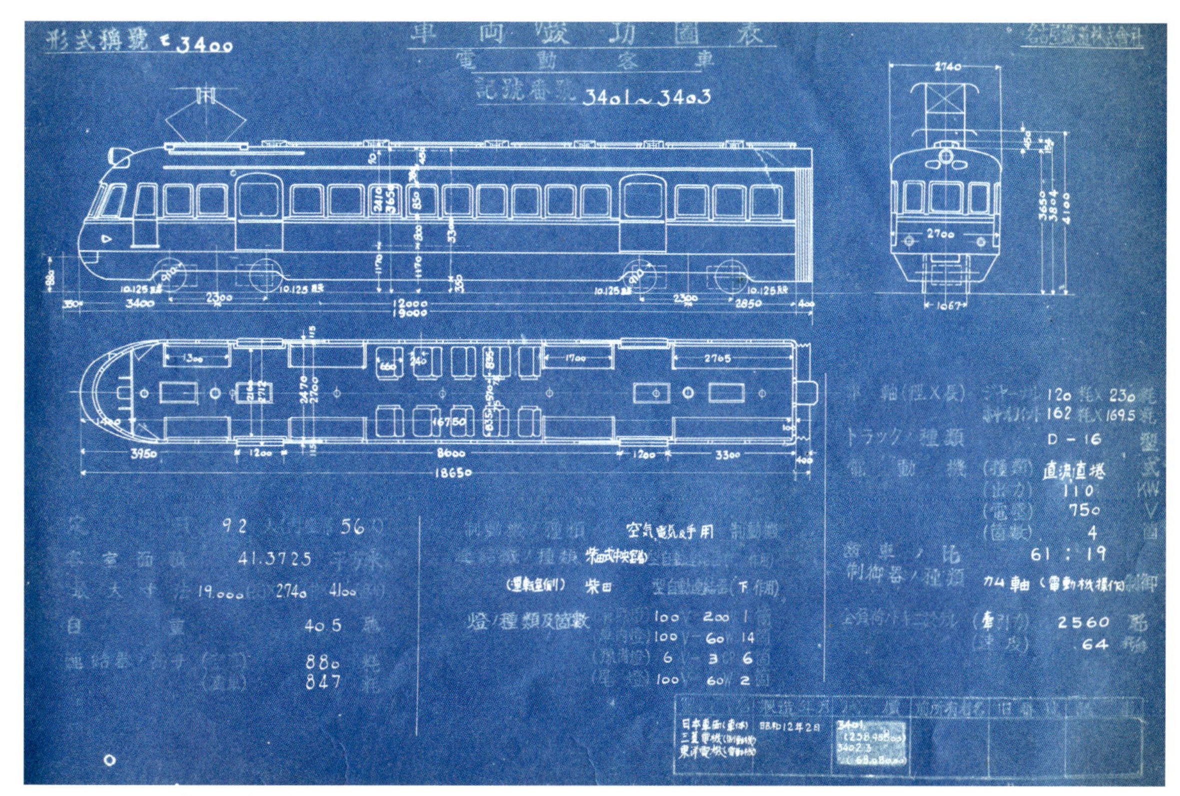
モ3400形　1937(昭和12)年製造　戦前の名鉄を代表する流線型車両。登場時はオールクロスシートだった

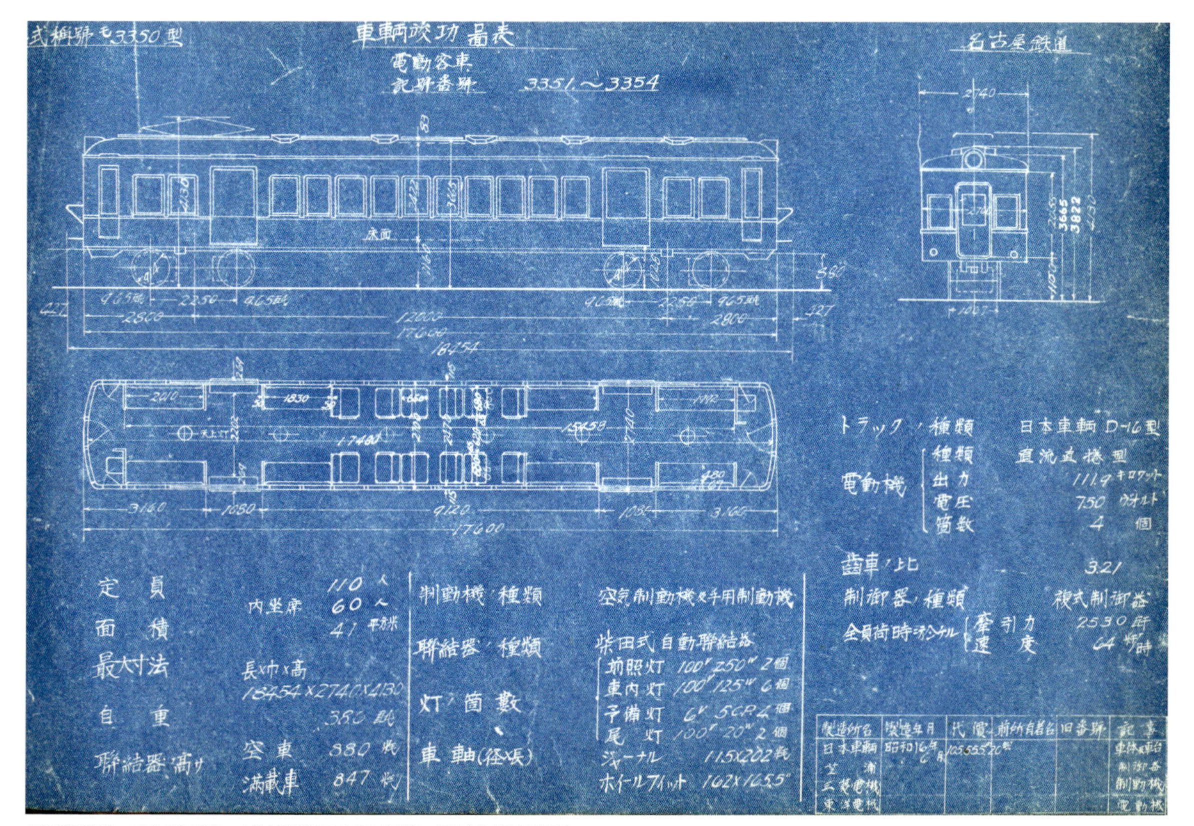
モ3350形→モ3600形　1940(昭和15)年製造　戦前の優秀車両

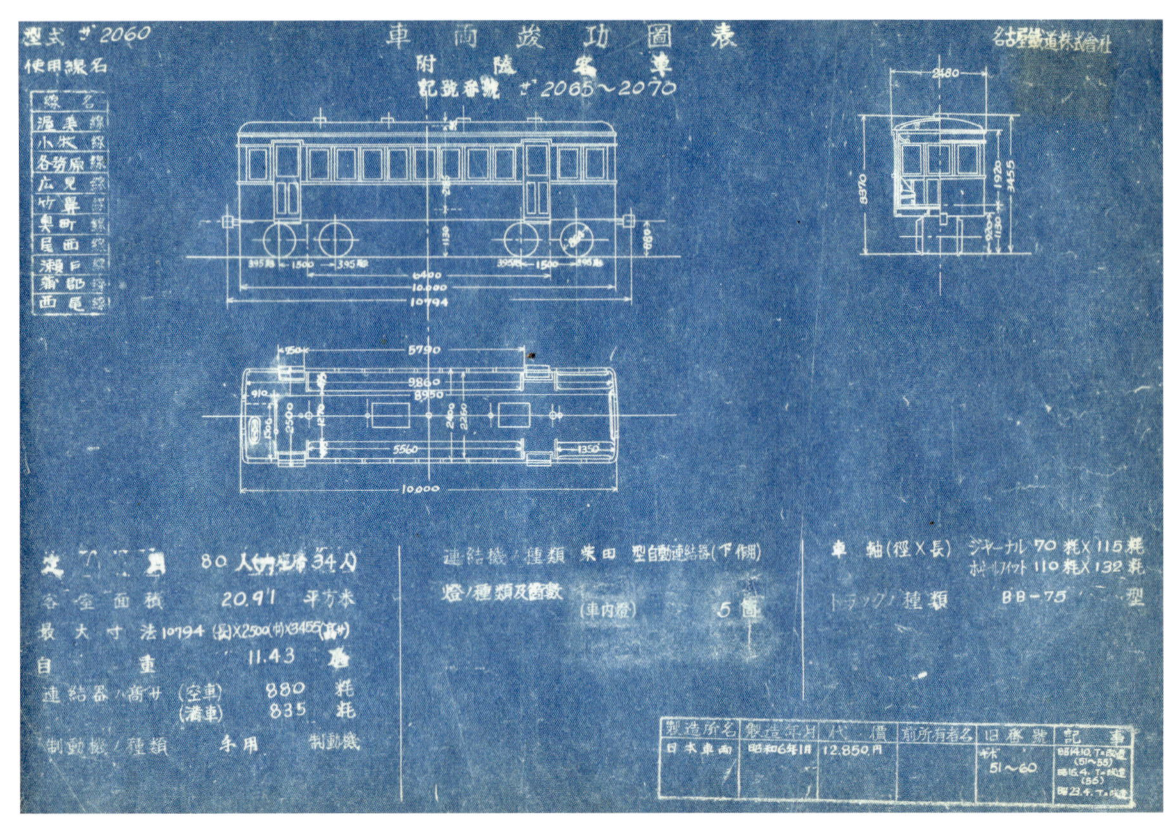

名岐鉄道キボ50形　1931(昭和6年)年製造　→サ2060形→ク2060形

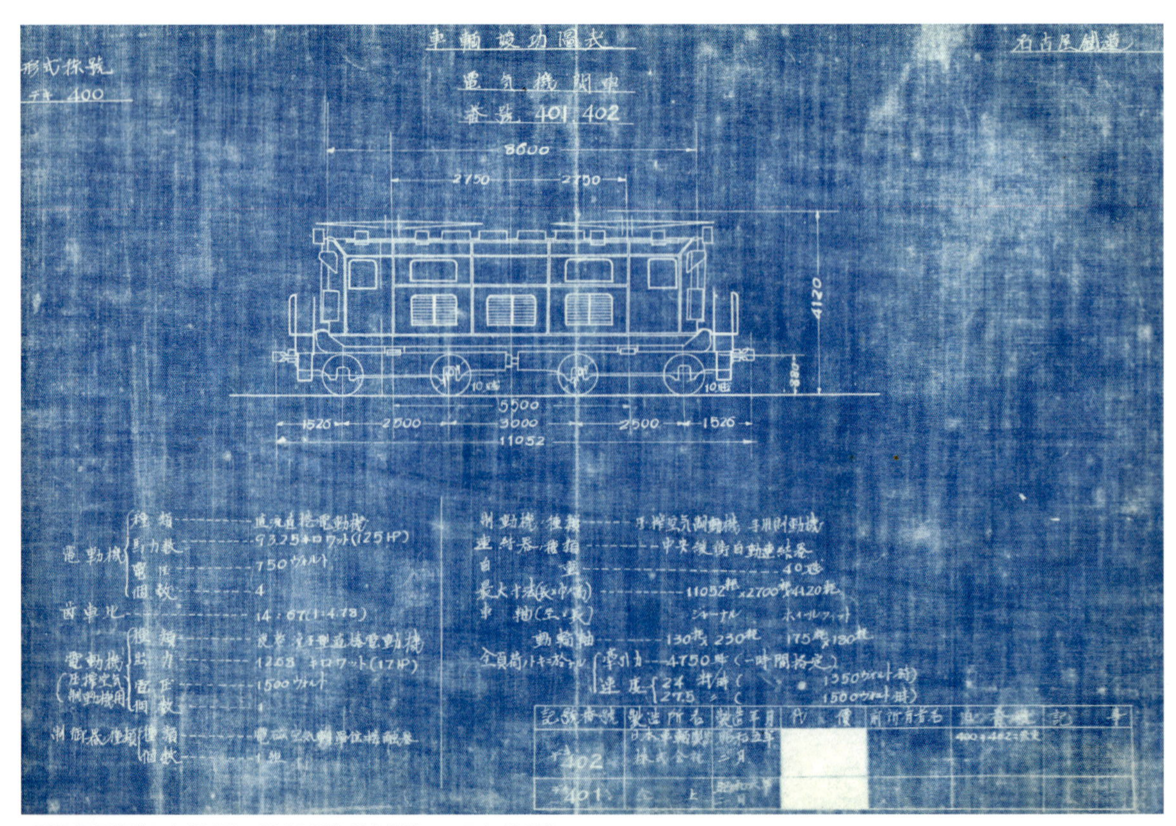

愛知電気鉄道デキ400形　1930(昭和5)年製造　→デキ400形

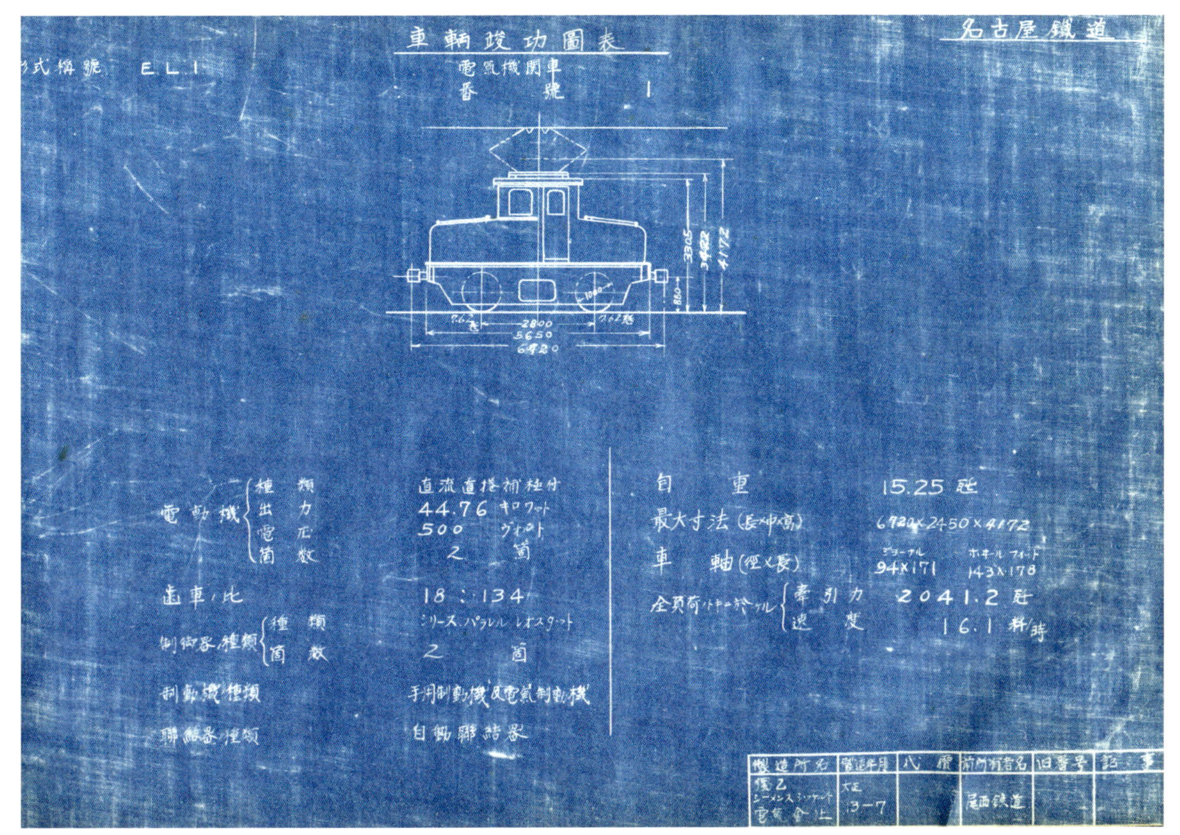

尾西鉄道EL1形　1924(大正13)年製造　→デキ1形　2軸の小型機関車

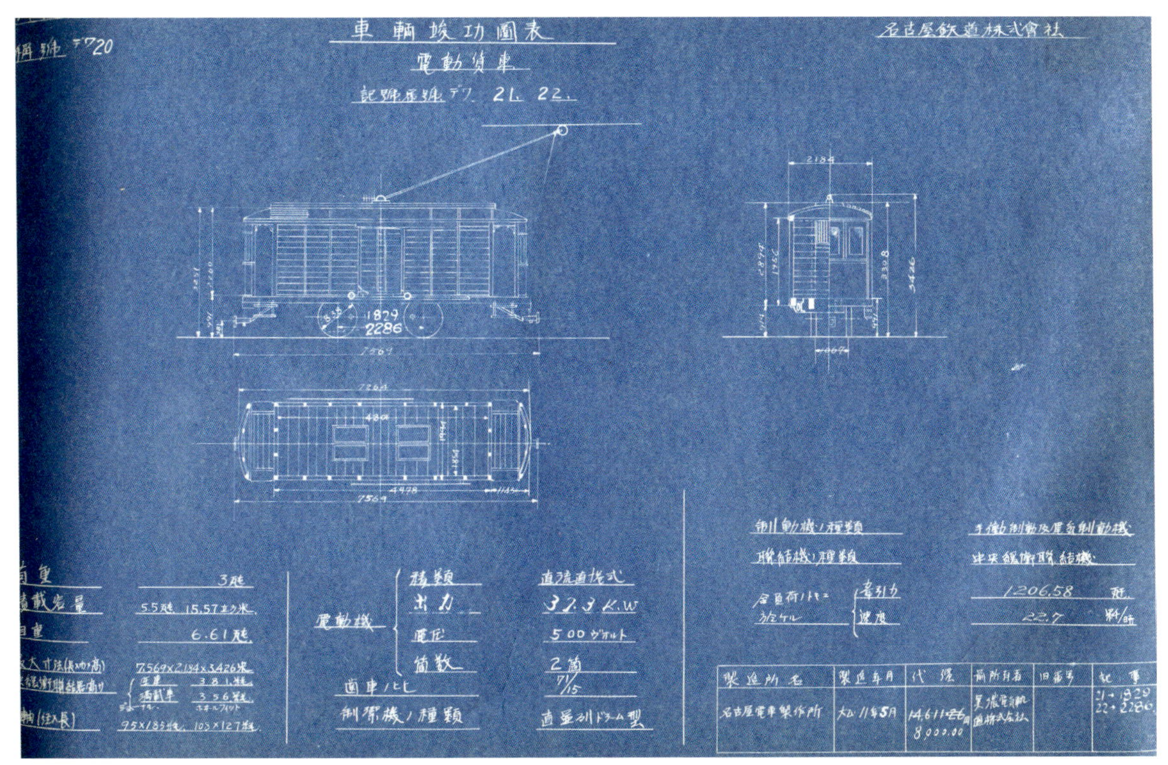

美濃電軌デワ600　1922(大正11)年製造　→デワ20形

停車場配線略図（1943（昭和18）年）

所蔵：名鉄資料館　　昭和18年4月1日調査(分岐器がある駅のみ記載)

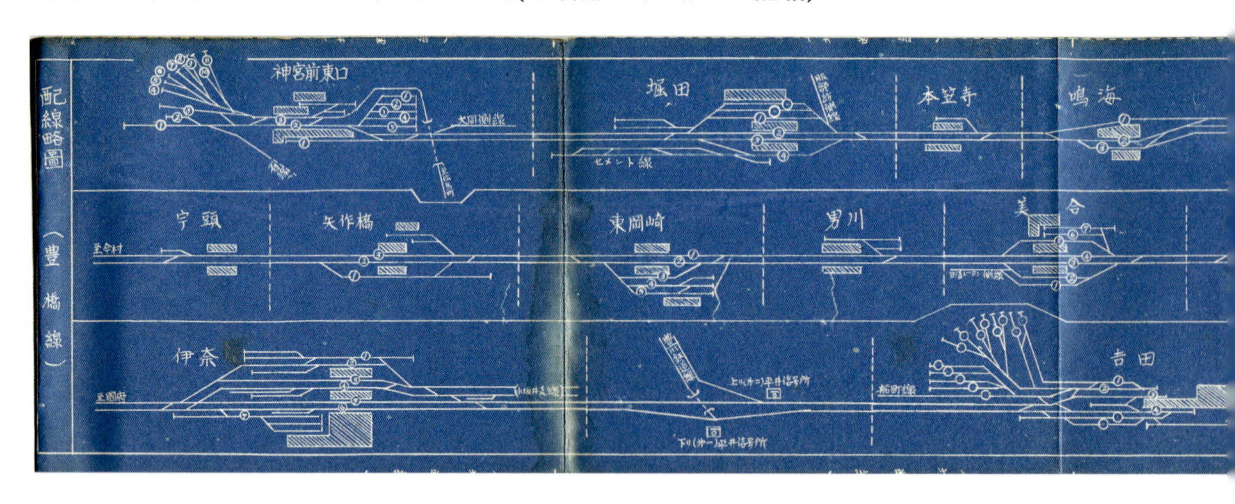

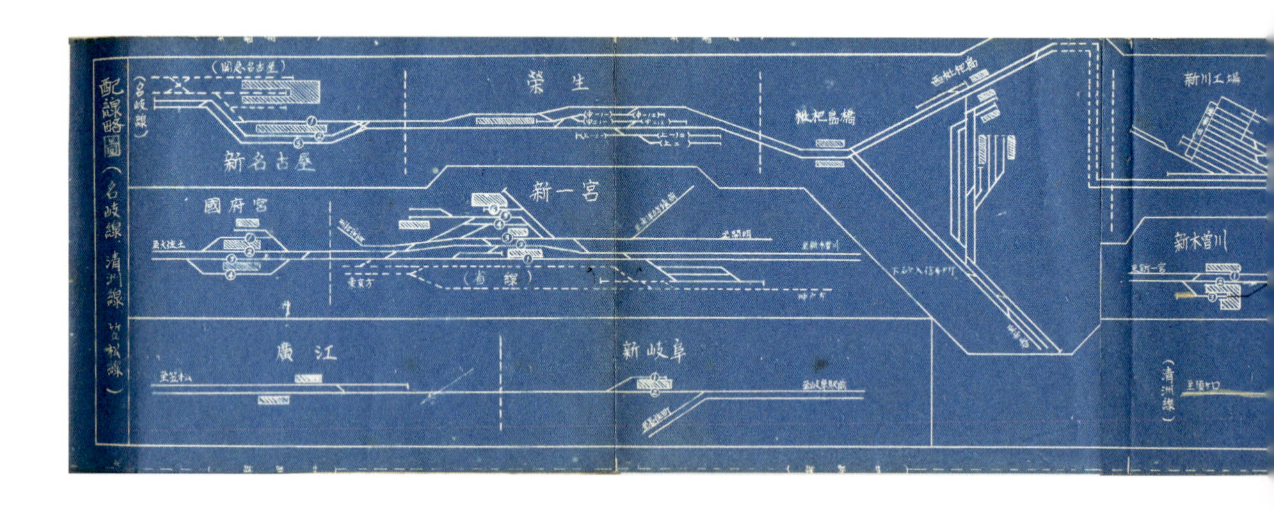

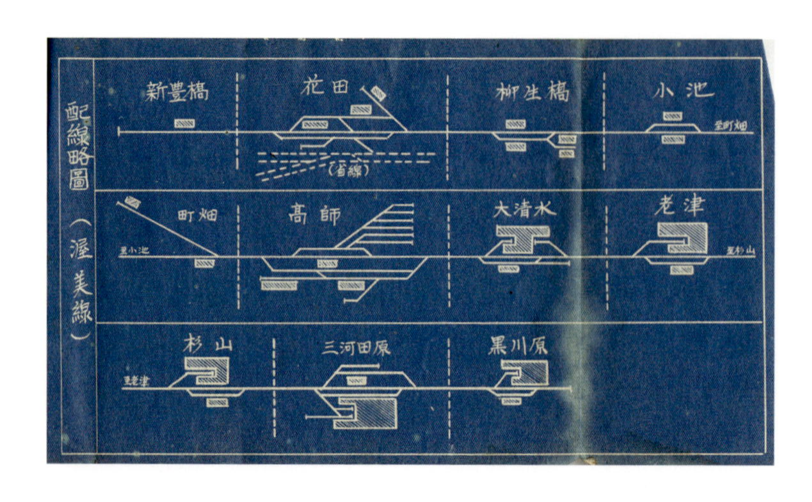

駅のスタンプ
（昭和9～10年のもの）

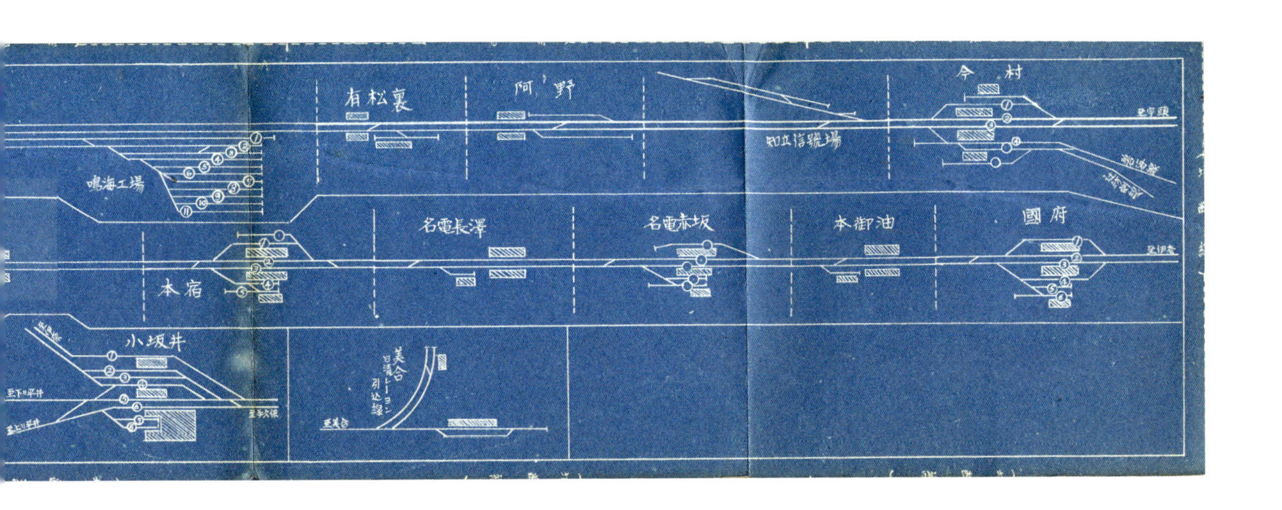
有松裏
阿野
今村
鳴海工場
知立信號場
名電長澤
名電赤坂
本御油
國府
本宿
小坂井
美合

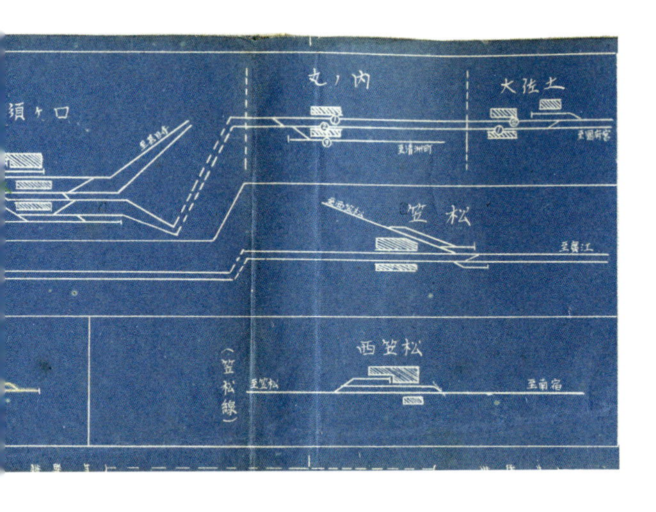
須ヶ口
丸ノ内
大佐土
笠松
西笠松
（笠松線）

神宮前駅
10.4.11.

名岐鉄道
犬山駅
9.4.3

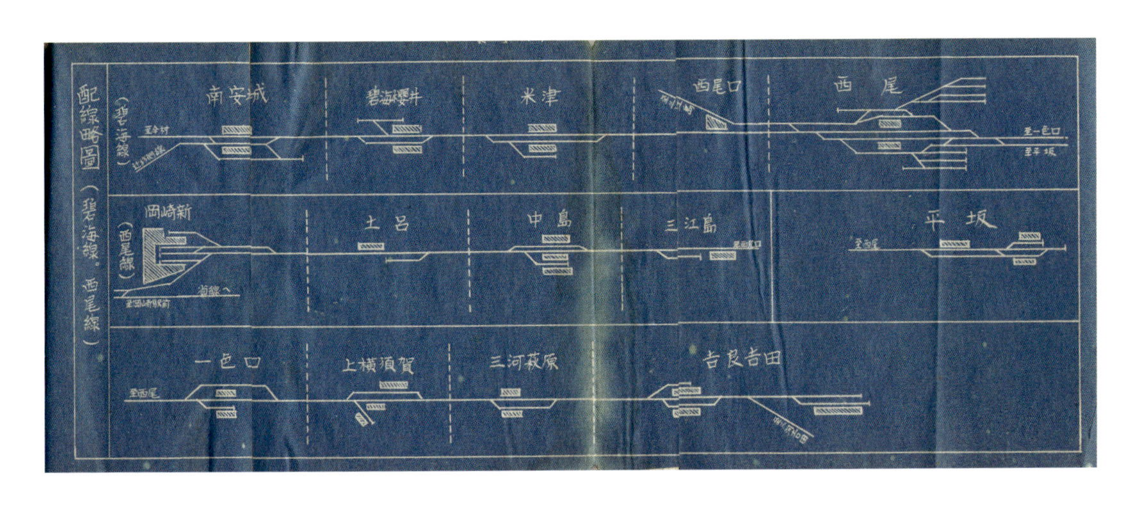
配線略圖（碧海線．西尾線）
（碧海線）
南安城
碧海櫻井
米津
西尾口
西尾
（西尾線）
岡崎新
土呂
中島
江島
平坂
一色口
上横須賀
三河荻原
吉良吉田

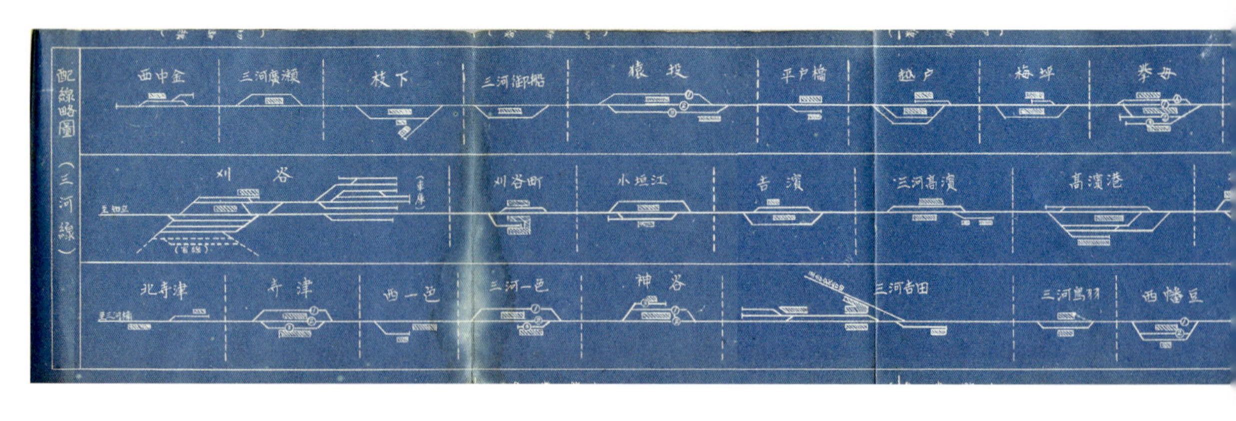
配線略圖（三河線）
西中金
三河広瀬
枝下
三河御船
猿投
平戸橋
越戸
梅坪
挙母
刈谷
刈谷町
小垣江
吉浜
三河高浜
高浜港
寺津
西一色
三河一色
神谷
三河吉田
三河鳥羽
西幡豆

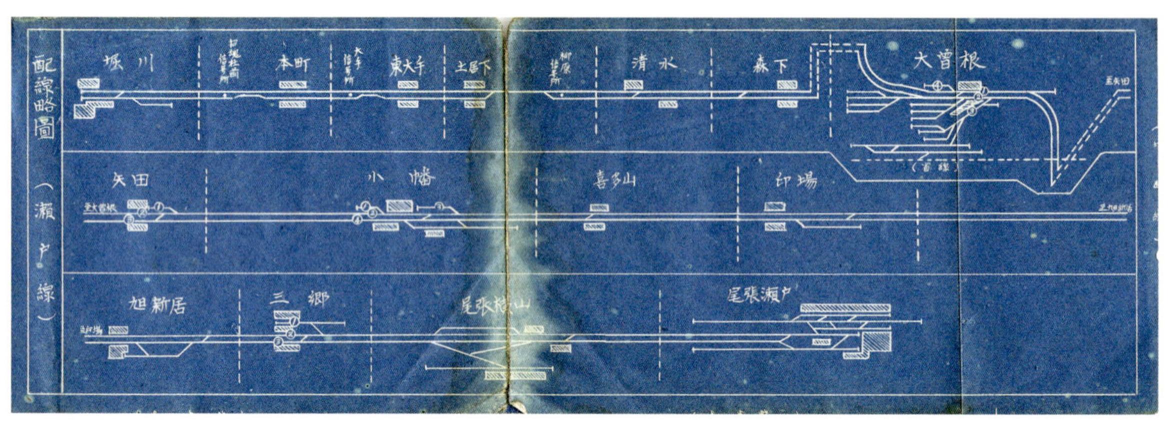
配線略圖（瀬戸線）
堀川
本町
東大手
土居下
清水
森下
大曽根
矢田
小幡
喜多山
印場
旭新居
三郷
尾張瀬戸

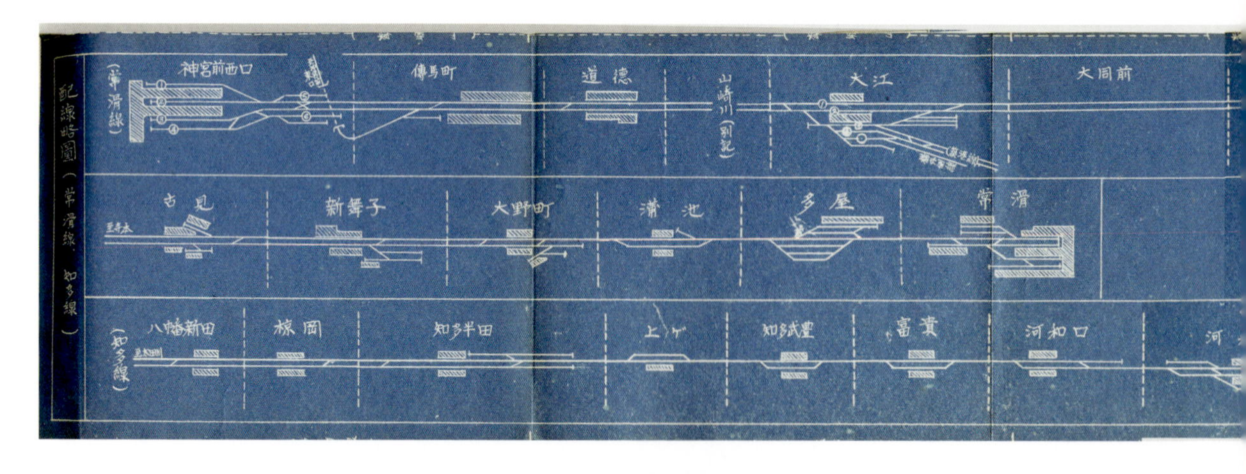
配線略圖（常滑線・知多線）
（常滑線）
神宮前西口
伝馬町
道徳
山崎川（別記）
大江
大同前
古見
新舞子
大野町
蒲池
多屋
常滑
（知多線）
八幡新田
椋岡
知多半田
上ケ
知多武豊
富貴
河和口

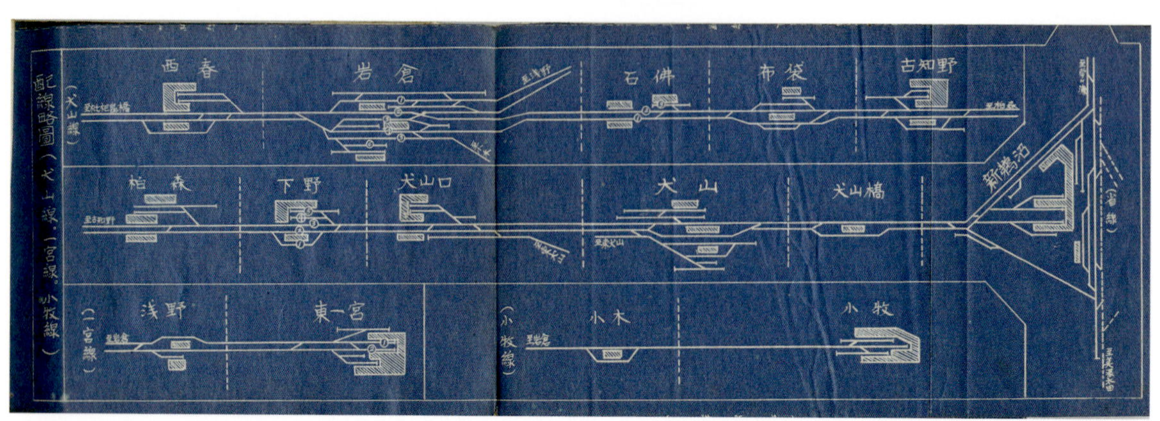
配線略圖（犬山線・一宮線・小牧線）
（犬山線）
西春
岩倉
石仏
布袋
古知野
柏森
下野
犬山口
犬山
犬山橋
新鵜沼
（一宮線）
浅野
東一宮
（小牧線）
小木
小牧

土橋
竹村
若林
三河八橋
知立
新川町
大濱港
玉津浦
棚尾
三河旭
中畑
三河平坂
三河楠
西浦
形原
三河鹿島
拾石
蒲郡
(省線)
新川口
(日本レーヨン工場)
日名側線

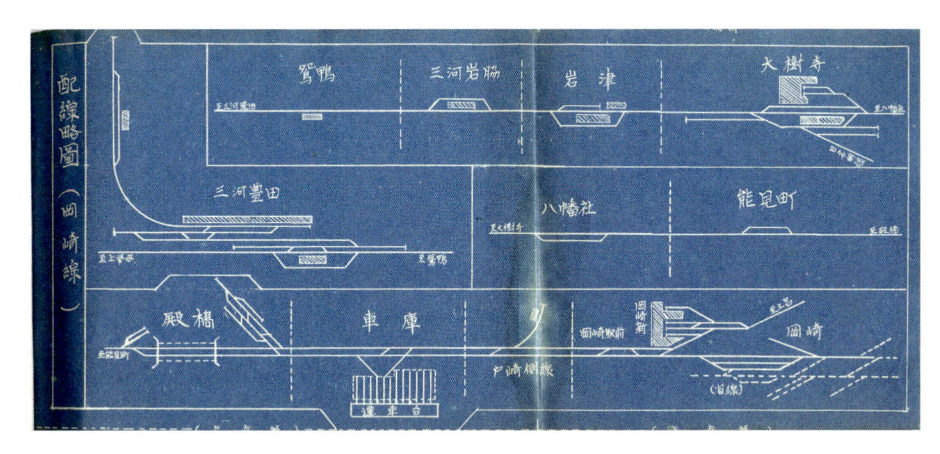

配線略圖（岡崎線）
鴛鴨
三河岩脇
岩津
大樹寺
三河豊田
八幡社
能見町
殿橋
車庫
遷車台
岡崎新
岡崎
岡崎側線
(省線)

大樹寺驛
天文四年建立
10.4.11

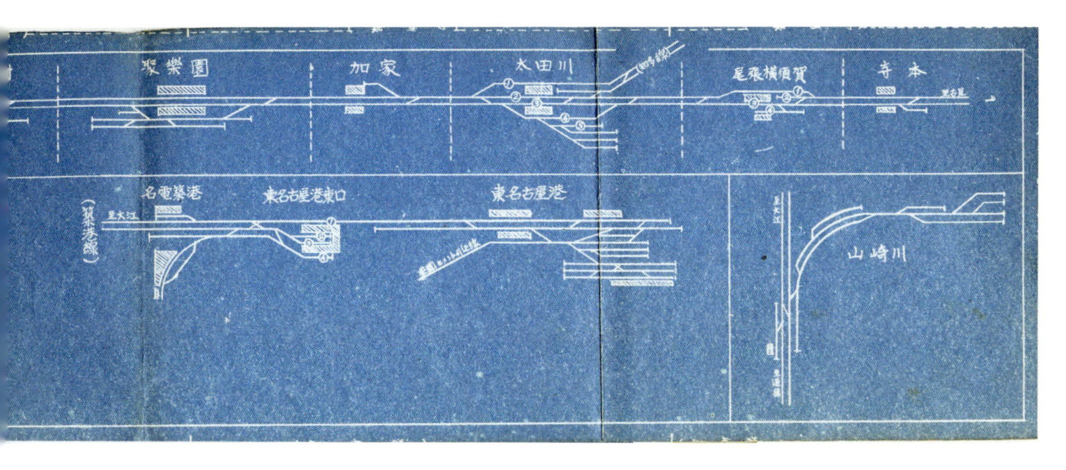

聚樂園
加家
太田川
尾張横須賀
寺本
名電築港
東名古屋港口
東名古屋港
山崎川
(築港線)

五万石
10.4.11

大野城趾
愛電大野町駅
世界最古海水浴場
10.5.8

10.5.8

10.5.16

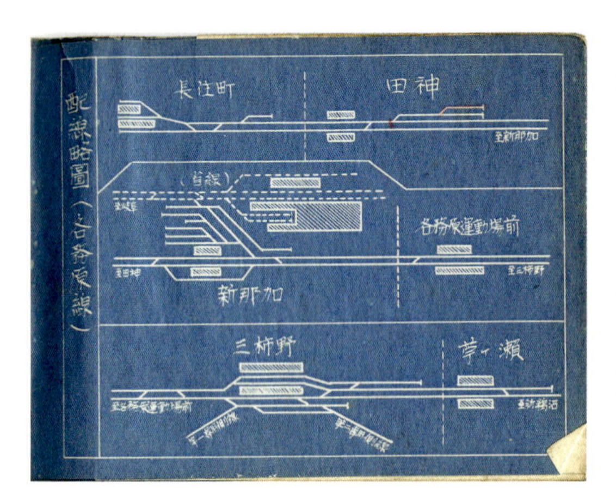
配線略圖
田神
新那加
各務原運動場前
三柿野

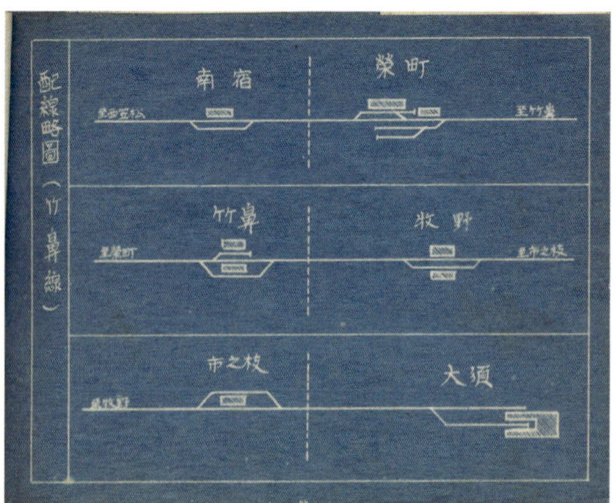
配線略圖（竹鼻線）
南宿
榮町
竹鼻
牧野
市之枝
大須

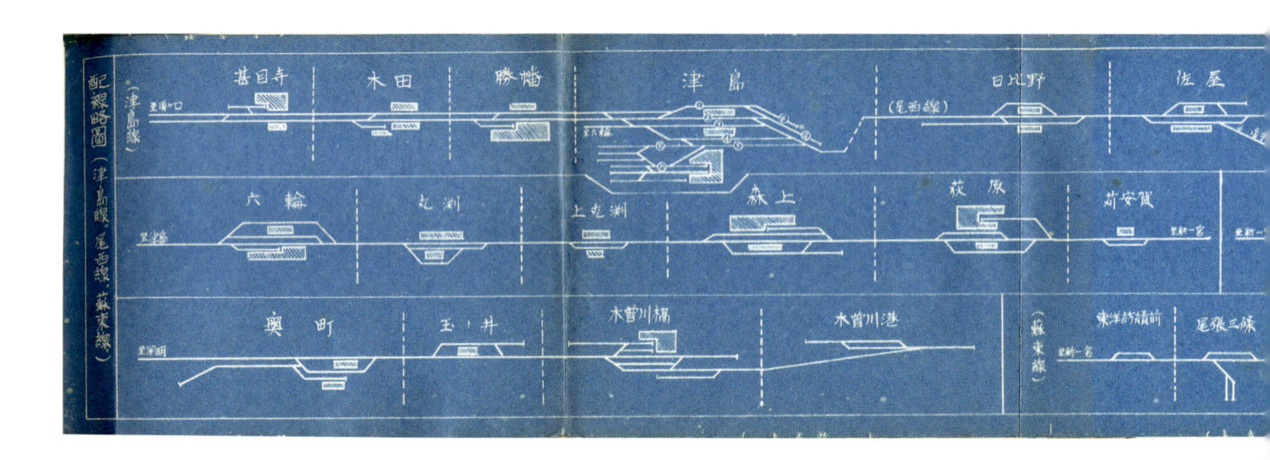
配線略圖（津島線、尾西線、蘇東線）
甚目寺
木田
勝幡
津島
日比野
佐屋
六輪
丸渕
上丸渕
森上
萩原
苅安賀
奥町
玉ノ井
木曽川橋
木曽川港
東洋紡績前
尾張三條

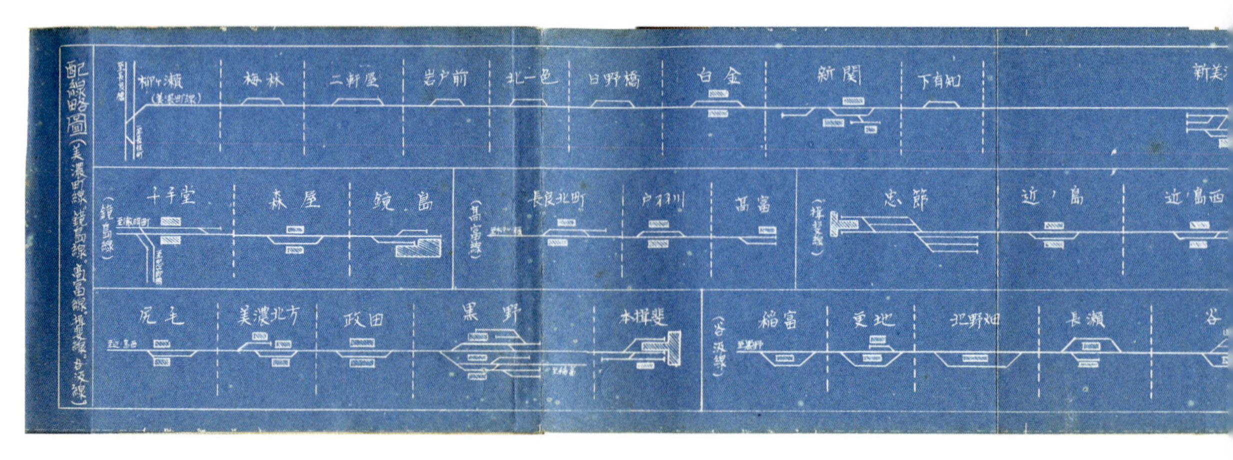
配線略圖（美濃町線、鏡島線、高富線、揖斐線、谷汲線）
柳ヶ瀬
梅林
二軒屋
岩戸前
北一色
日野橋
白金
新関
下有知
千手堂
森屋
鏡島
長良北町
高富
忠節
尻毛
美濃北方
政田
黒野
本揖斐
稲富
更地
北野畑
長瀬

岐阜
10.4.15.
柳ヶ瀬驛

谷汲山
10.8.10
岐阜
忠節驛

谷汲驛
10.4.19

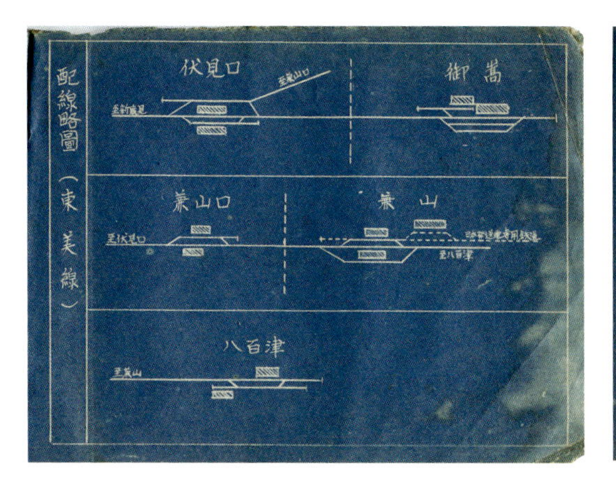
配線略圖（東美線）
伏見口
御嵩
兼山口
兼山
八百津

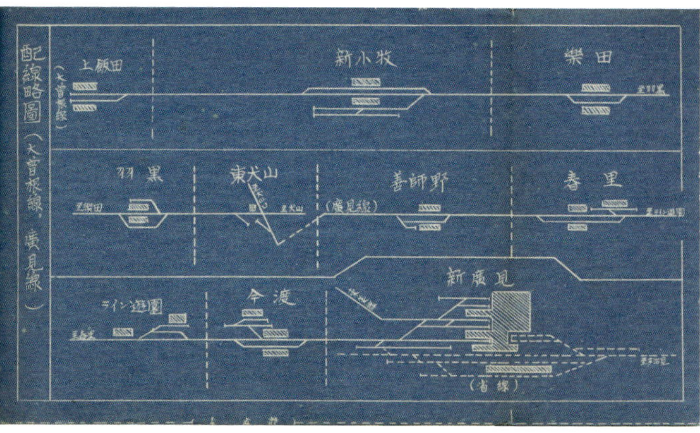
配線略圖（大曽根線、廣見線）
上飯田
新小牧
楽田
羽黒
東犬山
善師野
寿里
（廣見線）
ライン遊園
今渡
新廣見
（省線）

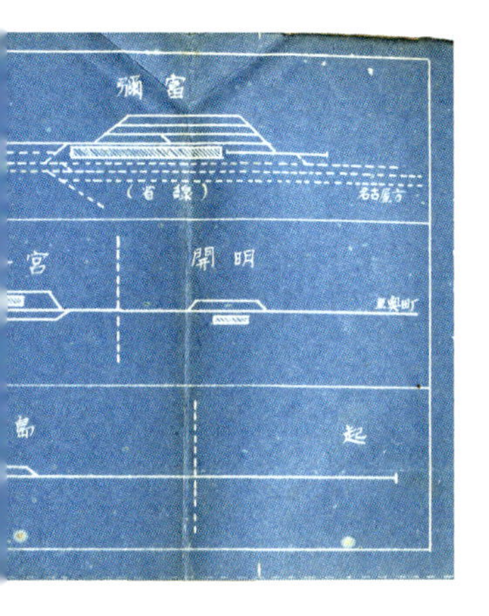
（省線）

岐阜各務ヶ原
長住町驛
10.4.15
日本ライン

10.4.21
史跡小牧山古戰場
御幸橋
小牧駅

甘南美寺
円原山スキー
名岐
高富驛
10.4.15
挂滝
石田川の螢
ミノ自動車

祖父江善光寺
10.3.18
桃林
名岐
森上驛

津島驛
昭和10.4.22

10.8.6.
名岐鉄道
新美濃町駅

名岐鉄道
栄町駅
10.3.17

名岐鉄道
自慢の畳敷電車
昭和9.5.13
柳橋驛

索引・形式一覧表

形式	番号	形式の変遷	掲載頁
電動車			
昭和23年まで軌道線の単車は、形式なし 軌道線単車追番	1～5	美濃(D1·D5～8)→(1～5(3は戦災に遭う))→モ1(1～4)	39
	6～7	美濃(S20·21)→(6·7)→仙台市電	40
	8～14	美濃(S22～26·28·30)→(8～14(9·13は戦災))→モ5(5～9)	40
	15～18	岐北1→美濃(G13～17·19(G15·16→新京市電))→(15～18)→モ25	50
	19～30	美濃(DD27～44(欠番あり))→(19～30(20·27戦災))→モ10(10～19)	40-41
	31～40	美濃(DD45～60(欠番あり))→(31～40(32·34·36～38戦災))→モ35	41
	41～44	デシ100→(41～44)→モ40	24
	45～47	美濃(DD61～63)→(45～47(45戦災))/(46・47)→モ45(45·46)	42
	48～50	岡崎(1～3)→(48～50(49·50戦災))/(48)→モ45(47)	99
	51～56	岡崎(7～12)→(51～56(51～53·56戦災))/(54·55)→モ45(48·49)	100
モ1	1～4	美濃(D1·D5·D8·D7)→モ1(1～4)	39
デ1	1～4	竹鼻デ1→デ1 /(1·4)→野上電鉄、(2·3)→熊本電鉄	58
トク2	2	名電トク2(SCⅡ)→デシ551→モ40→モ85(85)	16
トク3	3	トク3(SCⅢ)→モ680→豊橋鉄道	27
デ5	5～8	竹鼻デ5→デ5 /(6·8)→モ80、(5·7)→松本電鉄	58
モ5	5～9	美濃(S22·24～26·30)→(8·10～12·14)→モ5	40
モ10	10～19	美濃(DD27·31～33·36～38·40·41·43)→モ10	40-41
モ10	11～19	瀬戸テ13(13～22)/(14～22)→モ10→モ70	91
モ20	21～25	瀬戸テ23(23～27)→モ20	92
モ25	25～28	岐北1→(G13～17·19)→(15～18)→モ25	50
モ30	31～35	瀬戸テ28(28～32)→モ30	93
モ35	35～39	美濃(DD45·47·50·58·60)→(31·33·35·39·40)→モ35	41
モ40	41	名電トク2(SCⅡ)→デシ551→モ40→モ85(85)	16
モ40	40～43	デシ100→(41～44)→モ40(40～43)	24
モ45	45～46	名電168→デシ500(537·538)→東美デ1→モ45	13·60
モ45	45・46	美濃(DD62～63)→(46～47)→モ45(45·46)	42
	47	岡崎(1)→(48)→モ45(47)	99
	48・49	岡崎(10·11)→(54·55)→モ45(48·49)	100
モ50	51～56	谷汲デロ1→モ50→モ100	52
戦災復旧 モ50	50	美濃(D6)→(3)→戦災→モ50(50)	39
	51・52	美濃(S23·28)→(9·13)→戦災→モ50(51·52)	40
	53・54	美濃(DD 35·DD44)→(20·27)→戦災→モ50(53・54)	40
	55～57	美濃(DD55～57)→(36～38)→戦災→モ50(55～57)	41
	58	美濃(DD61)→(45)→戦災→モ50(58)	42
	59・60	岡崎(2·3)→(49·50)→戦災→モ50(59·60)	99
	61～64	岡崎(7～9·11)→(51～53·56)→戦災→モ50(61～64)	100
	65・66	美濃(DD46·48)→(32·34)→戦災→モ65(65·66)→統合モ50(65·66)	41
モ60	61～63	美濃セミシ64→モ60→モ110/(110·111)→モ400(連接車)	47
モ65	65～66	戦災復旧(32·34)→モ65→モ50へ統合	41
モ70	71～80	美濃セミシ67→モ70→モ120	48
モ70	70～75	瀬戸テ13→モ10(11～19)/(14～19)→モ70	91
モ80	81～86	谷汲デロ7→モ80→モ130	54

形式	番号	形式の変遷	掲載頁
モ80	81・82	竹鼻デ5→デ5（6·8）→モ80	58
モ85	85	名電トク2（SCⅡ）→デシ551→モ40→モ85（85）	16
モ90	91 ～ 93	名電デワ1（台車·台枠再利用）→モ90→モ140→豊橋鉄道	132
モ90	90 ～ 94	京都市電（N82·85·90·91·104）→名古屋市電→N82·85·90·91·104→モ90	下巻
デシ100	101 ～ 104	デシ100→（41 ～ 44）→モ40	24
モ100	101 ～ 108	尾西デホ100→デホ100→モ100→モ160	33
モ100	100 ～ 105	谷汲デロ1→モ50→モ100	52
モ110	110 ～ 112	美濃セミシ64→モ60→モ110/（110·111）→モ400（連接車）	47
モ120	120 ～ 129	美濃セミシ67→モ70→モ120	48
モ130	130 ～ 135	谷汲デロ7→モ80→モ130	54
モ140	141 ～ 143	名電デワ1（台車·台枠再利用）→モ90→モ140→豊橋鉄道	132
モ150	151 ～ 153	渥美1→モ150→豊橋鉄道	116
モ160	161 ～ 165	尾西デホ100→デホ100→モ100→モ160	33
モ180	181 ～ 186	琴平急行電鉄デ1→モ180　/186→ク2160（2161）	135
モ200	201 ～ 205	尾西デホ200→デホ200（201 ～ 7）→モ200（201 ～ 5）/（205）→ク2050	35
モ250	251 ～ 252	尾西デホ200→デホ200　/（201·2）→デホ250→モ250	35
デホ300	301	名電1500（1507）→デホ300→デホユ320→モユ320→ク2270（2273）	19
デホ300	302 ～ 303	名電1500（1508·9）→デホ300→デホユ310→モユ310→ク2270	19
モ300	301 ～ 302	東美デホ100→モニ300→モ300→ク2190	61
モユ310	311 ～ 312	名電1500（1508·9）→デホ300→デホユ310→モユ310→ク2270	19
モユ320	321	名電1500（1507）→デホ300→デホユ320→モユ320→ク2270（2273）	19
モユ320	322	名電1500（1510）→デホ350→デホユ320→モユ320→ク2270（2274）	18
モ350	351 ～ 356	名電1500（1501 ～ 6）→デホ350→モ350	18
デホ350	357	名電1500（1510）→デホ350→デホユ320→モユ320→ク2270（2274）	18
モ400	401 ～ 407	1500（1511 ～ 17）→デホ400→モ400→ク2260	22
モ400	401	美濃セミシ64→モ60→モ110/（110·111）→モ400（連接車）	47
デホ450	451	1500（1518）→デホ450→モ400（405）→ク2260	22
モ450	451 ～ 458	各務原K1-BE→モ450　/（455）→ク2250、/（451·453）→ク2150	56
モ460	461	岡崎200→200/（202）→モ460	102
デシ500	501 ～ 538	名電168→デシ500　/→デキ50・デキ30、/→デユ12、/→モ45	13
デシ500	537 ～ 538	名電168→デシ500（537·538）→東美デ1→モ45	13
デシ500	539 ～ 541	名電206 ～ 208→デシ539 ～ 541　/→デシニ539·540	17
モ500	501 ～ 504	美濃BD500→モ500	44
モ510	511 ～ 515	美濃BD510→モ510	46
モ520	521 ～ 526	美濃BD505（505 ～ 510）→モ520	45
モ530	531 ～ 532	岡崎100→モ530	101
モ550	551 ～ 552	瀬戸ホ101→モ550→ク2240	93
デシ551	551	名電トク2→デシ551→モ40→モ85（85）	16
モ560	561 ～ 564	瀬戸ホ103→モ560→北恵那鉄道	94
モ560	565 ～ 570	瀬戸ホ103→モ560→モ760	94
モ600	601 ～ 607	1500（1519 ～ 1525）→デホ600→モ600	24
モ650	651 ～ 657	デホ650→モ650	25
モ650	658 ～ 665	デホ650→モ650→ク2230→サ2230→ク2230	25
モ670	671	（デホ405焼失）→デホ650（666）焼失→モ670	26
モ680	681	トク3→モ680→豊橋鉄道	27
モ700	701 ～ 710	デセホ700→モ700	26

形式	番号	形式の変遷	掲載頁
モ750	751 ～ 760	デセホ750→モ750/(752·3·6)→ク2150	28
モ760	765 ～ 770	瀬戸ホ103→モ560→モ760	94
モ770	771 ～ 772	竹鼻発注→モ770→サ770→モ770→ク2170	136
モ800	801 ～ 810	名岐デボ800→モ800　/(802·803)→ク2250→モ800(809·810)	122
モ800	812 ～ 814	モ3500(3502·3·5)→モ800(812 ～ 814)	133
モ830	831 ～ 832	ク2300→モ830	127
モ850	851 ～ 852	愛称「なまず」	127
モ900	901 ～ 907	知多モ910→ク2330→モ900	79
モ910	911 ～ 918	知多モ910→ク2330→モ900	79
モ950	951 ～ 953	知多ク950→モ950→モ3500(3508 ～ 3510)→ク2650	81
モ1000	1001 ～ 1004	愛電電3→愛電1020(1022 ～ 4·6)→碧海デハ100→モ1000	64·83
モ1010	1011 ～ 1012	碧海デハ100→愛電デハ1010→モ1010→サ1010→ク1010	82
モ1020	1021 ～ 1022	愛電電3→愛電デハ1020→デハユ1020(1020·21)→モユ1020→モ1020	64
モ1030	1031	愛電電4→愛電デハニ1030→モニ1030→モ1030	66
モ1040	1041 ～ 1048	愛電電5→愛電デハ1040→モ1040→ク1040→ク2040	66
モ1050	1051	渥美1001→モ1050→豊橋鉄道	117
モ1060	1061 ～ 1065	愛電電6→愛電デハ1060(1060 ～ 1064)→モ1060	69
モ1070	1071 ～ 1079	愛電電6→愛電デハ1066(1066 ～ 1074)→モ1070	69
モ1080	1081 ～ 1088	三河デ100→モ1080	107
モ1090	1091	筑波鉄道ナロハ203→三河サハフ31→三河デ150→モ1090	111
モ1100	1101	伊那電鉄デハ110→三河デ200→モ1100	108
モ1200	1201	静岡電鉄120→渥美120→モ1200	118
モ1300	1301 ～ 1302	尾西デホワ1000→デワ1000(1003·4)→モ1300→デワ1000→デキ1000	36
1500	1501 ～ 1506	名電1500→デホ350→モ350	18
1500	1507	名電1500→デホ300→デホユ320→モユ320→ク2270(2273)	19
1500	1508 ～ 1509	名電1500→デホ300→デホユ310→モユ310→ク2270	19
1500	1510	名電1500→デホ350→デホユ320→モユ320→ク2270(2274)	18
1500	1511 ～ 1517	1500(1511 ～ 17)→デホ400→モ400→ク2260	22
1500	1518	1500(1518)→デホ450→モ400(405)→ク2260	22
1500	1519 ～ 1525	1500(1519 ～ 1525)→デホ600→モ600	24
モ3000	3001 ～ 3002	三河デ300→モ3000	108
デハ3080	3080 ～ 3089	愛電電7→愛電デハ3080→モ3200　/→ク2300·ク2320	70
デハ3090	3091	愛電デハ3090→モ3250　→(機器再利用)デニ2000(2001)	73
モ3100	3101	三河デ400→モ3100→ク2100	108
モ3200	3201 ～ 3209	愛電電7→愛電デハ3080→モ3200　/→ク2300·ク2320	70
モ3200	3210	愛電附3→愛電サハ2020→ク2020→モ3200(3210)→ク2320(2327)	72
モ3250	3251	愛電デハ3090→モ3250　→(機器再利用)デニ2000(2001)	73
モ3300	3301 ～ 3306	愛電デハ3300→モ3300	73
モ3350	3351 ～ 3354	愛電デハ3600→モ3600→モ3350/(3351·2·4)→ク2340	74
モ3350	3355 ～ 3359	愛電サハ2040→ク2040→モ3600→モ3610→モ3350/(3355·6)→ク2340	75
モ3350	3351 ～ 3354	モ3350→モ3600	130
モ3400	3401 ～ 3403	愛称「いもむし」	128
モ3500	3501 ～ 3507	モ3500/(3504)→モ3560、/(3506·7)→ク2650、/(3502·3·5)→モ800(812 ～ 14)	133
モ3500	3508 ～ 3510	知多ク950→モ950→モ3500(3508 ～ 3510)→ク2650	81
モ3550	3551 ～ 3560	ク3550・サ3550→モ3550	140
モ3560	3561	モ3500(3504)→モ3560	133
モ3600	3601 ～ 3604	愛電デハ3600→モ3600→モ3350/(3351·2·4)→ク2340	74

形式	番号	形式の変遷	掲載頁
モ3600	3601 ～ 3604	モ3350→モ3600	130
モ3610	3611 ～ 3615	愛電サハ2040→ク2040→モ3600→モ3610→モ3350/（3355·6）→ク2340	75
モ3650	3651 ～ 3652		131
モ3750	3751 ～ 3752	愛電デハ3300→モ3300/（3301·4）焼失→モ3750（3751·2）	73
モ3750	3753	知多モ910→ク2330→モ900/（914）焼失→モ3750（3753）	79
制御車・付随車			
サ10	11 ～ 12	瀬戸テ1（3·4）→レ3·4→サ10	89
サ20	21 ～ 22	瀬戸レ5·6→サ20	90
サ30	31 ～ 33	渥美200→サ30→豊橋鉄道	117
サ40	41 ～ 44	尾西貨車（ワ204 ～ 207）→サ40→ワフ	139
サ50	51 ～ 58	名電デワ1（台車·台枠再利用）→サ50	133
サ60	61	名電デワ1（改造）→貨車（ワフ）→サ60	139
ク2000	2001 ～ 2006	愛電附2→愛電サハ2000→ク2000	67
ク2000	2007 ～ 2008	愛電附2→愛電サハ2000/（2009·10）→サハニ2030→クニ2030→ク2000（2007·8）	67
ク2010	2011 ～ 2012	愛電附2→愛電サハ2000/（2004·6）→サハニ2010→クユ2010→ク2010	67
ク2020	2021	愛電附3→愛電サハ2020→ク2020→モ3200（3210）→ク2320（2327）	72
クニ2030	2031 ～ 2032	愛電附2→愛電サハ2000/（2009·10）→サハニ2030→クニ2030→ク2000（2007·8）	67
ク2040	2041 ～ 2048	愛電電5→愛電デハ1040→モ1040→ク1040→ク2040	66
ク2040	2041 ～ 2045	愛電サハ2040→ク2040→モ3600→モ3610→モ3350/（3355·6）→ク2340	75
ク2050	2051 ～ 2054	ク2050→ク2600	130
ク2050	2051	尾西デホ200→デホ200（201 ～ 7）→モ200（201 ～ 5）/（205）→ク2050	35
ク2060	2061 ～ 2066	名岐キボ50→サ2060→ク2060	121
ク2060	2067 ～ 2070	名岐キボ50→キハ100→サ2060→ク2060	121
ク2070	2071	国鉄ホユニ5070→サ2070→ク2070	130
ク2080	2081 ～ 2082		132
ク2090	2091	国鉄ホニ5910→サ2090→ク2090	130
ク2100	2101	ク2100→サ2100→サ2230→ク2230（2239）	132
ク2100	2101	三河デ400→モ3100→ク2100	108
サ2110	2111	岡崎200/（201）→三河サハフ45→サ2110	102
ク2120	2121	筑波鉄道ナハフ101→三河サハフ31→サ2120→ク2120	111
ク2130	2131 ～ 2132	国鉄ホハユ3150→三河サハフ35→サ2130→ク2130	112
ク2140	2141	国鉄ナユニ5360→三河サハフ41→サ2140→ク2140	112
ク2150	2151 ～ 2152	三河クハ50　/→クニ2150→ク2150	107
ク2150	2153 ～ 2154	三河クハ50　/→ク2160→ク2150（2153·2154）	107
ク2150	2151 ～ 2152	各務原K1-BE→モ450　/（455）→ク2250、/（451·453）→ク2150	56
ク2150	2151 ～ 2153	デセホ750→モ750/（752·3·6）→ク2150	28
ク2160	2161 ～ 2162	三河クハ50　/→ク2160→ク2150（2153·2154）	107
ク2160	2161	琴平急行電鉄デ1→モ180/（186）→ク2160	135
サ2170	2171	デキ50の台車再利用	133
ク2170	2171 ～ 2172	モ770→サ770→モ770→ク2170	136
ク2180	2181 ～ 2182		136
ク2190	2191 ～ 2192	東美デホ100→モニ300→モ300→ク2190	61
ク2200	2201 ～ 2202	瀬戸キハ300→キハ300→サ2200→ク2200	95
ク2210	2211	成田鉄道ホハ3→サ2210→ク2210	138
ク2220	2221 ～ 2222	三河キ80→キ250→サ2220→ク2220	110
ク2230	2231 ～ 2238	デホ650→モ650→ク2230→サ2230→ク2230	25

形式	番号	形式の変遷	掲載頁
ク2230	2239	ク2100→サ2100→サ2230→ク2230（2239）	132
サ2240	2241	佐久鉄道53→国鉄キハ40703→サ2240→豊橋鉄道	137
ク2240	2241 ～ 2242	瀬戸ホ101→モ550→ク2240	93
ク2250	2251 ～ 2252	名岐デボ800→モ800　/（802・803）→ク2250→モ800（809・810）	122
サ2250	2251 ～ 2252	近江鉄道クハ21→サ2250	138
ク2250	2251	各務原K1-BE→モ450　/（455）→ク2250、/（451・453）→ク2150	56
ク2260	2261 ～ 2267	1500（1511 ～ 18）→デホ400→モ400→ク2260	22
ク2270	2271 ～ 2272	名電1500（1508・9）→デホ300→デホユ310→モユ310→ク2270	19
ク2270	2273	名電1500（1507）→デホ300→デホユ320→モユ320→ク2270（2273）	19
ク2270	2274	名電1500（1510）→デホ350→デホユ320→モユ320→ク2270（2274）	18
サ2280	2281 ～ 2283	三河キ10→キ150→サ2280→豊橋鉄道	109
ク2290	2291 ～ 2292	三河キ50→キ200→サ2290→ク2290	110
ク2300	2301 ～ 2302	ク2300→モ830	127
ク2300	2301 ～ 2303	愛電電7→愛電デハ3080→デハ3200→モ3200/（3203・7・9）→ク2300	70
ク2310	2311 ～ 2315	サ2310→ク2310	129
ク2320	2321 ～ 2326	愛電電7→愛電デハ3080→デハ3200→モ3200/（3201・2・4 ～ 6・8）→ク2320	70
ク2320	2327	愛電附3→愛電サハ2020→ク2020→モ3200（3210）→ク2320（2327）	72
ク2330	2331 ～ 2337	知多モ910→ク2330→モ900	79
ク2340	2341 ～ 2343	愛電デハ3600→モ3600→モ3350/（3351・2・4）→ク2340	74
ク2340	2344 ～ 2345	愛電サハ2040→ク2040→モ3600→モ3610→モ3350/（3355・6）→ク2340	75
ク2350	2351 ～ 2352	愛称「なまず」制御車	127
ク2400	2401 ～ 2403	愛称「いもむし」制御車	128
ク2500	2501 ～ 2503		134
ク2550	2551 ～ 2561		140
ク2600	2601 ～ 2604	ク2050→ク2600	130
ク2650	2651 ～ 2653	知多ク950→ク950→モ950→モ3500（3508 ～ 3510）→ク2650	81
ク2650	2654 ～ 2655	モ3500/（3506・7）→ク2650（2654・2655）	133
気動車			
キボ50	51 ～ 56	名岐キボ50→サ2060→ク2060	121
キボ50	57 ～ 60	名岐キボ50→キハ100→サ2060→ク2060	121
キハ100	101 ～ 104	名岐キボ50（57 ～ 60）→キハ100→サ2060→ク2060	121
キハ150	151 ～ 153	三河キ10→キ150→サ2280→豊橋鉄道	109
キハ200	201 ～ 202	三河キ50→キ200→サ2290→ク2290	110
キハ250	251 ～ 252	三河キ80→キ250→サ2220→ク2220	110
キハ300	301 ～ 302	瀬戸キハ300→キハ300→サ2200→ク2200	95
キハ6400	6401	鉄道院ホジ6014→国鉄ジハ6006→国鉄キハ6401→キハ6401	141
電気機関車、電動貨車、散水車、蒸気機関車			
デキ1	1	尾西EL1→デキ1	37
デキ30	31 ～ 32	名電168→デシ500→デキ50（51 ～ 53）/（52・53）→デキ30	15
デキ50	51 ～ 53	名電168→デシ500→デキ50（51 ～ 53）/（52・53）→デキ30	15
デキ100	101 ～ 104		30
デキ150	151	渥美ED1→デキ150→豊橋鉄道	118
デキ200	201 ～ 202	瀬戸デキ1→デキ200	96
デキ300	301 ～ 306	三河キ10→デキ300	114
デキ360	361 ～ 363	愛電デキ360→デキ360　/（362）→豊橋鉄道	76
デキ370	371 ～ 379	愛電デキ370→デキ370	76

形式	番号	形式の変遷	掲載頁
デキ400	401 ～ 402	愛電デキ400→デキ400	77
デキ500	501	上田電鉄→デキ500→岳南鉄道	142
デキ600	601 ～ 604		142
デキ800	801 ～ 803		143
デキ850	851	デキ850→豊橋鉄道	143
デキ900	901		144
デキ1000	1001 ～ 1006	尾西デホワ1000→デワ1000→デキ1000（1003･4を除く）	36
デキ1000	1003 ～ 1004	尾西デホワ1000→デワ1000→モ1300→デワ1000→デキ1000	36
デキ1500	1501 ～ 1502	名岐デホワ1500→デワ1500→デキ1500	123
デワ1	1 ～ 2	瀬戸テ1（3･4）電装品利用→瀬戸テワ1→デワ1	96
デワ10	11 ～ 12	岡崎発注→三河デワ1→デワ10	113
デワ20	21 ～ 22	美濃デワ600（5両）→デワ600（2両）→デワ20	43
デワ30	31 ～ 33	渥美100→モ1→デワ30→豊橋鉄道	117
デワ350	351	愛電デワ350→デワ350	76
デニ2000	2001	愛電デハ3090→モ3250　→（機器再利用）デニ2000（2001）	73
水1	1 ～ 2	美濃水1･2→水1･2　岐阜市内線	43
水1	3	デシ500（台枠･台車利用）→水3　起線	43
水1	4	岡崎水１→水４　岡崎市内線	103
蒸機	3	熊延鉄道3→SL3→武蔵野	144
蒸機	12	鉄道院160（165）→尾西丁No.12→SL12→明治村動態保存	32
蒸機10	13	豊川鉄道1（3）→SL13	144
蒸機700	709	大阪鉄道→鉄道院700（709）→三河709	106

名鉄の車両史(前編)　参考資料

名古屋鉄道社史　名古屋鉄道　1961（S36）年5月発行
写真が語る名鉄80年　名古屋鉄道　1975（S50）年3月発行
名古屋鉄道百年史　名古屋鉄道　1994（H6）年6月発行
鉄道ピクトリアルNo.63～67　私鉄車両めぐり･名古屋鉄道　渡辺　肇　鉄道図書刊行会　1956～57（S31～32）
鉄道ピクトリアルNo.246～249　私鉄車両めぐり･名古屋鉄道　加藤久爾夫･渡辺肇　鉄道図書刊行会　1971（S46）年1～4月号
鉄道ピクトリアルNo.791～792　知られざる名鉄電車史　名鉄資料館　鉄道図書刊行会　2007（H19）年7･8月号
鉄道ピクトリアル･アーカイブス30　名古屋鉄道1960～70　鉄道図書刊行会　2015（H27）年2月発行
私鉄車両めぐり特輯Ⅰ･Ⅱ･Ⅲ　鉄道図書刊行会　1977･82（S52･57）年発行
鉄道ファンNo.427～429　尾西鉄道の記録　清水　武　交友社　1996（H8）年11月～翌1月号
鉄道ジャーナルNo.81　名古屋市電の変遷　加藤久爾夫他　鉄道ジャーナル社　1974（S49）年1月号
RM Library　No.48　名鉄岡崎市内線　藤井　建　ネコ･パブリッシング　2003（H15）年7月発行
RM Library　No.129～130　名鉄岐阜線の電車　清水　武　ネコ･パブリッシング　2010（H22）年5･6月発行
RM Library　No.187　名鉄木造車鋼体化の系譜　清水　武　ネコ･パブリッシング　2015（H27）年3月発行
名古屋を走って77年　名古屋市交通局　1974（S49）年3月発行
日車の車輌史　図面集-戦前私鉄編　日本車輌鉄道同好部　鉄道史資料保存会　1996（H8）年発行
岐阜のチンチン電車　伊藤正･清水武他　郷土出版社　1997（H9）年11月発行
尾西線の100年　清水武･神田年浩　郷土出版社　1999（H11）年3月発行
せとでん100年　山田司･鈴木裕幸　中日新聞社　2005（H17）年2月発行
谷汲線　その歴史とレール　大島一郎　岐阜新聞　2005（H17）年2月発行
私鉄史ハンドブック　和久田康雄　電気車研究会　1993（H5）年12月発行
名古屋鉄道1世紀の記録　清水武･田中義人　アルファベータブックス　2017（H29）年1月発行
その他、鉄道ピクトリアル･鉄道ファン･鉄道ジャーナル･RM LIBRARY等の名鉄関連記事を参考にしました。

『名古屋鉄道車両史 上巻(創業から終戦まで)』のあとがき

1894(明治27)年の創業から、太平洋戦争終戦の1945(昭和20)年までの約半世紀の車両を、上巻(創業から終戦まで)として纏めてみた。名鉄はこの間、愛知、岐阜県下の多くの会社との合併を繰り返し、多くの路線網を擁するに至り、多種多様な車両を保有することになった。1945年8月の終戦時にはその在籍旅客車両数は電動車334両、制御車57両、附随車57両と記録されているが、電動車の中には戦時の資材不足で未電装の車両も含まれるなど資料により相違もある。このほかに電気機関車・電動貨車が54両、蒸気機関車3両、気動車10両も在籍した。こうした時代を経た車両を基に復興に向かった名鉄は、東西に分かれていた名古屋本線の一本化と、電圧統一から再スタート切った。この時期を一区切りとして、上巻(創業から終戦まで)をまとめてみたが、下巻(戦後から平成まで)では3800系車両に始まり、SR車、パノラマカーを経て現在活躍する多彩な車両を紹介することにする。

上巻(創業から終戦まで)をまとめるに際し、多くの写真を残していただいた先輩諸氏、また名鉄資料館をはじめとし、貴重な写真、資料、情報を提供していただいた関係者の方々に感謝すると共に、最後に編集の労をとっていただいた株式会社フォトパブリッシングの皆さんに御礼申しあげる。

清水 武、田中義人

清水 武(しみず たけし)

昭和15年岐阜県生まれ、慶應義塾大学法学部卒業。昭和39年に名古屋鉄道入社。鉄道部門に従事。定年退職後は鉄道誌への寄稿、著書多数。慶應義塾大学鉄研三田会会員。

田中義人(たなか よしひと)

昭和25年愛知県生まれ。名古屋大学工学部卒業。昭和49年に名古屋鉄道入社、主に車両関係の仕事を担当。定年退職後の5年間は「名鉄資料館」勤務。名古屋レール・アーカイブス会員。

【写真・資料提供】 氏名は50音順

名鉄資料館、津島市立図書館、名古屋レール・アーカイブス、阿部一紀、荒井友光、臼井茂信、大谷正春、小野田 滋、倉橋春夫、権田純朗、桜井儀雄、白井 昭、園田正雄、高松吉太郎、寺澤秀樹、服部重敬、藤井 建、福島隆雄、宮崎新一、本島三郎、湯口 徹

*特記なき写真は、名鉄資料館所蔵が大部分。他は清水武と田中義人撮影ならびに撮影者不詳。
名鉄資料館所蔵写真であっても撮影者が明確なものは撮影者を記入した。

名古屋鉄道車両史(なごやてつどうしゃりょうし)
上巻(創業から終戦まで)(じょうかん そうぎょう しゅうせん)

発行日……………………2019年4月10日　第1刷　※定価はカバーに表示してあります。
2019年4月22日　第2刷

著者……………………清水武、田中義人
発行者…………………春日俊一
発行所…………………株式会社アルファベータブックス
〒102-0072　東京都千代田区飯田橋2-14-5 定谷ビル
TEL. 03-3239-1850　FAX.03-3239-1851
http://ab-books.hondana.jp/

編集協力………………株式会社フォト・パブリッシング
デザイン・DTP………柏倉栄治
印刷・製本……………モリモト印刷株式会社

ISBN978-4-86598-847-5 C0026